高等教育“十三五”规划教材
中国矿业大学“十三五”品牌专业建设工程资助
化学工程与工艺“卓越计划”系列教材

# 工业催化工程

主　编　刘建周
副主编　褚睿智　苗真勇　王月伦

中国矿业大学出版社

## 内 容 简 介


本书从催化剂工业应用的角度，介绍了催化作用原理、催化剂制备技术、催化剂测试表征及应用。全书共分 8 章：概述；固体表面吸附；催化剂及催化作用；催化剂制备方法；催化剂的失活和再生；工业催化剂的评价；工业催化剂宏观物性的测定；现代煤化工催化剂。书中内容的安排体现了基础性与应用性，加强了固体结构及其表面吸附作为多相催化作用的基础，分类介绍了催化剂及其催化作用原理，结合工业应用介绍催化剂的制备技术与评价方法，反映了催化剂在煤化工和煤炭转化中的应用。

本书可作为化工类学生的工业催化教材或教学参考书，也可为从事催化剂研发及工业应用的技术人员提供参考。



**图书在版编目(CIP)数据**

工业催化工程/刘建周主编. —徐州：中国矿业大学出版社，2018.6

ISBN 978-7-5646-3733-0

Ⅰ. ①工… Ⅱ. ①刘… Ⅲ. ①化工过程—催化 Ⅳ. ①TQ032.4

中国版本图书馆 CIP 数据核字(2017)第 264385 号

**书　　名**　工业催化工程

**主　　编**　刘建周

**责任编辑**　周　红

**出版发行**　中国矿业大学出版社有限责任公司

(江苏省徐州市解放南路　邮编 221008)

**营销热线**　(0516)83885307　83884995

**出版服务**　(0516)83885767　83884920

**网　　址**　http://www.cumtp.com　**E-mail**:cumtpvip@cumtp.com

**印　　刷**　徐州中矿大印发科技有限公司

**开　　本**　787×1092　1/16　**印张** 11.5　**字数** 287 千字

**版次印次**　2018 年 6 月第 1 版　2018 年 6 月第 1 次印刷

**定　　价**　28.00 元



(图书出现印装质量问题，本社负责调换)

# 前　　言

化学工程的内涵可概括为“三传一反”，即动量传递、热量传递、质量传递和化学反应，其中化学反应是核心。20世纪以来，随着化学工业的快速发展，化工产品的品种及其生产规模得到快速的增长，催化剂在其中发挥了不可替代的作用。在现代化工的生产过程中，90%以上的生产过程需要催化剂。催化剂已广泛应用于化工产品制造、矿物燃料加工与使用、汽车尾气净化、工业尾气治理等诸多产业。催化剂及其催化技术被视为调控化学反应的核心技术。化工生产中的化学反应需要在反应器内完成，装填在反应器内的催化剂的物理和化学性能、宏观和微观结构等对化学反应过程的“三传”均会产生影响，进一步影响到催化反应的结果。由此，催化剂的制备以及催化反应过程中的失活与再生都应成为工业催化工程必须考虑的问题。

工业催化工程涵盖了催化科学的基础理论知识和催化剂工业制造及应用两个方面，具有多学科、多领域知识综合应用的特性。催化剂参与的反应体系和反应过程种类繁多，催化作用的基础涉及物质结构、化学键理论、表面结构与吸附现象等。催化剂的工业制备涉及化学、物理、机械设备、控制以及化工单元操作等。无机化学、胶体化学、界面化学、固态化学等是催化剂制备的基础。催化剂微观结构表征涉及结构化学和现代仪器分析等，宏观反应性能测试涉及化学反应动力学、化工热力学、化学反应工程和实验研究方法等。

本书内容主要以多相催化剂为研究基础，内容涵盖固体酸(碱)、金属、金属氧化物和金属硫化物等多种催化剂类型；以煤炭转化过程中催化剂研发及应用为研究特色，力求理论结合实际，将催化作用基本原理、催化剂制备技术、催化剂性能测试与表征及催化剂的工业应用融合在一起，内容丰富充实，知识体系全面系统。全书可分为概述、固体表面吸附、催化剂及催化作用、催化剂制备方法、催化剂的失活和再生、工业催化剂的评价、工业催化剂宏观物性的测定和现代煤化工催化剂等8章。

全书着力拓宽基础理论和应用实践，有较强的通用性；力求概念清晰，层次分明，简洁易懂，力争做到便于学生自学和培养自我获取知识的能力。本书可作为工业催化课程的教材或教学参考书，适用于化学工程与工艺、能源化工和环境化工等专业的本科学生，也可为从事催化剂研发及工业应用的技术人员提供参考。

本书由中国矿业大学刘建周、褚睿智、苗真勇、王月伦共同编写。其中第1章至第3章由刘建周编写，第4章由苗真勇编写，第5、6、7章由褚睿智编写，第8章由王月伦编写。在本书的编写过程中兖矿集团有限公司副总工程师韩梅研究员和山西潞安煤基清洁能源有限责任公司张晓军工程师提供了宝贵的素材，从工业应用的角度对本书的内容提出了宝贵意见。本书被列为高等教育“十三五”规划教材，得到了中国矿业大学“十三五”品牌专业建设工程资助，是化学工程与工艺“卓越计划”系列教材之一。

由于编者水平所限，加之编写时间仓促，本书多有不妥之处，恳请专家学者及读者赐教指正，以利于教学和后续工作水平的提高，在此编者表示衷心感谢。

**编　者**

2017年9月

# 目　录

第 1 章　概述 …… 1
1.1　催化剂及其催化作用 …… 1
1.2　催化剂的分类 …… 4
1.3　催化剂的组成及作用 …… 5
1.4　工业催化剂的一般要求 …… 7

第 2 章　固体表面吸附 …… 11
2.1　晶体 …… 12
2.2　物理吸附 …… 21
2.3　化学吸附 …… 27

第 3 章　催化剂及催化作用 …… 30
3.1　固体酸碱催化剂 …… 30
3.2　金属催化剂 …… 40
3.3　金属氧化物催化剂 …… 46
3.4　金属硫化物催化剂 …… 50
3.5　金属络合物催化剂 …… 52

第 4 章　催化剂制备方法 …… 57
4.1　沉淀法 …… 57
4.2　浸渍法 …… 66
4.3　热熔融法 …… 76
4.4　离子交换法 …… 79
4.5　催化剂成型 …… 81
4.6　典型工业催化剂制备方法案例 …… 84

第 5 章　催化剂的失活和再生 …… 88
5.1　中毒 …… 88
5.2　催化剂结焦和堵塞 …… 96
5.3　烧结和热失活 …… 100
5.4　催化剂失活研究实例 …… 106

**第6章 工业催化剂的评价** …… 110
6.1 催化剂的评价指标 …… 110
6.2 催化剂的评价方法 …… 114

**第7章 工业催化剂宏观物性的测定** …… 123
7.1 比表面积的测定 …… 123
7.2 孔结构的测定 …… 129
7.3 颗粒性质的测定 …… 137
7.4 机械强度的测定 …… 139
7.5 本体性质的测定 …… 142
7.6 表面性质的测量方法 …… 145

**第8章 现代煤化工催化剂** …… 157
8.1 煤直接液化催化剂 …… 158
8.2 合成气转化制备液体燃料及化学品催化剂 …… 160
8.3 甲醇转化制备化学品催化剂 …… 167

**参考文献** …… 173

# 第 1 章

# 概 述

化学工业作为基础工业，其发展必然会影响到其他工业以及社会的可持续发展。现代化学工业的发展和取得的巨大成就与催化剂的应用密切相关。目前百分之九十以上的化工产品是在催化剂的参与下生产出来的。催化剂被广泛应用于现代化学工业、石油化工工业、制药工业及环境保护中。在新能源开发、煤炭转化、煤层气资源化利用中，催化剂得到了越来越多的应用，催化剂的种类也越来越多。

随着化学工业的兴起、发展到成熟的演变，催化剂同步得到了快速发展。工业催化的发展是伴随化学工业而发展的，反过来又为化学工业的提升和转型提供了必要的支撑。现代工业从规模、技术与环境方面对生产过程提出了更高的要求。催化剂的研究、开发和应用已成为化学工业新技术和新工艺的基础与核心问题之一。

随着工业技术的快速发展，新材料的制备技术和测试技术以及测试仪器设备的不断研发与应用，加快了催化剂研发的进程和催化理论的发展。

## 1.1 催化剂及其催化作用

催化剂在工业上也称为触媒。根据理论化学与应用化学联合会(IUPAC，International Union of Pure and Applied Chemistry)于 1981 年提出的定义：催化剂是一种物质，它能够改变反应的速率而不改变该反应的标准 Gibbs 自由焓变化，这种作用称为催化作用，催化剂参与的反应为催化反应。

理论化学与应用化学联合会(IUPAC)物化分部的胶体和表面化学委员会 1976 年公布的关于催化作用的定义为：“催化是靠用量较少且本身不消耗的一种叫作催化剂的外加物质来增大化学反应速率的现象。催化剂提供了把反应物和产物联结起来的一系列基元步骤，没有催化剂时，不发生这些过程，这样使反应按新的途径进行从而增大反应速率。催化剂参与反应，经过一个化学循环后再生出来。”

### 1.1.1 催化作用的特征

同描述一个化学反应过程一样，催化作用作为一个催化剂参与的反应过程，可通过两个方面来描述：一是反应的可行性问题，属热力学范畴；二是反应速率问题，属动力学范畴。

化学反应在催化剂的作用下，通过改变反应路径，使化学反应所需的活化能降低，从而使反应易于进行。催化剂只加速热力学可行的反应，不能改变化学反应的热力学特征。

由化学反应的过渡态理论，反应的活化能表现为反应物初始状态和产物终态的能量差值。化学反应的热效应取决于反应物的基态与产物的基态，是正反应和逆反应活化能的差值。催化反应过程虽有路径的改变，但就一个催化循环中对应的反应物和产物的状态而言，催化反应与非催化反应是一致的，反应的热效应也相同。催化剂参与反应不改变反应的热效应。

化学反应是一个反应物分子化学键断裂，形成新的产物分子化学键的过程。在化学反应过程中伴随着参与反应的分子发生电子云重新排布。化学键的断裂和重新形成均需要一定的能量，即活化能。在催化剂的作用下，通过改变化学反应的路径从而减小了反应的活化能，使反应速率得以加快。通常在较低能量下需要较长时间才能完成的化学反应，在催化剂的作用下只需较少的能量即可快速实现化学反应。

催化剂能同时加速正反应和逆反应过程。催化剂对正、逆反应速率常数增加的倍数相同，反应的平衡常数不变。对于正反应速率和逆反应速率来说，它们不仅与速率常数有关还与浓度有关。在远离平衡的状态下催化剂对正反应和逆反应速率的增加程度不同。由于正反应和逆反应速率的增加，在反应的进程中催化剂可使到达反应平衡的时间缩短。当反应达到平衡状态时，正反应和逆反应速率相等，催化剂参与反应不改变反应的平衡状态。

根据化学反应微观可逆性原理，正反应与逆反应总是沿着相同的反应路径进行。依据催化作用的这些特性，在评价催化剂性能时可通过研究逆反应来进行。如通过研究$CH_3OH$分解为CO和$H_2$的反应，来筛选和评价CO和$H_2$合成$CH_3OH$的催化剂。

以$N_2$和$H_2$反应合成$NH_3$为例说明催化作用的特征。$N_2$分子的解离能为942 kJ/mol，$H_2$分子的解离能为431 kJ/mol，生成NH键的能量为386 kJ/mol。$N_2$的解离活化是关键，动力学研究表明$N_2$的吸附活化是反应的控制步骤。若$N_2$和$H_2$解离形成活化态的N和3H，则需要克服1 118 kJ/mol的能量。以此计算，如形成NH和2H需要732 kJ/mol，形成$NH_2$和H需要346 kJ/mol，生成产物$NH_3$可释放总的能量为40 kJ/mol。

1/2 $N_2$和3/2 $H_2$反应生成1 mol $NH_3$的总键能为40 kJ/mol，实测反应热为46 kJ/mol（$-\Delta H_{298}$）。反应自由能的变化约为－33.5 kJ/mol。从反应热力学判定该反应在常温常压下可以自发地进行。计算得出在20 MPa压力和在600 ℃温度下可得8%$NH_3$。

在没有催化剂参与的条件下，$NH_3$合成过程中克服如此高的活化能使反应物分子活化几乎是不可能的。实际上，如将$N_2$和$H_2$按化学计量比混合，常温常压下长时间放置几乎不生成氨。反应活化能是一个客观存在。较大的反应活化能使得具有自发反应倾向的热力学可行的反应体系，虽然远离平衡状态，具有较大反应推动力，但其反应速率依然非常缓慢。

$N_2$和$H_2$在Fe催化剂上合成$NH_3$的反应历程描述如下，其中$\sigma$为催化剂表面的吸附位。

$$N_2 + 2\sigma \rightleftharpoons 2N\text{-}\sigma$$

$$H_2 + 2\sigma \rightleftharpoons 2H\text{-}\sigma$$

$$N\text{-}\sigma + H\text{-}\sigma \rightleftharpoons NH\text{-}\sigma$$

$$NH\text{-}\sigma + H\text{-}\sigma \rightleftharpoons NH_2\text{-}\sigma + \sigma$$

$$NH_2\text{-}\sigma + H\text{-}\sigma \rightleftharpoons NH_3\text{-}\sigma + \sigma$$

$$NH_3\text{-}\sigma \rightleftharpoons NH_3 + \sigma$$

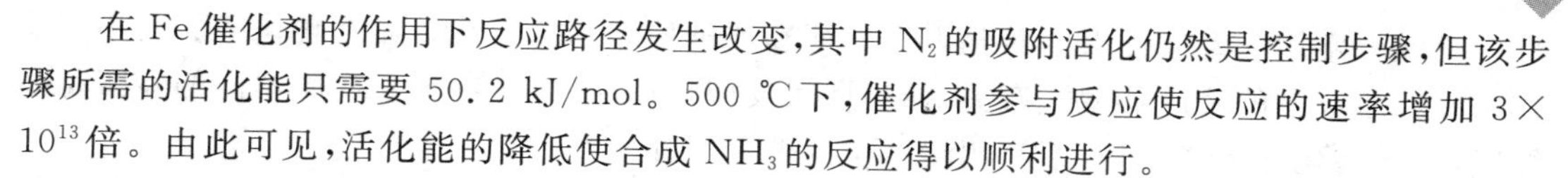

在 Fe 催化剂的作用下反应路径发生改变，其中 $N_2$ 的吸附活化仍然是控制步骤，但该步骤所需的活化能只需要 50.2 kJ/mol。500 ℃下，催化剂参与反应使反应的速率增加 $3\times10^{13}$ 倍。由此可见，活化能的降低使合成 $NH_3$ 的反应得以顺利进行。

### 1.1.2　催化循环

化学反应在催化剂的作用下，反应物种在催化剂的活性位或活性中心上发生弱的化学吸附，促使反应物分子间化学键断裂，形成产物分子新的化学键。在完成化学反应后催化剂又回到了初始的状态，即完成一个“催化循环”。能否形成催化循环可以作为一个反应过程是否是催化反应的依据。催化剂参与反应，在经历一个催化循环后催化剂可恢复到初始的状态。

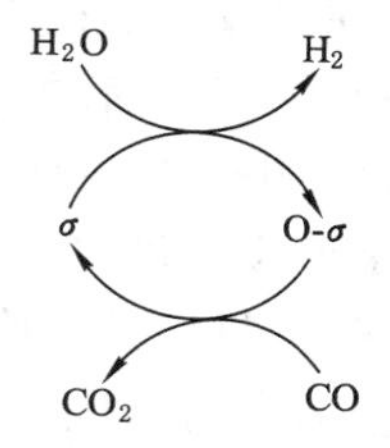


图 1-1　水煤气变换反应催化循环

以水煤气变换反应为例说明催化循环(图 1-1)。水煤气变换(WGS)为合成氨的反应提供 $H_2$ 源，为煤制油合成反应、合成甲醇反应等提供适宜 H/C 比的合成气。水煤气变换反应如下：

$$H_2O+CO \rightleftharpoons H_2+CO_2$$

在催化剂作用下，水煤气变换反应历程为：

$$H_2O+\sigma \rightleftharpoons H_2+O\text{-}\sigma$$

$$O\text{-}\sigma+CO \rightleftharpoons CO_2+\sigma$$

如在 Pt 催化剂作用下乙烯氧化制环氧乙烷，反应式表示为 $2C_2H_4+O_2 \longrightarrow 2C_2H_4O$。催化反应经历反应物 $C_2H_4$ 和 $O_2$ 的吸附(1)和(2)、表面反应(3)和产物脱附(4)四个步骤完成催化循环。催化反应过程表示为：

$$C_2H_4+\sigma \rightleftharpoons C_2H_4\text{-}\sigma \tag{1}$$

$$O_2+2\sigma \rightleftharpoons 2O\text{-}\sigma \tag{2}$$

$$C_2H_4\text{-}\sigma+O\text{-}\sigma \rightleftharpoons C_2H_4O\text{-}\sigma+\sigma \tag{3}$$

$$C_2H_4O\text{-}\sigma \rightleftharpoons C_2H_4O+\sigma \tag{4}$$

催化反应可认为是在催化剂表面活性位上进行的。催化剂的活性位具有某种特定的结构，可以是某种原子、离子、原子簇或配位络合物等。在催化剂表面活性位上反应物种能够产生一定强度的化学吸附。一般地，作为活性位的原子和离子具有配位不饱和的构型，易于与被吸附物种形成一定强度的化学键。活性位随催化剂及其所催化的化学反应而异，同一催化剂上可存在多种功能活性位。如酸碱催化剂上的 B 酸中心和 L 酸中心均可作为催化反应的活性位，重整催化剂 $Pt/Al_2O_3$ 具有金属催化和酸碱催化双功能活性位。活性位的浓度与活性组分的比表面积呈正向比例，但又不等同于活性组分的比表面积。具有相同比表面积的催化剂上的活性位的浓度不一定相同，活性位的产生与催化剂的制备紧密相关。

催化剂活性位的微观几何结构，如晶格及晶面，被吸附物种的分子构象，活性位与被吸附物种间成键能力的差别等因素会影响反应物种的吸附。正由于这些因素的作用，催化剂在参与反应的过程中具有定向改变反应路径的专一特性，即具有选择性地促进某个化学反应的选择性。

活性位是反映催化能力的重要概念。在一定的温度、压力和反应物料组成条件下，单位时间内单位活性位上发生催化反应过程的次数或称转换频率可用于表征催化剂的催化活性。工业上常用一定条件下的转化率来表征和评价催化剂的活性。显然转化率的大小与操作条件和所选择的反应器型式有关,如当增大反应空速时,反应物料在反应器内的停留时间缩短,造成转化率下降,但这不表明活性位的催化活性下降。

催化剂经历一个催化循环后催化剂恢复到初始的状态,也就是说催化剂的微观结构、纹理组织和化学组成均恢复到初始的状态。实际上,催化剂在参与反应的过程中会发生微小的变化,如活性组分的表面组成与本体组成发生迁移,晶格结构发生变化,表面被污染而变得粗糙,活性位被污染物所覆盖以及与毒物分子生成稳定的化学键等。这些变化与催化剂的稳定性和反应条件有关,严重时催化剂由于发生这些变化而失去活性。工业上利用催化剂在反应过程中活性位变化的特性,可在反应初期将活性高而不稳定的活性位消除,以达到催化剂稳定反应的目的。

严格来说,只有具有催化循环特征的物质才称之为催化剂。虽然有些物质在反应中起到加速反应的作用,但本身不参与反应或在反应后不能恢复到初始的状态,这些物质不能称之为催化剂。如链式反应的引发剂和加速煤炭燃烧过程的微量金属盐类物质不应属于催化剂。一般情况下,催化剂改变反应速率均指加速反应。使化学反应加快的为正催化剂,使化学反应减慢的为负催化剂,也称缓化剂或抑制剂。

### 1.1.3 催化作用的增强

温度、光照、微波、电磁波等外加的能量可以提供化学反应所需的活化能。提高温度是克服化学反应活化能常见的形式。提高温度可使参与反应的分子获得足够的能量,以满足反应所需的活化能,使反应的分子成为活化分子而参与反应。当反应的温度较低时反应进行得缓慢,而当反应温度升高时反应加快。一般以反应速率表征反应进行得快慢,其中反应速率常数表征了温度对反应速率的影响。反应速率常数、活化能和温度的关系用 Arrhenius 经验式(1-1)表示,当温度升高时,反应速率常数增加,说明反应速率加快。

$$k = Ae^{-E/RT} \tag{1-1}$$

在实际的化工生产过程中,温度和压力是常见的操作条件。一般情况下,为了提高反应速率,往往通过提高反应温度的方法来解决。提高反应温度虽然可以提高反应速率,但也会产生一些不利的影响。如对于可逆放热反应,正反应的活化能小于逆反应的活化能,提高温度可使逆反应速率加快更多,这不利于化学平衡状态向生成产物方向移动。受平衡转化率的限制,反应难以得到更大的转化率,产物的收率会降低。当反应体系总的化学计量数变小时,增加反应体系的压力有利于反应的平衡状态向生成产物的方向移动。压力的增加会弥补反应温度对平衡带来的不利影响。

如 $N_2$ 和 $H_2$ 反应合成 $NH_3$ 的反应,由反应物到产物总的化学计量系数减小,增加压力有利于平衡状态向产物偏移。当提高反应温度不利于平衡状态向产物偏移时,可采取增加压力的措施来弥补反应温度带来的不利影响。

## 1.2 催化剂的分类

催化反应体系一般可分为多相催化、均相催化和生物酶催化,所对应的催化剂为多相催化剂、均相催化剂和生物催化剂。

多相催化是指反应物料所处的相态与催化剂不同。如气固催化、液固催化和气液固三相催化体系,其中催化剂多为固相。工业应用的固相催化剂按其作用原理分为四种类型:固体酸碱催化剂、金属催化剂、负载型过渡金属催化剂、过渡金属氧化物和硫化物催化剂。多相催化体系容易实现反应体系中催化剂的分离,工业生产中多采用固相催化剂。均相催化体系也有多相化的倾向。

均相催化剂和所催化的反应物料处于同一种相态——固态、液态或气态。均相催化剂主要包括 Lewis 酸、碱在内的酸碱催化剂和可溶性过渡金属化合物(或络合物)两大类,也有少数非金属分子作为均相催化剂,如 $I_2$ 和 NO 等。均相催化剂在反应体系中以分子或离子的形式起催化作用。与多相催化剂相比,均相催化剂活性中心及其性质相对均一。如有机化合物的酸碱催化反应是通过正碳离子机理进行的。过渡金属化合物催化剂是通过络合作用使反应分子的基团活化,促进反应的进行。活性中心通过极化作用或形成络合着的自由基,使反应分子在配位上进行反应,即络合催化或配位催化。催化剂也可通过引发自由基产生而促进反应的进行。

生物催化是通过生物酶的作用,在生物体内实现新陈代谢和能量转换。酶可在细胞内或细胞外起到催化作用。由此,酶经过培养和生成后可作为催化剂应用于特定的反应过程。生物酶催化剂的催化活性和选择性远高于化学催化剂。酶催化速率慢,针对特定反应过程的酶的培养和筛选,酶的生存环境等制约了酶的更大范围、更广领域的应用。生物催化剂所表现出来的良好性能,应对化学催化剂的研发起到启发和示范作用。近年来固定化酶催化技术受到研究者的重视,在工业生产过程中逐渐得到广泛的应用。

## 1.3 催化剂的组成及作用

工业应用的固相催化剂一般由主催化剂、助催化剂或共催化剂和载体三部分组成。

### 1.3.1 主催化剂

主催化剂是指催化剂的活性组分,也称主剂。活性组分是起催化作用的主要组分。例如合成氨催化剂的组分有 α-Fe、$Al_2O_3$ 和 $K_2O$,其中对合成氨反应起到催化作用的活性组分是 α-Fe,是主催化剂。又如费托合成催化剂中的 Fe,$SO_2$ 氧化成 $SO_3$ 催化剂中的 $V_2O_5$ 等都是主要组分。也有催化剂具有双活性中心,如 Pt 重整催化剂中 Pt 和载体 $Al_2O_3$ 均起到催化作用。

### 1.3.2 助催化剂

助催化剂简称助剂,也称促进剂。助催化剂可以有效地改善主催化剂的耐热性、耐水性、抗毒性及强度等物理和化学性能,从而提高催化剂的活性、选择性、稳定性和使用寿命。根据助催化剂组分的物理化学性质及其作用,助催化剂可分为结构性助剂和电子调变性助剂。

结构性助剂一般具有较高的熔点,耐热性和耐水性能较好,有助于分散和隔离催化剂活性组分,增大催化剂活性组分的比表面积,在反应过程中能防止或延缓活性组分的集聚和烧结,对催化剂活性组分起到稳定微晶晶粒的作用。

电子调变性助剂有碱金属、碱土金属和稀土金属及其氧化物。调变性助剂通过改变主催化剂组分的电子结构,从而提高催化剂的活性和选择性等性能。一般情况下,通过控制制备条件使助剂与主催化剂组分形成合金化，从而使主催化剂的电子结构的次外层 $d$ 轨道电子的充填发生变化，有利于主催化剂组分与反应分子之间的吸附或成键作用，从而提高主催化剂的催化性能。

助催化剂的加入可使主催化剂活性组分晶面的原子排列无序化，增大其晶格缺陷的现象，从而有利于催化活性的提高。助催化剂可以通过改变催化剂的孔道结构、孔径及其分布，改善反应分子在催化剂内部的扩散，以改善催化剂的反应性能。

助催化剂有一适宜的加入量，加入量过小对催化剂性能的提高不显著，但加入量过大，反而会降低催化剂的性能，如催化反应活性。助催化剂的加入对催化剂的性能起到的促进作用受到研究者的重视，成为提高催化剂性能研究的热点。助催化剂多种多样，其作用机理也有待研究。

有时助催化剂不能与主催化剂形成合金化结构，通过与主催化剂的协同作用表现为较好的助催化性能。如富氢气氛中选择性氧化 CO 的 CuO 催化剂，单独使用 CuO 时，易被还原成还原态 Cu 而失去催化活性。当加入助剂 $CeO_2$ 时，催化剂表现出较好的稳定性和使用寿命。

例如，在合成氨催化剂 Fe 中加入少量 $Al_2O_3$ 和 $K_2O$ 可以大大提高催化剂的活性和寿命。$Al_2O_3$ 是具有高熔点氧化物，在高温条件下结构稳定，是一种结构性助剂。$Al_2O_3$ 的加入对 $\alpha$-Fe 微晶起到了隔离分散的作用，一方面提高了 $\alpha$-Fe 的比表面积，同时可以延缓 $\alpha$-Fe 微晶的长大，从而延长催化剂的寿命。$K_2O$ 具有易给出外层电子的特点，可以调变 $\alpha$-Fe 的电子结构。在 $Al_2O_3$ 的作用基础上，$K_2O$ 进一步提高了 $\alpha$-Fe 的催化反应活性。$K_2O$ 改变了 $\alpha$-Fe 活性组分的化学性质，使 $\alpha$-Fe 的费米能级发生变化，也称之为调变助剂。

又如脱氢反应催化剂 $Cr_2O_3$-$Al_2O_3$。在 $Cr_2O_3$ 中加入 $Al_2O_3$，$Cr_2O_3$ 和 $Al_2O_3$ 的复合将使得 $Cr_2O_3$ 的催化活性得到极大的提高。$Al_2O_3$ 可称为共催化剂。

再如脱氢反应催化剂 $MoO_3$-$\gamma$-$Al_2O_3$，当两者单独存在时催化活性均较小，两者共存时表现出较好的催化活性。$Cr_2O_3$-$Al_2O_3$ 催化剂中彼此互为共催化剂。

### 1.3.3 催化剂载体

可作为催化剂载体的一般是具有适宜孔结构和表面性能的高熔点金属氧化物。载体可赋予催化剂具有基本的物理结构，如催化剂的孔结构、比表面积、外观形貌、机械强度等。催化剂的载体多用于负载型催化剂。载体为主催化剂和助催化剂组分提供了可负载的表面，为催化剂组分的高度分散提供了条件。载体对主剂和助剂起到分散和微晶稳定的作用，可减少主剂的使用量，尤其是贵金属催化剂。载体可分为惰性载体和活性载体。一般来说，包括载体在内催化剂中的组分都不是惰性的。如果载体与主催化剂和助剂之间有相互的作用，则对催化性能有影响。当催化剂载体不同时，对于同一反应所表现出来的催化剂性能也不同。

载体的作用与助剂的作用有类似之处。载体的表面性能对主剂和助剂能起到作用，如载体表面的酸碱性、电负性等，对载体与主剂和助剂之间的结合力以及主剂的电子结构产生影响，从而影响其催化性能。适宜的载体有助于提高催化剂的活性、稳定性和选择性。与催化剂活性组分和助剂的优选一样，载体成分的选择、载体孔结构的调制、多组分掺杂对载体微观结构的改变以及表面性能的修饰等方面，在高效催化剂的研发中都显得非常重要。

常用的催化剂载体物质有以下几种：

① 碳化硅、钢铝石等，其熔点高达 2 000 ℃以上。这类载体结构致密，具有无孔结构。这类载体的比表面积小，约为 1 $m^2/g$。其特点是硬度高、导热性好、耐热性强，常用于强放热反应，可避免反应放热过度集中和避免深度氧化反应的产生。

② 浮石、耐火砖和硅藻土等载体，其熔点达 1 500 ℃以上。其平均孔径在 10 nm 以上，属于大孔结构的载体，比表面积低于 30 $m^2/g$。这类载体高温下表现出良好的耐热性能，结构稳定，可用于高温反应的场所。

③ 分子筛、氧化铝、氧化镁等载体，具有较大的比表面积、适宜的孔径分布和表面性能。其平均孔径一般小于 10 nm，比表面积可达 300 $m^2/g$，表面具有酸性或碱性。可选择制备方法和控制制备条件，调控其孔径分布和表面性能。这类载体应用领域更为宽泛。

④ 活性炭载体，其微孔结构发达，比表面积可达 1 000 $m^2/g$ 以上。

### 1.3.4 催化剂的表示方法

催化剂的表示方法一般有：① 以催化剂组分表示的方法。如合成氨催化剂 $Fe$-$K_2O$-$Al_2O_3$，合成甲醇催化剂 $CuO$-$ZnO$-$Al_2O_3$，这种表示方法表示催化剂中各组分处于混合状态。合成氨催化剂采用熔融法制备，如合成甲醇催化剂采用共沉淀制备。加氢脱硫催化剂 $Co$-$Mo/\gamma$-$Al_2O_3$，表示 Co-Mo 为主剂和助剂，$\gamma$-$Al_2O_3$为载体。这种表示方法表示浸渍法制备的负载型催化剂，主剂和助剂负载于载体上。② 以各组分及其含量表示的方法，可以质量分数或质量比表示，也可以原子分数或原子比表示。如合成甲醇催化剂以原子质量比表示为 Cu∶Zn∶Al＝2∶1∶15。如甲烷燃烧催化剂表示为 2%Pd-1%Pt/$Al_2O_3$，表示以 $Al_2O_3$的质量为基准，含 Pd 和 Pt 原子质量分数分别为 2%和 1%。2%PdO-1%PtO/$Al_2O_3$表示以 $Al_2O_3$的质量为基准，含 PdO 和 PtO 质量分数分别为 2%和 1%。有时也以整个催化剂的质量为基准。

催化剂组分和组成的这些表示方法，不表示催化剂在使用条件下的形态和量，只表示催化剂上存在的组分或元素及其含量的相对值。可依据催化剂各组分含量的值计算催化剂制备时所用原料的量及浓度的配制。如应用等体积浸渍法将 $H_2PtCl_6\cdot 9H_2O$、$PdCl_2$的溶液浸渍到载体 $Al_2O_3$上制备 2%PdO-1%PtO/$Al_2O_3$催化剂。可依据 $Al_2O_3$的吸水率和 $Al_2O_3$上以氧化态 PdO 和 PtO 计的负载量，分别计算出 $H_2PtCl_6\cdot 9H_2O$、$PdCl_2$溶液的浓度。经浸渍法制备后，可使其符合催化剂上各组分含量的相对值。由于浸渍过程中存在竞争吸附和制备过程中浸渍时间以及物质迁移等因素的影响，需要结合一定的含量测试，修正初步计算的原料浓度后，将制备条件确定下来。

## 1.4 工业催化剂的一般要求

工业应用中，催化剂的反应性能主要包括催化剂的活性、选择性、稳定性和寿命等；物理性能主要包括催化剂形状、尺寸、强度、孔径及分布、比表面积、孔容、堆密度、颗粒密度等。

### 1.4.1 催化剂的活性

催化剂的活性也称催化活性，理论上是指催化剂对反应加速的能力。催化活性越高时相应的催化反应速率越快。催化活性与催化反应的活化能有关，若催化剂使反应的活化能降低，则相应的催化活性越高。高的催化活性可以使单位生产时间内得到更多的产物，高活性的催化剂是催化反应的基础。

工业应用中，催化活性常以转化率表征，以转化率反映催化剂对反应物的转化能力。转化率即在一定的温度、压力和反应物流速或空速条件下，反应物经过催化反应器所能达到的转化程度。一般情况下，转化率以反应体系中某一关键反应物组分经历反应器后物质的量变化的相对值来表示。

$$x_A = \frac{n_{A0} - n_A}{n_{A0}} \tag{1-2}$$

其中，$x_A$表示A组分的转化率；$n_{A0}$和$n_A$分别表示A组分进出反应器的物质的量，以摩尔数计。

对于循环反应器，转化率有单程转化率和全程转化率之分，表征催化反应活性的转化率多以单程转化率计算。

### 1.4.2 催化剂的选择性

对于复合反应体系同时存在若干个反应时，催化剂应有选择性地加速能够生成目的或目标产物的反应，抑制副反应的进行。这种有选择性地加速复合反应体系中的某一个反应的性能，即催化剂的选择性。由于复合反应体系往往有副反应发生，由关键组分转化为目标产物只是其中的一部分，因此说，选择性总是小于100%。

工业应用中，选择性可表示为生成目的产物所消耗的关键组分的量与关键组分的转化量之比，如式(1-3)所列。产率表示为生成目的产物所消耗的关键组分量与关键组分初始量之比。依据转化率、产率和选择性的关系，也可以表示为目标产物的产率与关键组分的转化率之比，如式(1-4)所列。为了表达反应过程中选择性随反应进程的变化，可用反应速率来表达瞬时选择性，从而得出反应过程中温度和浓度对选择性的影响，如式(1-5)所列。

$$S = \frac{\text{生成目的产物所消耗的关键组分量}}{\text{关键组分的转化量}} \tag{1-3}$$

$$S = \frac{Y}{x} \tag{1-4}$$

$$S_P = |\mu_{PA}| \frac{R_P}{|R_A|} \tag{1-5}$$

式中，$S$、$Y$、$x$分别表示选择性、产率或收率、转化率；$R_P$、$R_A$分别表示目的产物P的生成速率和关键组分A的转化速率；$\mu_{PA}$表示生成1 mol P所消耗的A的物质的量数。

瞬时选择性也称点选择性或微分选择性。依此可以分析反应器操作条件，如温度和浓度对选择性的影响。如温度一定时，反应物浓度对瞬时选择性的影响与主副反应的反应级数有关。一般地，当主反应的反应级数大于副反应反应级数时，增大反应物浓度有利于提高瞬时选择性；当主副反应的反应级数相等时，浓度的改变对瞬时选择性无影响。温度对瞬时选择性的影响取决于主副反应的活化能。当主反应的活化能大于副反应的活化能时，提高反应温度有利于提高瞬时选择性；当主副反应活化能相等时，反应温度的变化对瞬时选择性无影响。

催化反应中选择性与催化剂及催化反应历程有关，也与催化反应条件和反应器的选择有关。后者涉及反应动力学和反应工程的问题，如乙烯部分氧化制备环氧乙烷。工业上采用乙烯气相直接氧化法生产环氧乙烷，所用催化剂为负载Ag催化剂。乙烯的环氧化反应是一放热反应。主要反应式如下：

$$CH_2{=}CH_2+\frac{1}{2}O_2 \longrightarrow \underset{\diagdown\ O\ \diagup}{CH_2{-}CH_2}$$

主要的副反应是强放热的深度氧化反应：

$$CH_2{=}CH_2+3O_2 \longrightarrow 2H_2O+2CO_2$$

$$2\underset{\diagdown\ O\ \diagup}{CH_2{-}CH_2}+5O_2 \longrightarrow 4H_2O+4CO_2$$

Ag 催化剂表面上氧的吸附态有 $O_2^-$、$O^-$ 和 $O^{2-}$，而乙烯不吸附。反应的控制步骤为：

$$CH_2{=}CH_2+O_2^- \longrightarrow \underset{\diagdown\ O\ \diagup}{CH_2-CH_2}+O^-$$

$$6O^-+CH_2{=}CH_2 \longrightarrow 2H_2O+2CO_2$$

由主反应产生的 $O^-$ 不可避免地导致副反应的发生。由催化作用机理得到的环氧乙烷的最大选择性为 6/7，即 85.7％。

由于乙烯环氧化反应过程中存在着平行的和连串的副反应，且主反应和副反应的反应级数、活化能以及反应速率不同，因此反应过程中的瞬时选择性必然会受到反应温度、反应物浓度以及反应器类型和反应器操作方式的影响。通过对瞬时选择性影响因素的分析，可以提供优化反应条件及反应器操作条件的基础。

一般情况下，复合反应中的主反应的反应级数小于副反应的反应级数时，较低的反应物浓度有利于选择性的提高，生成目的产物的比例更大，不利的一面是浓度降低会使反应速率减小，一定的空速条件下其转化率降低。反之，当主反应级数大于副反应级数时，增大反应物浓度则有利。反应物浓度的控制除了改变原料浓度外，催化剂的孔结构以及孔内扩散也是影响反应物浓度的一个方面。由于受到孔内扩散阻力的作用，反应物在内孔的扩散会降低进入内孔的反应物浓度。催化剂的适宜的孔结构有助于催化反应选择性的提高。

从反应温度的角度看，当主反应的活化能小于副反应的活化能时，降低反应温度对复合反应的选择性有利，但会降低反应速率。反之，当主反应的活化能大于副反应的活化能时，提高温度则有利。另一方面，对于可逆放热反应，过高的反应温度对反应的平衡状态产生不利影响。

显然，在转化率相同时，选择性能越好的催化剂可以得到更多的目的产物，生产的效益更高。同时，也有利于减小产物后续的分离负荷以及有利于环保的处理。但影响选择性的因素是多方面的，需要依据具体的情况而定。

### 1.4.3 催化剂的稳定性

催化剂的稳定性是指催化剂在使用过程中催化剂稳定参与反应的性能。如果催化剂在参与反应的过程中其微观结构和宏观的性质发生了变化，那么在后续的反应中其活性及选择性会发生变化，催化剂的这种性能称为催化剂的稳定性。

催化剂的稳定性与其微观结构、化学性质、物理性质及宏观性质有关。催化剂在使用过程中，其活性组分的化学组成、化合价态、微晶或晶粒的分散度、催化剂宏观颗粒的完整性和微孔结构的变化等均对催化剂的反应性能产生影响。

一般情况下，催化反应过程在高温、高压和高湿的条件下进行，催化剂活性组分的化学组成及其化合状态随着反应的进行会发生变化；催化助剂也会产生"流失"现象；活性组分的微晶产生聚集或烧结现象；反应物中往往含有杂质，某些杂质分子与活性中心有强烈的结合作用使催化剂中毒；某些杂质分子会覆盖活性中心；催化反应中的积碳也会沉积在催化剂表面覆盖活性中心；催化剂受摩擦、冲击、床层的重压等作用会产生破裂或粉化，不仅使床层阻力增大，而且使催化剂颗粒微孔堵塞。以上这些都可能使催化剂反应性能发生变化，降低催化剂的稳定性。催化剂稳定性降低的直接反映是催化反应活性的降低。

工业应用中，催化剂的稳定性以一定的温度、压力和空速条件下，反应的转化率随时间的变化来表征。当反应的转化率随时间稳定时，表示催化剂及催化反应具有较好的稳定性。

### 1.4.4 催化剂的寿命

催化剂的寿命是指在一定的反应条件下维持催化剂的反应活性和选择性的使用时间。催化剂的寿命与催化剂的稳定性密切相关。一般来说，良好的催化剂稳定性也具有较长的催化剂寿命。工业上将催化剂自投入运行至更换所经历的时间称为催化剂的寿命。在使用过程中，以催化剂的转化率衡量催化剂的反应活性，当催化剂的活性降低至起始值的一半时所经历的时间，确定为催化剂的寿命。

影响催化剂稳定性的因素均影响到催化剂的寿命。影响催化剂活性的诸因素可以分为两种类型，一类是催化剂活性的降低是不可逆的，即不能通过催化剂的再生而恢复活性，这时催化剂的活性随着反应的时间逐渐降低。另一类是催化剂的活性可以通过再生处理而得以恢复。如催化剂在反应过程中的积碳，可以通过燃烧的处理方法将积碳的全部或部分消除，使催化剂恢复活性。再生后的催化剂的稳定性虽然受到影响，但催化剂的寿命可以延长。从这个意义上说，催化剂的寿命可分为单程寿命和全程寿命。

催化剂的寿命除受催化剂的结构和性质影响外，还受到反应物的净化、反应温度和压力的控制、反应气氛的调控等因素的影响。催化反应过程中反应条件的优化和控制是延长催化剂寿命的重要方面。在催化反应的运行中，尽可能地保持催化反应的稳定性和延长催化剂的寿命对保证大型化生产过程的稳定性和稳定产品的质量显得尤为重要。催化剂的成本往往占主要部分，高稳定性和长寿命的催化剂有益于降低运行和维修成本。

# 第 2 章

# 固体表面吸附

固体状态的物质按其所含微粒(分子、原子或离子)的空间排列有序和无序性,可分为晶体和无定形体两大类。晶体中微粒在空间上呈周期性有规律的排列。无定形体的结构不呈空间有序的排列。大多数的固体是结晶物质,结晶物质应指物质的结晶状态。非结晶物质或无定形物质是指物质的非结晶状态。虽然同一物质因条件的不同可以形成结晶状态或者形成非结晶状态,但一些物质在通常的条件下常以结晶状态存在或非结晶状态存在,习惯上仍称其为结晶物质或非结晶物质。晶体的性质决定于其化学组成和空间结构。晶体的研究对于解释催化现象具有重要作用。

有些物质由极微小的单晶体组成,这些单晶体的每边只有几个或几十个晶胞的晶棱的长度,与其他结晶物质相比要小千百分之一以上,这类物质称为微晶物质。例如,炭黑就属于微晶物质。微晶物质和玻璃体物质一般称为无定形物质。

由于组成晶体的单元晶胞呈周期性的重复排列,晶体表现出特定的性质:① 晶体的各个部分的性质是相同的,即宏观上的均匀性;② 晶体具有各向异性的性质,如导电率、热导率、折光指数、解理性、机械强度、热膨胀性等;③ 晶体在宏观上表现出不同程度的对称性和外形上的齐整;④ 晶体能使 X 射线发生衍射现象,宏观上能否产生 X 光衍射现象是判定某物质是不是晶体的主要方法;⑤ 晶体具有一定的熔点或凝固点,而无定形体没有固定的熔点,随温度的升高逐渐软化,如玻璃体物质。

固体结构中每个中心原子与相邻的原子可以形成一个配位多面体,固体可看作是由这样的配位多面体组成的。当中心原子与配位体以共价键结合时,配位体的数目及位置由中心原子的轨道杂化来决定。当中心原子与配位体以离子键结合时,则配位体的数目及位置由离子半径决定。显然,在晶体的结构中配位多面体以周期性的有序的方式连接在一起,而在无定形体的结构中则以无序的方式结合在一起。虽然无定形体的结构中各配位体不以周期性的有序的方式连接,但中心原子和配位体形成的配位多面体的结构是相同的或有序的,只是这种配位多面体不以周期性的有序的排列。大多数情况下,具有意义的是阳离子的配位多面体。最常见的配位多面体有配位四面体和配位八面体等。

## 2.1 晶体

### 2.1.1 点阵结构

表征晶体的几何结构时，常用一系列几何点在空间上的排布模拟晶体中微粒的排布规律，所得的几何图形称为点阵。以点阵的性质研究晶体几何结构的理论称为点阵理论。点阵的定义是一组连接其中任意两点的向量进行平移后能复原的点称为点阵。点阵应具备以下三种性质：① 点阵所含点的数目必须无限多；② 点阵中每个点必须处于相同的环境，否则无法通过平移复原；③ 点阵在平移方向上的周期相同，即在平移方向上的邻阵点之间的距离相同。

点阵可分为直线点阵、平面点阵和空间点阵三类，如图 2-1 所示。直线点阵中的所有的点阵点都排列在一条直线上。平面点阵中所有的点阵点都排列在一个平面上。空间点阵中的点阵点分布在三维空间。

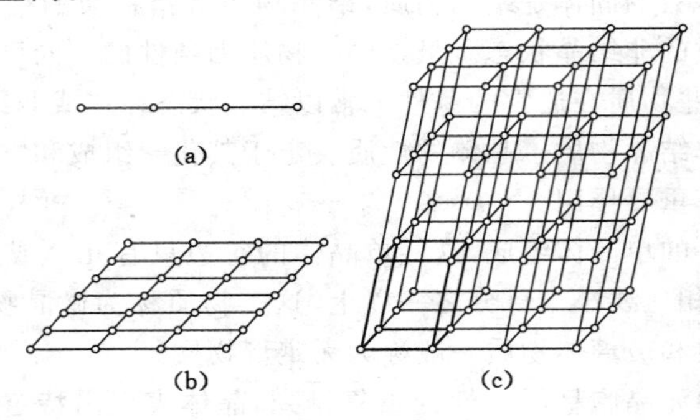


图 2-1　点阵

(a) 直线点阵；(b) 平面点阵；(c) 空间点阵

直线点阵中所有的点阵点都排列在一条直线上。联结直线点阵的任何两个相邻点的向量叫作素向量或周期。把整个点阵沿直线方向的移动叫作平移，平移后直线点阵的图形可以复原。

平面点阵中可以多种方式选择一组平移向量，如图 2-2 所示。以平移向量为边画出的平行四边形称作平面点阵的“单位”。若单位中只包含 1 个点阵点，该单位称为素单位。如 $a$，$b$ 或 $a'$，$b'$ 组成的单位中有 4 个点阵点，但这 4 个点阵点又分别为 4 个相邻的单位所共有，所以属于一个单位的点数应为 $1/4\times4=1$。若单位中包含 2 个或更多的点阵点，该单位称为复单位。如 $a''$，$b''$ 组成的单位中，除 4 个顶点外，还含有 1 个中心处的点阵点，这个单位含有的点数为 $1/4\times4+1=2$。

构成素单位两边的向量称为素向量，如 $a$，$b$ 或 $a'$，$b'$ 为素向量。依所选的素向量把全部平面点阵点用直线联结起来所得到的图形称为平面“格子”。一般地，划分平面格子应按以下原则：① 首选素向量间的夹角为 90°，其次是 60°，最后是其他角度；② 素向量的长度尽可能地短。

空间点阵中以一组平移向量为边画出的平行六面体叫作空间点阵的单位。单位经平移后把所有空间点阵点联结起来，就得到空间格子或称晶格。空间格子的 8 个顶点处的点阵

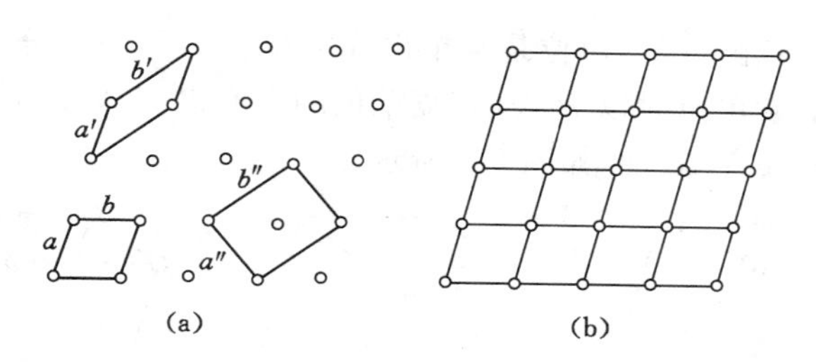


图 2-2　平面点阵
(a) 平面点阵；(b) 平面格子

点分属 8 个单位共有，格子面上的点阵点分属 2 个相邻单位共有，中心处的点阵点属单位独有，由此可算出单位所包含的点阵点数。若空间格子中含有 8 个顶点点阵点，则一个单位包含 $1/8\times8=1$ 个点阵点，如图 2-3(a)所示；若空间格子中除含有 8 个顶点点阵点外，还含有 1 个中心点阵点，则一个单位包含 $1/8\times8+1=2$ 个点阵点，如图 2-3(b)所示；若空间格子中除含有 8 个顶点点阵点外，还含有 6 个面上点阵点，则一个单位包含 $1/8\times8+1/2\times6=4$ 个点阵点，如图 2-3(c)所示。

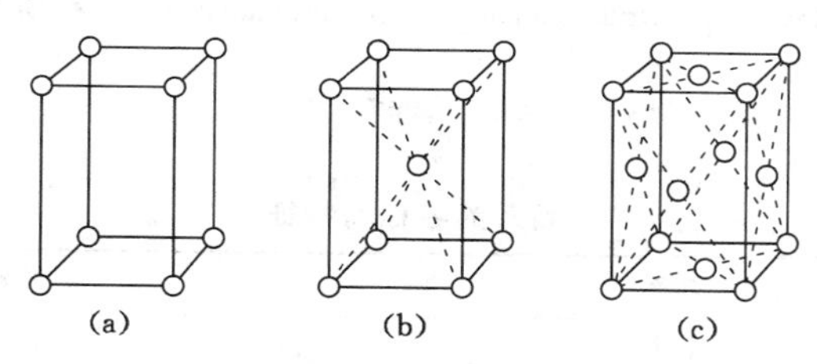


图 2-3　空间格子的点阵点

### 2.1.2　晶体结构

一个能够完全表达晶格结构的最小单位称为晶胞。晶胞是以三个素向量为边所形成的平行六面体。素向量的长度 $a,b,c$ 以及它们两两之间的夹角 $\alpha,\beta,\gamma$ 称为晶胞参数。许多取向相同的晶胞组成晶粒，晶体是由许多个同样的晶胞并置拼成的。由此可以说，晶体是由原子、离子或分子按点阵排布的物质。单晶体内所有的晶胞取向完全一致。由取向不同的晶粒组成的物体叫作多晶体。常见的单晶有单晶硅、单晶石英。最常见到的一般是多晶体。

若从各个方向上去划分空间点阵，可形成许多组平行的平面点阵，如图 2-4 所示。这些平面点阵组在晶体外形上就表现为晶面。平面点阵的交线是直线点阵，在晶体外形上表现为晶棱。

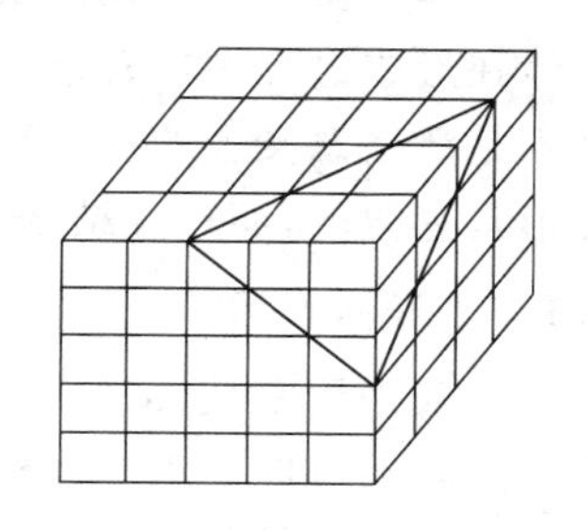

图 2-4　空间点阵的划分

由于晶胞能很好地代表晶体的性质，所以将晶胞的形状作为晶体分类的根据。根据边长和交角不同，空间点阵的单位分为 7 种，相应的晶胞也有 7 种。根据 7 种晶胞的形状将晶体分为 7 类，称为 7 个晶系，如图 2-5 所示。表 2-1 列出了 7 个晶系的名称和特征。根据晶系对称性的高低又区分为三个晶族，其中立方晶系称为高级晶族；六方、四方和三方晶系称为中级晶族；正交、单斜和三斜晶系称为低级晶族。每一晶系的点阵，根据单位是素单位或复单位的不同又分为一种或几种晶胞型式。点阵单位是简单的素单位时以 $P$ 表示；复单位的面心以 $F$ 表示，体心以 $I$ 表示，底心以 $C$ 表示。空间点阵型式共有 14 种，如图 2-6 所示。

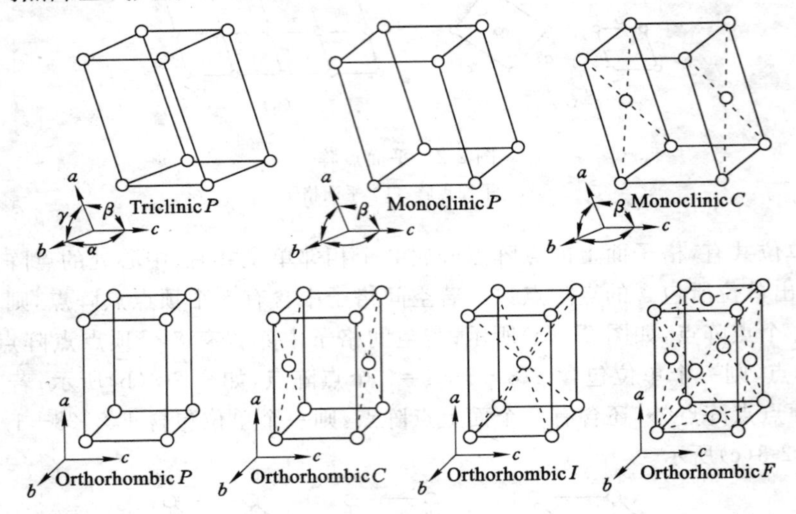


图 2-5 晶系的 7 个类型

表 2-1 晶系的名称和特征

| 晶族 | 晶系 | 晶胞特征 | |
|---|---|---|---|
| 高级 | 立方 | $a=b=c$ | $\alpha=\beta=\gamma=90°$ |
| 中级 | 六方 | $a=b\neq c$ | $\alpha=\beta=90°,\gamma=120°$ |
| | 四方 | $a=b\neq c$ | $\alpha=\beta=\gamma=90°$ |
| | 三方 | $a=b=c$ | $\alpha=\beta=\gamma\neq 90°$ |
| 低级 | 正交 | $a\neq b\neq c$ | $\alpha=\beta=\gamma=90°$ |
| | 单斜 | $a\neq b\neq c$ | $\alpha=\gamma=90°,\gamma>90°$ |
| | 三斜 | $a\neq b\neq c$ | $\alpha\neq\beta\neq\gamma$ |

晶体中微粒的运动使微粒之间的距离处于变化之中，这与点阵结构的周期性有差异。晶体在形成过程中常有杂质存在，微粒排列时常有缺陷和错位产生。基于这些原因，虽然晶体不是严格意义上的点阵结构，但可以点阵结构抽象地近似描述具体的晶体结构。晶体的外形是有限的，而点阵结构是无限的。

### 2.1.3 晶面表示

一般采用密勒(Miller)指数($hkl$)表示晶面指标，以描述晶面或空间点阵中划分出来的平面点阵的方向。以空间格子的一组平移向量 $a,b,c$ 的方向设为坐标轴方向，以点阵面所过点阵点的截长的倒数的互质比表示，即为密勒指数或晶面指标。晶面指标是简单的互质整数比，这一规律称为有理指数定律。如图 2-7 中晶面的晶面指标为(236)。

晶面指标越大，表征平面点阵上点阵点密度越小，且相邻两平面点阵间的距离越小。实际晶体中微粒排列较紧密，晶面对应的是点阵点密度较大的平面点阵。也可以说实际晶面

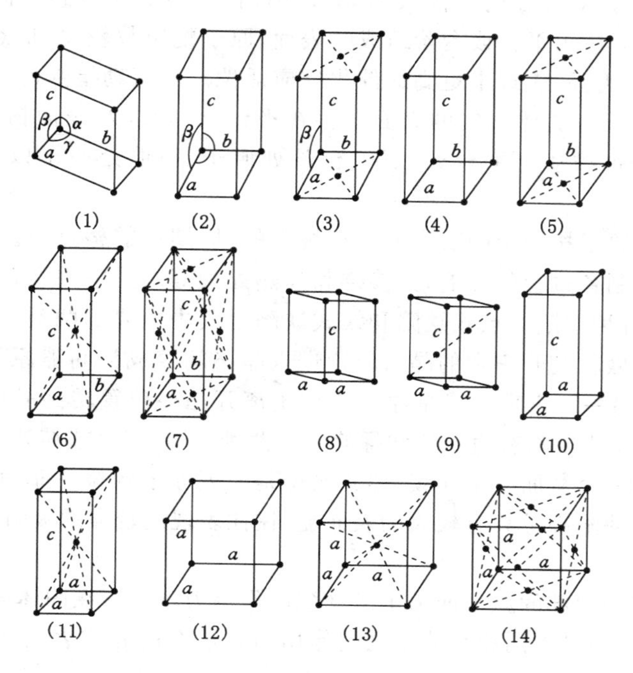

图 2-6　空间点阵的 14 种型式

(1) 简单三斜；(2) 简单单斜($mp$)；(3) $C$ 心单斜($mC$)；(4) 简单正交($oP$)；(5) $C$ 心正交($oC$)；(6) 体心正交($oI$)；(7) 面心正交($oF$)；(8) 简单六方($hP$)；(9) $R$ 心六方($hR$)；(10) 简单四方($tP$)；(11) 体心四方($tI$)；(12) 简单立方($cP$)；(13) 体心立方($cI$)；(14) 面心立方($cF$)

通常有较小的晶面指标，一般为 0、1、2，大于 5 时即少见。

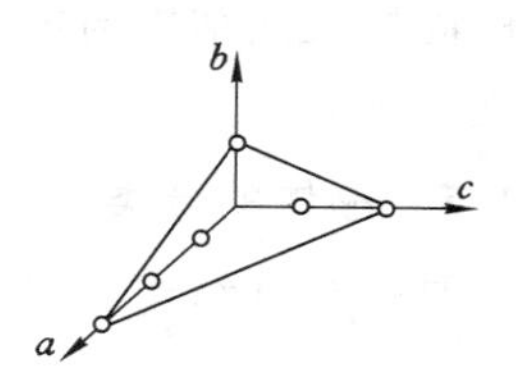


图 2-7　晶面指标

两个晶面的法线的交角简称晶面交角或晶面角。同一种晶体，在外形上晶面的大小和形状表现不同，但相应的晶面间的交角是相等的，这一规律称为晶面交角守恒定律。影响晶体生长的外界条件只决定晶面的大小和层次的多少，晶面交角由组成晶体的微粒间的作用力决定。当组成晶体的微粒间排布不同时，相互作用力不同致使得到的点阵结构不同，即形成所谓的异构体。如 $CaCO_3$ 晶体有方解石和文石异构体。

### 2.1.4　晶格缺陷与表面能量的不均匀性

催化作用在固体表面进行，了解晶体表面的结构与不均匀性可以更深入地描述催化作用。从原子的尺度上看固体表面的结构和能量表现为不均匀性，根据原子所处位置及相邻的原子数即配位数，可将固体表面描述为低密勒指数的表面、高密勒指数的表面和近真表面。

低密勒指数的表面，如(111)、(100)和(110)晶面，晶面光滑且无台阶和扭曲，晶面上的原子具有最高的配位数，原子密度高和表面自由能低，是最易暴露在表面的稳定的晶面。低密勒指数的三种晶面上，由于原子排列不同致使质点密度、质点间距和配位数不同。晶面结构的差异使吸附与催化性能表现出较大的差异。如在合成氨反应中，$N_2$ 的活化是控制步骤,(111)晶面具有对 $N_2$ 最强的解离吸附能力,因而(111)晶面具有较高的催化反应活性。高密勒指数的表面对应由平台或台阶组成的表面,原子配位数较少,价态的不饱和性较大,表面能较大,吸附能力强,表现出更高的催化反应活性。高密勒指数的表面不稳定,易转化为低密勒指数的表面。固体真实的表面上存在平台、台阶以及表面扭曲状态。处于这些位置处的表面原子可描述为平台处原子、台阶处原子、扭曲处原子以及附加原子和表面缺位。

完整的晶体中原子按一定的次序处于有规则的、周期性的格点上。实际晶体的结构往往受到制备条件和制备过程的影响,如掺杂和加热处理等。其中的微粒质点不完全按顺序整齐排列,会产生各种缺陷。点式缺陷和线式缺陷是其中主要的两类。点式缺陷的一种表现形式是晶格中的微粒离开正常的晶格位置进入晶格间隙成为间隙原子或离子,称为弗兰尔(Frenkel)缺陷;另一种表现形式是原子或离子离开晶格位置转到晶体表面,称为绍特基(Schottky)缺陷。线式缺陷有边错位和螺旋错位两种。边错位(或棱边错位)是一个晶格平面的棱边在晶体的一个截面上不连续;螺旋错位是一列原子环绕一垂直方向的晶面轴做螺旋位移。晶体表面缺陷部位具有较大的表面能,往往表现出较强的吸附能力和催化活性,但常处于不稳定状态。

处于固体表层和内部的原子或离子所受到的作用力不同。在固体内部相邻原子作用力平衡,表层原子受到来自不同相中分子之间作用力。洁净的固体表面在原子水平上是不均匀的。台阶、扭曲、原子空位和附加原子等状态的存在,使表面形成不同类型的表面位。从催化的角度它们都是活性较高的部位,可以形成催化活性位。表面位上吸附的原子或分子可以是单个、成对或多个的聚集体。

固体的表面结构决定了其表面的能量及分布,对吸附与催化作用产生实质性的影响。了解固体表面结构与能量的不均一性对解释催化作用、控制催化剂制备条件具有实际的意义。

### 2.1.5 晶体的分类

晶体按其结构微粒和作用力的不同分为金属晶体、离子晶体、原子晶体和分子晶体四类。

#### 2.1.5.1 金属晶体

金属晶体按密堆积的规则排布,配位数高达 8 和 12。除少数的碱金属、碱土金属、铝和钪外,其他金属的密度均大于 5。通常将密度大于 5 的金属称为重金属,由此可见大部分金属属于重金属。金属之间的化学键为金属键,不同于一般的离子键和共价键。金属键没有饱和性和方向性,因此金属单质的结构为最紧密的堆积方式以降低体系的能量。

以等体积圆球的堆积模拟说明金属单质的密堆积状态,密堆积型式共有三种,分别记为 A1、A2 和 A3 型。三种密堆积的模型图、构型图、晶胞、配位数和空间利用率如表 2-2 所示。

部分金属单质的所属构型列于表 2-3 中。

从金属晶体的晶胞参数可以求出两个相邻原子之间的距离,该距离的一半是原子半径。表 2-4 列出了配位数为 12 的金属原子半径。

**表 2-2　　金属单质的密堆积模型**

| 堆积型式 | 堆积模型 | 晶胞 | 配位数 | 空间利用率 |
|---|---|---|---|---|
| A1 | | | 12 | 74.05% |
| A2 | | | 8 | 68.02% |
| A3 | | | 12 | 74.05% |

**表 2-3　　部分金属单质的构型**

| 构型 | 金属单质 | | | | | | | | | |
|---|---|---|---|---|---|---|---|---|---|---|
| A1 | Ca | Sr | Al | Cu | Ag | Au | Pt | Ir | Rh | Pd |
| | Pb | Co | Ni | Fe | Pr | Yb | Th | | | |
| A2 | Li | Na | K | Rb | Cs | Ba | Ti | Zr | V | Nb |
| | Ta | Cr | Mo | W | Fe | | | | | |
| A3 | Be | Mg | Ca | Sc | Y | La | Ce | Pr | Nd | Eu |
| | Gd | Tb | Dy | Ho | Er | Tm | Lu | Ti | Zr | Hf |
| | Tc | Re | Co | Ni | Ru | Os | Zn | Cd | Tl | |

**表 2-4　　配位数为 12 的金属原子半径**　　pm

| | | | | | | | | | | | | | | |
|---|---|---|---|---|---|---|---|---|---|---|---|---|---|---|
| Li<br>152 | Be<br>111.3 | | | | | | | | | | | | | |
| Na<br>153.7 | Mg<br>160 | | | | | | | | | | | Al<br>143.1 | | |
| K<br>227.2 | Ca<br>197.3 | Sc<br>160.6 | Ti<br>144.8 | V<br>132.1 | Cr<br>124.9 | Mn<br>124 | Fe<br>124.1 | Co<br>125.3 | Ni<br>124.6 | Cu<br>127.8 | Zn<br>133.2 | Ga<br>122.1 | Ge<br>122.5 | As<br>124.8 |
| Rb<br>247.5 | Sr<br>215.1 | Y<br>181 | Zr<br>160 | Nb<br>142.9 | Mo<br>136.2 | Tc<br>135.8 | Ru<br>132.5 | Rh<br>134.5 | Pd<br>137.6 | Ag<br>144.4 | Cd<br>148.9 | In<br>162.6 | Sn<br>140.5 | Sb<br>161 |

续表 2-4

| Cs | Ba | 镧系 | Hf | Ta | W | Re | Os | Ir | Pt | Au | Hg | Tl | Pb | Bi |
|---|---|---|---|---|---|---|---|---|---|---|---|---|---|---|
| 265.4 | 217.3 | 元素 | 156.4 | 143 | 137.0 | 137.0 | 134 | 135.7 | 138 | 144.2 | 160 | 170.4 | 175.0 | 152 |
| Fr | Ra | 锕系 | 104 | 105 | 106 | 107 | 108 | 109 | | | | | | |
| 270 | 220 | 元素 | | | | | | | | | | | | |
| La | Ce | Pr | Nd | Pm | Sm | Eu | Gd | Tb | Dy | Ho | Er | Tm | Yb | Lu |
| 187.7 | 182.5 | 182.8 | 182.1 | 181.0 | 180.2 | 204.2 | 180.2 | 178.2 | 177.3 | 176.6 | 175.7 | 174.6 | 194.0 | 173.4 |
| Ac | Th | Pa | U | Np | Pu | Am | Cm | Bk | Cf | Es | Fm | Fd | No | Lr |
| 187.8 | 179.8 | 160.6 | 138.5 | 131 | 151 | 184 | | | | | | | | |

若将表中列出的配位数为 12 的 A1 和 A3 构型的金属原子半径记为 1.00，则配位数为 8 的 A2 构型的金属原子半径约为 0.97。

表 2-4 中金属原子半径随其在周期表中的位置变化：① 同一族金属元素，随周期数增大原子半径增加；② 金属原子半径实际上是金属晶体中正离子的半径，同一周期金属元素，随价电子数增加时核对电子云吸引力增大，使原子半径减小；③ 由于“镧系收缩”第二周期与第三周期的同族元素的原子半径接近；④ 由于配位势场的影响过渡金属元素的原子半径变化不规则。

金属可形成合金。合金是金属混合物、金属固溶体和金属化合物的总称。

金属固溶体是指两种或多种金属或金属化合物相互溶解形成的均匀物相。少数非金属单质，如 H、B、C、N 也可以溶于某些金属，形成的固溶体仍具有金属特性，这类固溶体也属于金属固溶体。金属固溶体存在三种不同的结构类型：置换固溶体、间隙固溶体和缺位固溶体。

置换固溶体是指一金属晶体中，一部分金属原子被另一金属原子随机地均匀地取代，所形成的固溶体内各种金属原子仍保持原有的结构型式。能否形成固溶体以及固溶体内组分的浓度范围取决于各金属组分的性质是否相似。构成无限互溶度应满足下列条件：① 各组分具有相似的结构型式。如 Fe 有四种变体 α(A2 型)、β(A2 型)、γ(A1 型)、δ(A2 型)，Co 有两种变体 α(A3 型)、β(A1 型)，以此得出只有 γ-Fe 和 β-Co 可以互溶。② 金属的原子半径相近，一般两者相差不超过 10%～15%。③ 组分的正电性不能相差太多，否则倾向于生成金属化合物。一般地组分金属应属于同一族或相邻族。形成固溶体的溶剂金属的能带结构和溶质金属的价电子数目对金属间的互溶度也有较大的影响。

间隙固溶体是指一些原子半径较小的非金属元素随机地均匀地填充在溶剂金属晶格的空隙中，如 H、B、C、N 等溶入过渡金属中。间隙固溶体内融入组分与溶剂金属不形成化合物，但存在某种程度的共价键，因而会改变纯金属的某些性质。如固溶体的硬度和熔点比纯金属明显提高。从应用的角度看，控制溶质元素的溶入量可以调节合金的硬度和熔点。一些间歇固溶体的熔点和硬度列于表 2-5。

缺位固溶体是指当溶入元素溶于金属化合物中时，占据了金属化合物晶格的正常位置，造成金属化合物中另一元素所占据的位置就被空了出来。如将 Sb 溶于 NiSb 中形成缺位固溶体，当溶入元素 Sb 占据 NiSb 晶格的正常位置后，另一元素 Ni 原来所占的位置就被空置。

表 2-5　　一些间隙固溶体的熔点和硬度

| 间隙固溶体 | 熔点/K | 硬度 |
|---|---|---|
| TiC | 3 410 | 8～9 |
| HfC | 4 160 | |
| $W_2C$ | 3 130 | 9～10 |
| NbC | 3 770 | 9 |
| TiN | 3 220 | 8～9 |
| ZrN | 3 255 | 8 |

当合金组分的原子半径、原子电负性和价电子层结构以及单质的结构型式之间差异很大时，倾向于生成金属化合物物相。与纯组分金属的结构型式不同，金属化合物的结构型式中组分的各原子分别占有不同的结构位置。金属化合物与金属固溶体的区别在于前者是有序结构，而后者是无序结构。对于金属化合物来说，高温利于形成无序结构，低温利于形成有序结构。高温下的固溶体骤冷形成的无序结构，在经加热后慢慢冷却可以转变为有序结构。

金属化合物的物相有两种型式，一种是组成确定的金属化合物物相，另一种是组成可变的金属化合物物相。能够形成组成可变的金属化合物物相是合金独有的化学性质。

金属固溶体与金属化合物的组成与金属的原子价无关，但和其中的价电子总数与原子总数之比有关。

合金的性质与其组成和结构密切相关。研究合金的组成、结构和性能的关系对催化剂的研发具有重大的实用价值。

2.1.5.2　离子晶体

离子晶体是由离子化合物结晶而成，由正、负离子或正、负离子集团按一定比例通过离子键结合形成的晶体。离子晶体中正、负离子或离子集团在空间排列上具有交替相间的结构特征，因此具有一定的几何外形。例如 NaCl 是正立方体晶体。不同的离子晶体，离子的排列方式可能不同，形成的晶体类型也不相同。离子晶体的结构类型还取决于晶体中正负离子的半径比、正负离子的电荷比和离子键的纯粹程度。离子晶体的晶格能的定义是指 1 mol的离子化合物中的阴阳离子，由相互远离的气态结合成离子晶体时所释放出的能量，或拆开 1 mol 离子晶体使之形成气态阴离子和阳离子所吸收的能量，单位是 kJ/mol。晶格能越大，形成的离子晶体越稳定，而且熔点越高，硬度越大。晶格能与阴阳离子的半径成反比，与离子电荷的乘积成正比。离子所带电荷越高，离子半径越小，则离子键越强，熔沸点越高。

离子晶体有二元离子晶体、多元离子晶体与有机离子晶体等类别。离子晶体不存在分子，所以没有分子式。离子晶体通常根据阴、阳离子的数目比，用化学式表示该物质的组成，如 NaCl 表示氯化钠晶体中 $Na^+$ 离子与 $Cl^-$ 离子个数比为 1∶1。

离子晶体整体上具有电中性，这决定了晶体中各类正离子带电量总和与负离子带电量总和的绝对值相当，并导致晶体中正、负离子的组成比和电价比等结构因素间有重要的制约关系。

离子键的强度大，所以离子晶体的硬度高。又因为要使晶体熔化就要破坏离子键，所以要加热到较高温度，故离子晶体具有较高的熔沸点。离子晶体一般硬而脆，具有较高的熔沸点。离子晶体在固态时有离子，但不能自由移动，故不具有导电性能。当离子晶体熔融或溶解时可以导电。

强碱（NaOH、KOH、$Ba(OH)_2$），活泼金属氧化物（$Na_2O$、MgO、$Na_2O_2$），大多数盐类（$BeCl_2$、$Pb(Ac)_2$ 等除外）都是离子晶体。

2.1.5.3　原子晶体

相邻原子之间通过共价键结合在一起而成的晶体叫作原子晶体，原子晶体中晶格上的质点是原子。由于原子之间相互结合的共价键非常强，要打断这些键而使晶体熔化必须消耗大量能量，所以原子晶体一般具有较高的熔点、沸点和硬度，在通常情况下不导电，也是热的不良导体。但半导体硅等可有条件地导电。

原子晶体熔沸点的高低与共价键的强弱有关。一般来说，半径越小时形成共价键的键长越短，键能就越大，晶体的熔点和沸点也就越高。结构相似的分子，其共价键的键长越短，共价键的键能越大，分子越稳定。成键电子数越多，键长越短，形成的共价键越牢固，键能越大。在成键电子数相同，键长相近时，键的极性越大，键能就越大，共价键越稳定。常见的原子晶体是周期系第ⅣA族元素的一些单质和某些化合物。例如金刚石、硅晶体、$SiO_2$、SiC 等。$SiO_2$ 晶体结构模型如图 2-8 所示。

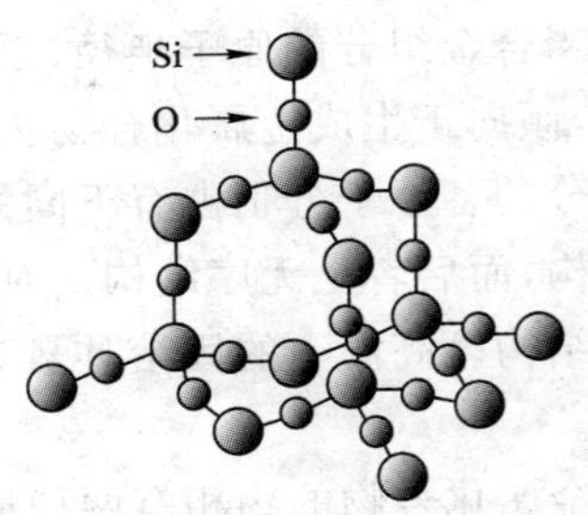

图 2-8　$SiO_2$ 晶体结构模型

原子间不再以紧密的堆积为特征，它们之间是通过具有方向性和饱和性的共价键相连接，通过成键能力很强的杂化轨道重叠成键，键能接近 400 kJ/mol。原子晶体的基本结构单元向空间伸展形成空间网状结构，配位数比离子晶体少。

以典型原子晶体二氧化硅晶体（$SiO_2$ 方石英）为例，每一个硅原子位于正四面体的中心，氧原子位于正四面体的顶点，每一个氧原子和两硅原子相连。如果这种连接向整个空间延伸，就形成了三维网状结构的巨型“分子”。

2.1.5.4　分子晶体

分子晶体是一类分子间通过分子间作用力（包括范德瓦耳斯力和氢键）构成的晶体。构成分子晶体的分子可以是极性分子，也可以是非极性分子。分子间作用力的大小决定了晶体的物理性质。由于分子间的作用力很弱，一般分子晶体具有较低的熔、沸点，硬度小、易挥发，许多物质在常温下呈气态或液态。分子的相对分子质量越大，分子间作用力越大，晶体熔沸点越高，硬度越大。分子晶体在固态和熔融状态时都不导电，其溶解性遵守“相似相溶”原理，极性分子易溶于极性溶剂，非极性分子易溶于非极性的有机溶剂。

典型的分子晶体包含所有非金属氢化物，大部分非金属单质，部分非金属氧化物，几乎所有的酸，大多数有机化合物等。

## 2.2 物理吸附

### 2.2.1 吸附作用

当气体或液体的分子运动到固体表面时，与固体表面分子之间发生相互作用而附着在固体的表面上，产生气体或液体分子在固体表面富集的现象称为吸附。吸附是一种普遍存在的现象。其中固体物质称为吸附剂，被吸附的气体或液体称为吸附质。吸附质在固体表面呈现的吸附状态称为吸附态。固体表面对吸附质产生吸附作用的位置称为吸附位或吸附中心。吸附质吸附在吸附剂表面，其吸附量逐渐增加的过程称为吸附过程。相反地，当吸附剂表面吸附质的量逐渐减少的过程称为脱附过程。当吸附温度一定时的吸附过程称为等温吸附。压力恒定时的吸附过程称为等压吸附。

通常以吸附速率和脱附速率表示吸附与脱附过程进行的快慢程度。温度和压力是影响吸附和脱附过程的两个主要因素。一定条件下，当吸附速率和脱附速率相等时，吸附剂表面上吸附质分子的浓度不随时间变化，这种状态称为吸附平衡。吸附平衡状态常用吸附平衡常数表示，即吸附速率常数与脱附速率常数之比。当温度降低和压力升高时有利于吸附过程，吸附平衡常数增加。反之，高温和减压条件下有利于脱附过程，吸附平衡常数减小。

根据吸附质分子与固体吸附剂表面结合力的不同，吸附可分为物理吸附和化学吸附。物理吸附是由吸附质和吸附剂分子间作用力范德瓦耳斯力引起的，也称范德瓦耳斯吸附。范德瓦耳斯力包括色散力、诱导力和取向力。由于任何两分子间均存在范德瓦耳斯力，所以物理吸附可以发生在任何固体表面上。同一物质，低温下进行物理吸附而在高温下可能为化学吸附，或者两者同时进行。

电子运动中瞬间所在的位置对原子核是不对称的，造成正电荷重心和负电荷的重心发生瞬时的不重合，从而产生瞬时偶极。色散力是分子的瞬时偶极间的作用力，存在于所有分子或原子间。色散力与分子的变形性和分子的电离势等有关。一般地，相对分子质量愈大的分子的变形性愈大，色散力就越大。分子内所含的电子数愈多，分子的电离势越低，色散力就越大。

诱导力存在于极性分子和非极性分子之间以及极性分子和极性分子之间。极性分子偶极所产生的电场使非极性分子电子云变形，电子云被吸向极性分子偶极的正电的一极，使非极性分子产生了偶极。这种因变形而产生的偶极叫作诱导偶极，以区别于极性分子中原有的固有偶极。诱导偶极和固有偶极相互吸引，这种由于诱导偶极而产生的作用力叫作诱导力。由于极性分子的相互影响，每个分子也会发生变形，从而产生诱导偶极。在阳离子和阴离子之间也会出现诱导力。诱导力与被诱导分子的变形性成正比，通常分子中各原子核的外层电子壳越大，在外来静电力作用下越容易变形。

取向力存在于极性分子与极性分子之间。由于极性分子的电性分布不均匀，一端带正电而另一端带负电形成偶极。当两个极性分子相互接近时，由于两对偶极中的同极相斥和异极相吸作用，使两个分子发生相对转动。这种偶极子的互相转动，使偶极子间相反的极相对，叫作取向。取向的结果使相反的极相距较近，同极相距较远。引力大于斥力时使两个分子靠近。随着分子间距离的接近斥力升高，当接近到一定距离时，斥力与引力达到相对平衡。这种由于极性分子的取向而产生的分子间的作用力叫作取向力。分子的极性越大时取向力越大。取向力与温度成反比，温度越高取向力越弱。

极性分子与极性分子之间取向力、诱导力和色散力都存在。极性分子与非极性分子之间存在诱导力和色散力。非极性分子与非极性分子之间只存在色散力。这三种力的相对大小决定于相互作用的分子的极性和变形性。极性越大取向力的作用越重要。变形性越大色散力就越重要。诱导力则与这两种因素都有关。对大多数分子来说色散力是主要的，只有偶极矩很大的分子（如 $H_2O$）其取向力才是主要的，而诱导力通常很小。虽然范德瓦耳斯力只有 0.4～4.0 kJ/mol，但在大量大分子间的相互作用下则会变得十分稳固，范德瓦耳斯力具有加和性。

吸附剂表面的分子由于作用力没有被平衡而保留有自由力场来吸引吸附质，即具有剩余的能量。物理吸附是由于分子间的吸力所引起的吸附，所以结合力较弱，吸附热较小，吸附和解吸速度也都较快，被吸附物质也较容易解吸出来。物理吸附在一定程度上是可逆的。吸附作用的强弱与吸附剂和吸附质的性质、吸附温度等有关。吸附量与吸附剂表面的大小、吸附质浓度的高低等有关。

物理吸附具有以下特点：① 物理吸附类似于气体的液化和蒸气的凝结，吸附热较小，与相应气体的液化热相近；② 沸点越高或饱和蒸气压越低的气体或蒸气越容易液化或凝结，物理吸附量就越大；③ 物理吸附一般不需要活化能，吸附和脱附速率都较快，物理吸附没有选择性；④ 物理吸附可以是单分子层吸附，也可以是多分子层吸附；⑤ 被吸附分子的结构变化不大，不形成新的化学键；⑥ 物理吸附是可逆的。

在多相催化研究中，物理吸附起着基础的作用。利用物理吸附原理可以测定催化剂的表面积和孔结构。催化剂表面物理吸附的研究对于催化剂制备条件的优化，比较研究催化剂的催化活性，改进反应物和产物的扩散条件，选择催化剂的载体以及催化剂的再生等方面都有重要作用。

### 2.2.2 吸附等温式

气体吸附理论主要有朗缪尔单分子层吸附理论、波拉尼吸附势能理论、BET 多层吸附理论、二维吸附膜理论和极化理论等，前三种理论应用最广。这些吸附理论都从不同的物理模型出发，结合大量的实验结果，给出了描述吸附等温线的方程式。通过对吸附机理和实验数据的拟合，可对吸附形态作出判断。

实验测定的吸附等温线可归纳为五类，如图 2-9 所示。其中的Ⅰ、Ⅱ、Ⅳ型曲线是凸形的，Ⅲ、Ⅴ型是凹形的。也有将阶梯形曲线归为Ⅵ型。Ⅳ、Ⅴ型曲线有吸附滞后环，即吸附量随平衡压力增加时测得的吸附分支和压力减小时测得的脱附分支不重合，形成环状。吸附等温线的不同形状决定于吸附剂的孔结构和吸附剂与吸附质之间的吸附力场。

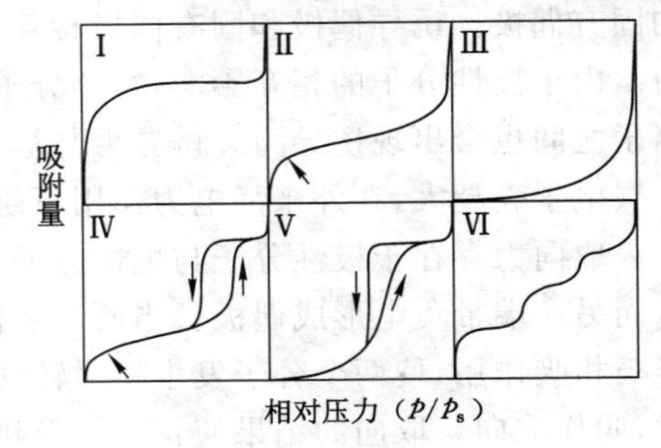


图 2-9　吸附等温线的类型

(1) 朗缪尔吸附等温式

固体表面的几何形状和表面力场不均匀。朗缪尔理论作了理想表面的假定，即表面上各个吸附位的能量相同，吸附时放出的吸附热相同；每个吸附位只能吸附一个质点，已吸附的质点之间的作用力可以忽略。满足这些条件的吸附称为理想

吸附或朗缪尔吸附。

① 如单分子吸附，$A+\sigma \leftrightarrow A-\sigma$。苯蒸气在 Pt 表面上的缔合吸附就属于单分子吸附。

以 $\theta$ 表示吸附质在表面的覆盖度，可定义为吸附量 $\upsilon$(mL/g)与单层饱和吸附量 $\upsilon_m$(mL/g)之比：

$$\theta = \upsilon/\upsilon_m \tag{2-1}$$

根据质量作用定律，吸附速率 $r_a$ 和脱附速率 $r_d$ 可表示为：

$$r_a = k_a p(1-\theta) \tag{2-2}$$

$$r_d = k_d \theta \tag{2-3}$$

吸附达到平衡状态时：

$$k_a p(1-\theta) = k_d \theta \tag{2-4}$$

则有：

$$\theta = \frac{k_a p}{k_d + k_a p} = \frac{Kp}{1+Kp} \tag{2-5}$$

式(2-5)称为朗缪尔吸附等温式。式中，$p$ 为吸附质蒸汽平衡分压，$k_a$、$k_d$ 分别表示吸附速率常数和脱附速率常数，$K$ 为吸附平衡常数，即：

$$K = \frac{k_a}{k_d} = K_o \exp\left(\frac{q}{RT}\right) \tag{2-6}$$

$K$ 值越大表示吸附越强，温度越高时 $K$ 值减小。$K_o$ 为指前因子，可近似地认为与温度无关。当弱吸附时 $Kp \ll 1$，则有 $\theta \approx Kp$；定温条件下 $K$ 为定值，可得出 $\theta$ 与 $p$ 呈线性关系。当强吸附时 $Kp \gg 1$，则有 $\theta \approx 1$。

朗缪尔吸附等温式也可表示为：

$$\frac{p}{\upsilon} = \frac{p}{\upsilon_m} + \frac{1}{\upsilon_m K} \tag{2-7}$$

在温度一定的条件下，$K$ 和 $\upsilon_m$ 均为定值。

以吸附量 $\upsilon$ 与相对分压 $p/p_s$ 作图可得到 Ⅰ 型吸附等温线，为此 Ⅰ 型吸附等温线也称朗缪尔吸附等温线。

以 $p/\upsilon$ 与 $p$ 作图成一直线，其斜率为 $1/\upsilon_m$，截距为 $1/(\upsilon_m K)$，由此可计算出 $\upsilon_m$ 与 $K$ 值。若实验数据符合线性关系，表明反应物分子的吸附符合朗缪尔模型。

② 若分子发生解离吸附，$A_2+2\sigma \leftrightarrow 2A-\sigma$。如 $H_2$ 在 Cu 表面的吸附形态。

吸附达到平衡时：

$$\theta = \frac{\sqrt{Kp}}{1+\sqrt{Kp}} \tag{2-8}$$

或

$$\frac{\sqrt{p}}{\upsilon} = \frac{1}{\sqrt{K}\upsilon_m} + \frac{\sqrt{p}}{\upsilon_m} \tag{2-9}$$

定温条件下，$\frac{\sqrt{p}}{\upsilon} \sim \sqrt{p}$ 呈直线关系。若实验数据符合这一线性关系，则表明吸附为解离吸附，且符合朗缪尔吸附模型。

③ 若有两种以上分子同时吸附在同一类吸附中心上，则产生混合竞争吸附。如

$A+\sigma \rightleftharpoons A\text{-}\sigma, B+\sigma \rightleftharpoons B\text{-}\sigma$。

当吸附达到平衡时：

$$\theta_A = \frac{K_A p_A}{1 + K_A p_A + K_B p_B} \tag{2-10}$$

$$\theta_B = \frac{K_B p_B}{1 + K_A p_A + K_B p_B} \tag{2-11}$$

同样地，若多个组分同时吸附在同一类活性中心上，当达到平衡时：

$$\theta_i = \frac{K_i p_i}{1 + \sum_{i=1}^{n} K_i p_i} \tag{2-12}$$

（2）焦姆金吸附平衡式

在真实的吸附过程中，吸附活化能 $E_a$、脱附活化能 $E_d$、吸附热 $q$ 随覆盖率 $\theta$ 变化。表面空位率和表面覆盖率分别以 $e^{-g\theta}$ 和 $e^{h\theta}$ 表示。

吸附速率为：

$$r_a = k_a p e^{-g\theta} \tag{2-13}$$

脱附速率为：

$$r_d = k_d e^{h\theta} \tag{2-14}$$

其中 $g$ 和 $h$ 为系数，此速率表达式即耶洛维奇速率式。

达到吸附平衡时：

$$\theta = \frac{1}{f} \ln Kp \tag{2-15}$$

即为焦姆金吸附等温式。

或

$$\upsilon = \frac{\upsilon_m}{f} \ln K + \frac{\upsilon_m}{f} \ln p \tag{2-16}$$

即为焦姆金吸附等温式的线性表达式。$\upsilon \sim \ln p$ 呈线性关系，由斜率和截距可求得 $\upsilon_m/f$ 和 $K$ 值。其中 $f=g+h, K=k_a/k_d$。

（3）弗兰德里希平衡式

真实的吸附过程中，表面空位率和表面覆盖率分别以 $\theta^{-w}$ 和 $\theta^{u}$ 表示。

吸附速率为：

$$r_a = k_a p \theta^{-w} \tag{2-17}$$

脱附速率为：

$$r_d = k_d \theta^{u} \tag{2-18}$$

此速率表达式即管孝男速率式。

吸附平衡时，弗兰德里希平衡式表示为：

$$\theta = (Kp)^{1/n} = K_o p^{1/n} \tag{2-19}$$

或

$$\ln \upsilon = \ln K_o \upsilon_m + \frac{1}{n} \ln p \tag{2-20}$$

$\ln \upsilon \sim \ln p$ 呈线性关系，可求得 $K_o \upsilon_m$ 和 $1/n$。

(4) BET 吸附等温式

将朗缪尔吸附等温式的物理模型及推导方法应用于多层吸附，并假定自第二层开始直至第 $n$ 层($n\to\infty$)的吸附热都等于吸附质的液化热($E_L$)，则 BET 方程为

$$\frac{p}{v(p_s-p)}=\frac{1}{v_m C}+\frac{C-1}{v_m C}\times\frac{p}{p_s} \tag{2-21}$$

其中，$C=\exp[(E_1-E_2)/RT]$，称为 BET 方程 $C$ 常数，其值与吸附质和表面之间作用力场的强弱有关，一般取 50 到 200～300 之间；$E_1$是第一吸附层的吸附热。

以 $p/[v(p_s-p)]$ 对 $p/p_s$ 作图可得一直线，其斜率 $m=(C-1)/(v_m C)$，截距 $b=1/(v_m C)$。由此可计算出 $C=m/b+1$，$v_m=1/(m+b)$。上式中 $p/p_s$的适用范围一般在 0.05～0.35 之间。

若每个吸附质分子在表面占据的面积为 $A_m$($nm^2$)，则吸附剂的比表面积 $S=A_m N_A(v_m/224)\times10^{-18}$，其中 $N_A$ 为阿伏伽德罗常数。

### 2.2.3 物理吸附的应用

(1) 固体催化剂比表面积的测定

催化剂及载体的比表面积是表征其性能的重要参数。若催化剂的表面组成和结构是均一恒定的，等温下在动力学区进行的催化反应速率正比于催化剂的比表面积。催化剂比表面积常用的测定方法是物理吸附法。由于催化剂及载体的品种或使用目的不同，其比表面积有很大的差异。测定催化剂比表面积时，除了适当地称取样品量之外，也需要适当的测量方法。如比表面积大于 1 $m^2/g$ 时低温氮吸附容量法是适合的，小于 1 $m^2/g$ 时宜采用低温氪吸附法。

(2) 孔径分布的测定

催化剂的孔径大小与催化反应中的传质过程有关。当反应在内扩散区进行时孔内传质比较慢，孔径的大小与反应中催化剂的表面利用率有关。对于目的产物是不稳定的中间物时，孔径大小还会影响到反应的选择性。

孔径的测定方法依孔径大小而定。汞压入法可测大孔孔径分布和孔径在 4 nm 以上的中孔孔径分布，气体吸附法测定半径为 1.5～1.6 nm 至 20～30 nm 中孔孔径分布。

(3) 气体或蒸汽量的测定

气体或蒸汽量的测定方法有静态低温氮吸附容量法、低温氪吸附法、静态重量法等。

① 静态低温氮吸附容量法。$N_2$在液氮温度下与吸附剂接触，放置一段时间使之达到吸附平衡，由 $N_2$的进气量与吸附后残存于气相中的数量之差，即可计算得出吸附剂吸附 $N_2$的量。静态 $N_2$吸附容量法一直是公认的测定比表面积大于 1 $m^2/g$ 样品的标准方法。

② 低温氪吸附法

氪在液氮温度下的饱和蒸气压只有 267～400 Pa，吸附平衡后剩余在管道内的氪很少。由校正这部分数量引入的误差也就很小。低温氪吸附法适宜于测定 1 $m^2/g$ 以下样品的表面积。

③ 静态重量法。可直接测出吸附和脱附时重量的改变，由此计算出样品吸附的蒸气量。室温下吸附质是液体时无法用容量法测定其在固体上的吸附量，常采用静态重量法。

物理吸附也常用于催化研究中其他方面的应用，如确定沸石孔道开口的尺寸，探索沸石作为吸附剂的应用，测定沸石样品的纯度等。

### 2.2.4 催化剂的孔结构及孔内扩散

孔结构包括孔径、孔径分布、孔容和比表面积等是衡量和评价催化剂的重要指标。固相催化剂的形成，尤其是载体是由微粒压制而成的。这些载体的微粒本身具有的微孔称为一次孔。将载体微粒压制成型时，这些微粒之间形成的孔称为二次孔。二次孔的形成与载体微粒的可压缩性、成型压力、微粒的粒级配置等有关。较大的成型压力易使微粒变形或破碎而使二次孔的孔径减小，但载体的强度会相应地增加。微粒的粒级配置可作为调变载体孔径大小、孔径分布及载体强度的有效方法。催化剂制备过程中，加热使微粒中的前驱体物质、溶剂或造孔剂分解或挥发逸出而形成一次孔。一次孔的形成与调变受制备过程中的加热速率、加热最终温度和时间以及载体所处气氛等因素的影响。

适宜的孔结构是提高催化反应性能的基础。除少数催化活性极高、反应速率极快的反应只需用较小的比表面积之外（如 NO 氧化成 $NO_2$时用铂丝作为催化剂），多数催化剂要求具有发达的内孔结构，其内表面积远大于催化剂颗粒的外表面积。较大的比表面积可使反应物与催化剂的接触面积增大。一般来说，发达的微孔结构可以提供更大的比表面积。

催化剂内孔表面上的反应需要反应物及产物分子扩散传质到内孔表面。孔径的大小影响着分子的扩散速率及在孔内的浓度分布，进而影响到反应的选择性等性能。适宜的孔径分布是催化反应要求的重要基础。制备出适宜的较窄孔径分布的载体可为催化反应选择性的优化提供有益条件。

依孔径大小和分子的平均自由程，可将孔内扩散区分为正常扩散和努森扩散。当孔内外不存在压力差，即不存在由于压力差造成的对流传质时，扩散的形式可依据分子的平均自由程 $\lambda$ 和孔半径 $r$ 确定。当 $\lambda/2r \leqslant 10^{-2}$时，孔内扩散属正常扩散，此时孔内扩散与通常条件下的扩散一致。当 $\lambda/2r > 10$ 时，孔内扩散属努森扩散，这时孔内扩散过程中气体分子与孔壁碰撞而影响扩散传递。存在努森扩散时，分子之间碰撞的影响可忽略，即只与孔径有关而与共存的其他气体分子无关。

孔内扩散速率依菲克定律描述，扩散速率 $N$ 与扩散系数 $D$ 和浓度梯度 $\mathrm{d}C/\mathrm{d}Z$ 的关系为：

$$N = -D\frac{\mathrm{d}C}{\mathrm{d}Z} \tag{2-22}$$

气体分子的平均自由程可依式(2-23)估算：

$$\lambda = 1.013/p(\mathrm{cm}) \tag{2-23}$$

努森扩散系数可依式(2-24)估算：

$$D_k = 9.710^3 r\sqrt{T/M} \tag{2-24}$$

若两种扩散均存在，复合扩散系数依(2-25)计算：

$$D_A = \frac{1}{1/(D_k)_A + (1 - by_A)/D_{AB}} \tag{2-25}$$

$$b = 1 + N_B/N_A \tag{2-26}$$

若为二组分等摩尔逆向扩散，$N_A = -N_B$，则有：

$$D_A = \frac{1}{1/(D_k)_A + 1/D_{AB}} \tag{2-27}$$

上式中，$C$ 为气体分子的浓度，$\mathrm{mol/m^3}$；$Z$ 为扩散传质距离，m；$p$ 为气体分压，Pa；$N_A$ 和

$N_B$分别为A和B的扩散通量；$D_{AB}$为两组分A和B之间正常扩散系数；$y_A$为A的摩尔分数；$T$为温度；$M$为相对分子质量。

## 2.3　化学吸附

化学吸附是吸附质分子与固体表面原子或分子发生电子的转移、交换或共有而形成吸附化学键的吸附。反应物分子在催化剂表面上的化学吸附是催化反应的必经步骤之一，研究化学吸附对了解多相催化反应机理、实现催化反应工业化有重要意义。

与物理吸附相比，化学吸附主要有以下特点：① 吸附所涉及的力与化学键力相当，比范德瓦耳斯力强得多；② 吸附热近似等于反应热；③ 吸附是单分子层吸附；④ 有较好的选择性；化学吸附还常常需要活化能。可根据吸附热和不可逆性确定吸附是否是化学吸附。

化学吸附可描述为三种情况：① 气体分子失去电子成为正离子，固体得到电子，结果是正离子被吸附在带负电的固体表面上；② 固体失去电子而气体分子得到电子，结果是负离子被吸附在带正电的固体表面上；③ 气体与固体共有电子成共价键或配位键，如气体在金属表面上的吸附是由于气体分子的电子与金属原子的d电子形成共价键，或气体分子提供一对电子与金属原子成配位键而形成吸附。

化学吸附与固体表面结构有关，化学吸附的研究有助于阐明催化作用的机理。近代研究技术如超高真空、微量吸附天平、红外吸收光谱、场发射显微镜、场离子显微镜、低能电子衍射、核磁共振、电子能谱化学分析、同位素交换法等，为表面结构与化学吸附的研究提供了新方法和新技术。

### 2.3.1　吸附位能曲线

吸附过程中的能量变化可由吸附的势能曲线说明。以分子$A_2$（如$H_2$）在M（如Ni）上的吸附过程说明。

图2-10中$A—Y—X$表示物理吸附过程的能量变化曲线。吸附过程中存在两种相反的作用力，范德瓦耳斯吸引力和原子核之间的排斥力。吸引力的作用使被吸附的分子靠近固体表面，能量随之降低。当吸引力与排斥力相等时能量降到最低（如$Y$点），放出的热量$Q_p$即为物理吸附热。当距离在靠近时排斥力起主要作用，能量随之升高。

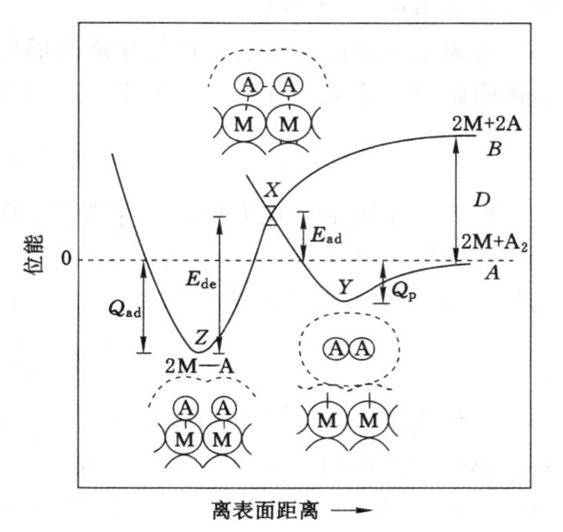

图2-10　吸附位能曲线

图2-10中$B—X—Z$表示化学吸附能量变化曲线。如$H_2$首先解离为两个H原子，在吸引力的作用下向Ni表面靠近的过程中能量降低。到达$Z$点时H与Ni接触形成化学吸附键，释放出能量$Q_{ad}$，即为化学吸附热。

物理吸附曲线与化学吸附曲线的交点$X$为物理吸附转变为化学吸附的过渡态。此时$H_2$开始解离，存在H—H与H—Ni之间的键合。达到过渡态所需克服的能量为 $H_2$ 在 Ni 表面上解离吸附的活化能 $E_{ad}$。与 $H_2$ 解离能相比解离吸附活化能 $E_{ad}$ 要小得多，Ni 催化剂表面上的吸附作用降低了 $H_2$ 的解离能。从脱附的角度看，由化学吸附转变为物理吸附进而脱附的过程也需要活化能 $E_{dc}$。吸附活化能 $E_{ad}$、脱附活化能 $E_{dc}$ 和化学吸附热 $Q_{ad}$ 之间的关系为 $E_{dc}=Q_{ad}+E_{ad}$。$E_{ad}$、$E_{dc}$ 和 $Q_{ad}$ 的大小取决于吸附体系、吸附条件和表面覆盖率。

### 2.3.2 吸附热与吸附强度

化学吸附过程中吸附物种与固体催化剂表面形成化学吸附键。键的强弱取决于吸附物种与催化剂表面的性质以及吸附温度。化学吸附的强弱可由吸附热度量，吸附热越大说明产生的化学吸附越强，反之则说明吸附越弱。吸附热可用积分吸附热、微分吸附热和初始吸附热表示。

一定温度下，当达到吸附平衡时吸附所放出的热量 $\Delta Q$ 与吸附量 $\Delta n$ 之比，或吸附1 mol 气体所放出的热量称为积分吸附热，以 $q_{积}$ 表示：

$$q_{积}=\frac{\Delta Q}{\Delta n}$$

积分吸附热表征了固体催化剂表面平均的吸附结果，但不能反映出催化剂表面吸附能力的不均匀性。一般地，常用积分吸附热来区分物理吸附和化学吸附。物理吸附热一般在 8～20 kJ/mol，而化学吸咐热为 40～800 kJ/mol。

一定温度下，若催化剂表面吸附的气体量增加 d$n$ 时所放出的热量为 d$Q$，微分吸附热 $q_{微}$ 定义为：

$$q_{微}=\frac{dQ}{dn}$$

微分吸附热可以反映出催化剂表面吸附能力的差异。吸附过程中，吸附能力较强的吸附位首先吸附，产生较大的吸附热。随着催化剂表面被吸附物种覆盖度的增加，催化剂表面剩余吸附能力较弱的吸附位上产生的吸附热逐渐变小。根据微分吸附热可以判断催化剂表面吸附能量的不均匀程度。

覆盖度 $\theta$ 是指吸附物种在催化剂表面的吸附量占最大吸附量的比率，定义为催化剂表面被吸附物种覆盖的面积 $S$ 与吸附饱和时所能覆盖的面积 $S_m$ 之比：

$$\theta=\frac{S}{S_m}$$

由于化学吸附表现为单层分子吸附，覆盖面积与吸附物种的分子数量呈现正比关系。覆盖度也可用催化剂表面所吸附的吸附物种的体积 $V$、质量 $W$ 以及蒸汽压 $p$ 与饱和状态下的相应值 $V_m$、$W_m$ 以及饱和蒸气压 $p_0$ 之比来表示。

$$\theta=\frac{V}{V_m}=\frac{W}{W_m}=\frac{p}{p_0}$$

初始吸附热 $q_0$ 是指当相应于覆盖度为零的微分吸附热。初始吸附热的确定可由微分吸附热与覆盖度的关系曲线外推至 $\theta=0$ 时对应的微分吸附热得到。吸附热与催化剂的反应活性相关，依据初始吸附热可比较不同催化剂的催化反应能力。

### 2.3.3 吸附态

吸附态是指吸附物种与催化剂表面相互作用时的结合形态，可从三个方面描述：① 依被吸附的分子是否解离，将吸附态区分为解离吸附和缔合吸附；② 催化剂表面吸附中心可是原子、离子或其集团。依被吸附物种占据吸附位的数目，将吸附态区分为单点吸附和多点吸附。若被吸附物种吸附一个活性位上即为单点吸附，若被吸附物种吸附在两个以上的活性位上即为多点吸附。③ 形成化学吸附的吸附键类型是共价键、离子键还是配位键，以及吸附物种所带电荷类型与多少。

同一吸附物种在催化剂表面可产生多种吸附形态。吸附物种在不同催化剂表面吸附性能的差异取决于吸附物种所带电荷类型与多少以及吸附位的结构及性能。如氢在金属上的吸附常是解离吸附，与金属原子形成带负电荷的共价键，两个金属原子作为吸附中心。如 $H_2$分子吸附在 Pt 的(111)面上时可产生四种吸附形态。(a，b)为单点吸附，(c，d)为多点吸附，(b)为解离吸附。如 CO 在 Ni、Pt、Pd 金属催化剂上的吸附形态，(e)为线式吸附，(f)为桥式吸附。吸附物种在催化剂表面的吸附形态对产物的生成有较大的影响。如 CO 以桥式吸附时，加氢反应可生成醇类产物甲醇和乙醇等；当 CO 以线式吸附时加氢则得到烃类甲烷和乙烷等。

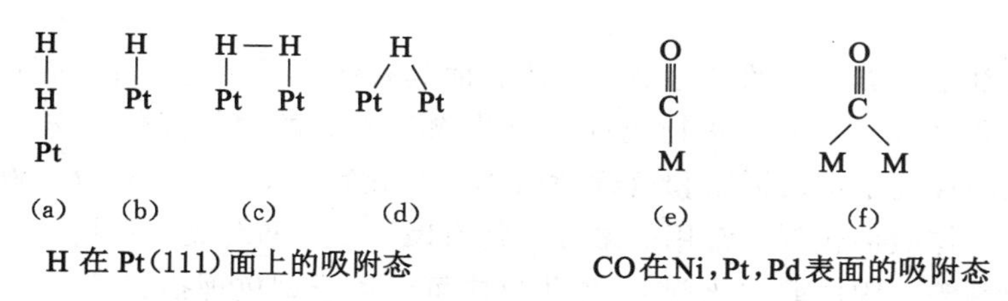

H 在 Pt(111)面上的吸附态　　CO在Ni，Pt，Pd表面的吸附态

催化剂的载体和助剂可改变活性组分的吸附特性。如在 NiO 上 CO 主要以桥式吸附为主，而将 8%NiO 负载于载体 $Al_2O_3$上时，CO 则主要以线式吸附。

### 2.3.4　溢流现象

溢流现象是指吸附物种在不同性质的固体表面上迁移的现象。即在一定的条件下形成或存在于一种固相表面的活性物种，不经脱附进入气相的过程而直接转移到另一种同样条件下不能直接形成或不存在该活性物种的固相表面。溢流物种可表达为表面上可移动的吸附物种，释放溢流物种的固相称为给体，接受溢流物种的固相称为受体。受体也可以将溢流物种传向第三个固相，称为次级溢流。溢流物种也可以从受体再次传向给体，称为反溢流。给体对吸附的溢流物种起活化作用，称为活性相。常见的溢流物种是氢，如氢分子在金属表面解离吸附，然后可迁移至金属氧化物等受体表面形成新的吸附。其他分子或分子碎片也可产生溢流现象，如 O、CO、NO 等。金属之间、金属与金属氧化物、金属氧化物之间均可成为给体和受体。溢流现象不仅能提高吸附量，而且活化物种能参与反应。

溢流现象在催化反应过程中具有重要作用。如催化剂载体因不能有效地吸附活化反应物种而不能参与催化反应，但在一定的条件下被活化的反应物种的溢流可能会诱导催化作用。如以氧化铝或氧化硅为载体的负载型金属催化剂上进行烯烃的加氢反应，从金属组分上溢流给载体的活性 H 和烯烃可使惰性载体具有加氢活性。同样地，溢流氧也可以活化载体氧化物。如 $Pt/Al_2O_3$催化剂上，真空条件下经溢流氧处理的 $Al_2O_3$ 比氧气流直接活化的 $Al_2O_3$的乙烯加氢速率比明显提高。氧溢流对消除催化剂在反应过程中的积碳起到重要的作用。

# 第3章

# 催化剂及催化作用

## 3.1 固体酸碱催化剂

酸碱催化剂是一类重要的催化剂。固体表面具有催化活性的酸性或碱性部位称为酸中心或碱中心。非过渡元素的氧化物或混合氧化物是常见的固体酸催化剂，如硅酸铝、分子筛、金属盐类、酸性离子交换树脂和负载型固体酸催化剂等。$Al_2O_3$和分子筛($SiO_2$-$Al_2O_3$)是广泛使用的固体酸催化剂。常用的碱催化剂有碱土金属氧化物、碱性离子交换树脂、负载型碱金属催化剂等。固体酸催化剂上，催化反应可依离子型机理描述。

### 3.1.1 固体酸(碱)的描述

固体的酸性可用酸类型、酸强度和酸(浓)度描述。

#### 3.1.1.1 固体酸(碱)性的类型

J. N. Brönsted 和 T. M. Lowry 提出固体酸碱的定义是：能够给出质子或者接受电子对的为固体酸；能够接受质子或者给出电子对的为固体碱。当固体酸中心给出质子时叫质子酸(B 酸，Brönsted 酸)，接受电子对时叫非质子酸(L 酸，Lewis 酸)。固体碱中心接受质子时叫质子碱(B 碱)，给出电子对时叫非质子碱(L 碱)。酸放出质子后即形成该酸的共轭碱，同样，所有的碱也有着相应的共轭酸。

如，$AH+B \rightarrow BH^{+}+A^{-}$，其中 AH 为质子酸(B 酸)，B 为非质子碱(L 碱)，$A^{-}$为 AH 的共轭碱，$BH^{+}$为 B 的共轭酸。

常见的固体酸列于表 3-1。其中氧化铝和分子筛是最为常用的固体酸催化剂，得到了广泛的工业应用。

表 3-1 常见固体酸

| 分 类 | 固体酸实例 |
|---|---|
| 金属氧化物和硫化物 | $Al_2O_3$，$TiO_2$，$CeO_2$，$V_2O_5$，$MoO_3$，$WO_3$，CdS，ZnS |
| 复合氧化物 | $SiO_2$-$Al_2O_3$，$SiO_2$-$ZrO_2$，$Al_2O_3$-$MoO_3$，$Al_2O_3$-$Cr_2O_3$，$TiO_2$-ZnO，$TiO_2$-$V_2O_5$，$MoO_3$-CoO-$Al_2O_3$，分子筛，杂多酸 |
| 金属盐 | $MgSO_4$，$SrSO_4$，$ZnSO_4$，$NiSO_4$，$Bi(NO_3)_3$，$AlPO_4$，$TiCl_3$，$BaF_2$ |
| 浸润型 | $H_2SO_4$，$H_3PO_4$等液体酸浸润在载体$SiO_2$，$Al_2O_3$上 |

续表 3-1

| 分　类 | 固体酸实例 |
| --- | --- |
| 树脂类 | 阳离子交换树脂 |
| 碳材料 | 经 573 K 热处理的活性炭 |
| 天然黏土类 | 沸石、活性白土、膨润土、高岭土、蒙脱石 |

常见的固体碱列于表 3-2。

**表 3-2　常见固体碱**

| 分　类 | 固体碱实例 |
| --- | --- |
| 金属氧化物 | $MgO$，$BaO$，$ZnO$，$Na_2O$，$MoO_3$，$K_2O$，$TiO_2$，$SnO_2$ |
| 复合氧化物 | $SiO_2$-$MgO$，$Al_2O_3$-$MgO$，$SiO_2$-$ZnO$，$ZrO_2$-$ZnO$，$TiO_2$-$MgO$ |
| 金属盐 | $Na_2CO_3$，$K_2CO_3$，$CaCO_3$，$(NH_4)_2CO_3$，$Na_2WO_4 \cdot 2H_2O$，KCN |
| 浸润型 | NaOH，KOH，$R_3N$ 等浸润在载体 $SiO_2$，$Al_2O_3$ 上；碱金属，碱土金属分散在载体上；金属盐负载在载体上，$Li_2CO_3/SiO_2$ |
| 树脂类 | 阴离子交换树脂 |
| 碳材料 | 经 1 173 K 热处理的活性炭，或用 $N_2O$，$NH_3$ 活化 |
| 改性的分子筛 | 用碱金属或碱土金属离子交换后的分子筛 |

固体表面的酸性或碱性的形成与其结构、组成、制备条件、焙烧温度、组分掺杂等因素有关。

描述固体酸的催化作用需要区分酸的类型。常用 $NH_3$ 和吡啶在固体酸表面吸附的红外光谱区分 B 酸和 L 酸。如 $NH_3$ 吸附在 $SiO_2$-$Al_2O_3$ 上时，物理吸附的 $NH_3$ 与酸中心以配位键或以 $NH_4^+$ 的型式存在。若 $NH_3$ 与酸中心成配位键合，说明酸中心可以接受来自 N 原子的孤对电子，说明固体表面存在 L 酸中心。$NH_4^+$ 可以提供 $H^+$，说明固体表面存在有 B 酸中心。固体表面 $NH_3$ 的不同吸附形态可通过红外光谱的吸收谱带给予鉴别，由此可以推定固体表面的 B 酸中心和 L 酸中心。同样地，吡啶物理吸附在固体表面，可与吸附位配位键合或以吡啶正离子型式存在，这两种吸附形态产生的红外光谱的谱带有较大差异。若吸收谱带中有表示吡啶与吸附位配位键合的特征峰，说明存在 L 酸中心；若出现吡啶正离子型式的红外光谱特征峰，则说明存在 B 酸中心。以吡啶为吸附质，应用红外光谱法区分固体表面 B 酸和 L 酸是常用的实验方法。

#### 3.1.1.2　固体酸强度及测定

(1) 固体酸强度的表示

酸强度表示酸中心给出质子或接受电子对的能力。酸强度用酸强度函数 $H_0$ 表示，$H_0$ 也称为 Hammett 函数。

若固体酸表面吸附碱性指示剂，固体酸将 $H^+$ 给予碱而形成共轭酸。如：

$$AH + B \rightleftharpoons BH^+ + A^-$$

其中，AH 为质子酸；B 为碱性吸附剂；$BH^+$ 为共轭酸。

酸强度函数 $H_o$表示为：

$$H_o = pK_a + \lg \frac{[B]}{[BH^+]}$$

式中，[B]和[$BH^+$]分别为碱和共轭酸的浓度；$pK_a$为共轭酸 $BH^+$ 解离平衡常数的负对数；$K_a$ 为解离平衡常数。

$BH^+$的解离表示为：

$$BH^+ \rightleftharpoons B + H^+$$

$$K_a = \frac{\alpha_{H^+}\alpha_B}{\alpha_{BH^+}}$$

活度$\alpha_{H^+}$越大，$K_a$值越大，$pK_a$值越小，说明酸性越强。不同碱性指示剂的 $pK_a$值不同。$pK_a$值的范围可以有正值和负值，最低取值为$-14$。

若 L 酸中心与碱性吸附剂生成配位络合物：

$$L + B \rightleftharpoons BL$$

酸强度函数 $H_o$表示为：

$$H_o = pK_a + \lg \frac{[B]}{[BL]}$$

式中，$pK_a$为配位络合物解离平衡常数的负对数。

(2) 酸性的测定

酸性的测定常用的实验方法有滴定法、碱性气体吸附与脱附法、分光光度法、量热法、色谱法等。其中用指示剂指示的胺滴定法、碱性气体吸附与脱附法是两种常用的方法。

① 胺滴定法

一般地，若指示剂的碱性强，则其共轭酸的酸性较弱；反之碱性弱，则酸性强。指示剂与固体表面酸中心吸附的强弱，取决于指示剂碱性(或共轭酸的酸性)与固体酸中心酸强度两者之间酸性强弱的比较。强酸中心可吸附弱碱性指示剂，而酸中心的酸强度较弱时，不易对指示剂产生吸附。强碱性指示剂可在较大范围内与较弱酸强度的酸中心产生吸附。从酸强度比较的角度看，若指示剂可吸附在酸性中心上，则说明酸中心的酸强度比指示剂的共轭酸强度要强。

指示剂 B 有碱性色和酸性色两种颜色，即碱性指示剂与其共轭酸的颜色不同。若指示剂吸附在酸中心上呈酸性色时，说明固体酸的酸性比指示剂的强，$H_o$值小于或等于指示剂的 $pK_a$值。如果固体酸中心上吸附的指示剂颜色刚好变色，说明已达到等当点。等当点处碱与共轭酸的浓度相等，[B]=[$BH^+$]，此时 $H_o = pK_a$。可通过滴定达到等当点，由指示剂的 $pK_a$值得到酸强度值 $H_o$。滴定时，先称取一定量的固体酸悬浮于苯中，在隔绝水蒸气的条件下加入几滴选定的指示剂，然后用正丁胺滴定。

酸强度分布是固体酸催化剂重要的性质之一。固体表面通常有不同酸强度的酸中心，而且数量不同，即固体表面酸强度分布具有不均一性。可选择 $pK_a$ 值不同的指示剂，通过正丁胺滴定来测定酸中心的酸强度 $H_o$，从而得到固体表面的酸强度分布。胺滴定法在测定酸强度时也可同时测出总酸量，但不能区分出 B 酸和 L 酸。

常用的碱性指示剂及其 $pK_a$值可从手册中查到。常用的测定酸强度的碱指示剂列于表 3-3 中。

表 3-3　常用碱性指示剂

| 指示剂 | 碱性色 | 酸性色 | $pK_a$ | 指示剂 | 碱性色 | 酸性色 | $pK_a$ |
|---|---|---|---|---|---|---|---|
| 中性红 | 黄 | 红 | +6.8 | 苯偶氮二苯胺 | 黄 | 紫 | +1.5 |
| 中基红 | 黄 | 红 | +4.8 | 结晶紫 | 蓝 | 黄 | +0.8 |
| 苯偶氮萘胺 | 黄 | 红 | +4.0 | 对硝基二苯胺 | 橙 | 紫 | +0.43 |
| 二甲基黄 | 黄 | 红 | +3.3 | 二肉桂丙酮 | 黄 | 红 | −3.0 |
| 2-氨基-5-偶氮甲苯 | 黄 | 红 | +2.0 | 蒽醌 | 无色 | 黄 | −8.2 |

② 碱性气体吸附法

其基本原理是当气态碱分子吸附在固体酸中心上时，较强的酸中心对碱性分子具有更强的吸附能力；而较强的吸附力使得碱分子不易脱附。吸附力越强，脱附所需要的温度就越高。当升温脱附时，弱酸中心上吸附的碱先脱附，而后随温度的升高强酸中心上吸附的碱逐渐脱附。根据碱性气体脱附的量，可测出酸强度和酸量。碱性气体脱附量的测定可采用称重法和色谱法。色谱法即程序升温脱附法(TPD)。常用的气态碱有 $NH_3$、吡啶、正丁胺、三乙胺等。

图 3-1 是 $CO_2$ 吸附在不同 Co/Al 比的类水滑石焙烧氧化物上时的 FT-IR 谱图和 TPD 谱图。FT-IR 谱图中 3 500 $cm^{-1}$ 和 423～1 630 $cm^{-1}$ 两处的吸收峰，表明了该氧化物表面具有两类吸附中心。TPD 谱图在 150 ℃和 400～500 ℃两处的脱附峰，也表明该氧化物具有两类吸附中心。在 150 ℃处对应的是弱酸位，400～500 ℃处对应的是强酸位。FT-IR 谱图和 TPD 谱图较好地吻合，表征了在该类氧化物表面存在两类酸性中心。

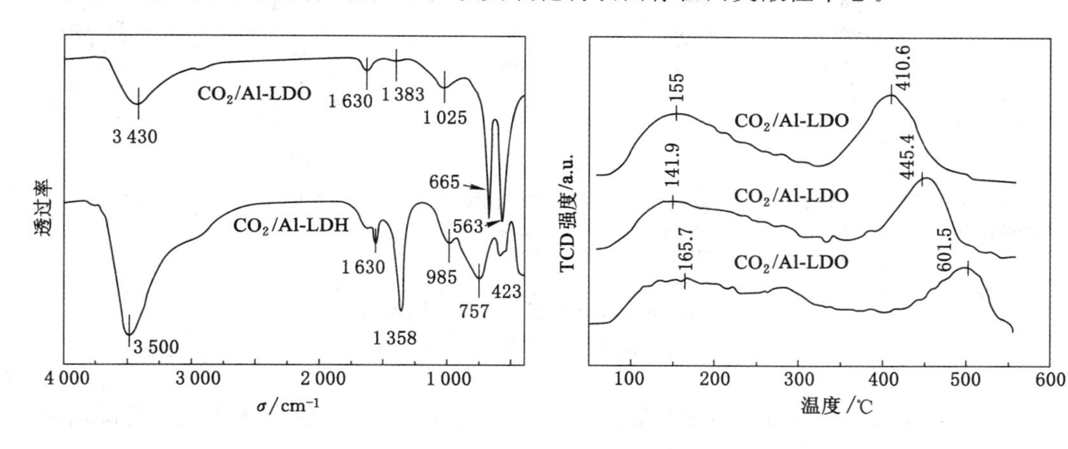


图 3-1　Co/Al 氧化物上吸附 $CO_2$ 的 FT-IR 和 TPD 谱图

3.1.1.3　酸度

酸度又称酸浓度，是指固体表面酸中心或酸位数的多少，用单位质量或单位表面积上酸中心的数目来表示。酸度的测定可随酸强度的测定而得出。固体酸表面酸强度具有一定的分布范围，相应的对于某一酸强度也有一定的酸度及其分布。

### 3.1.2　氧化铝

氧化铝($Al_2O_3$)被广泛用作吸附剂、催化剂和催化剂的载体。$Al_2O_3$ 由氢氧化铝[$Al(OH)_3$]脱水而成，属离子晶体。根据所用原料、热处理温度及气氛的不同，$Al_2O_3$ 可形成不同的晶型，其中 $\gamma$、$\eta$、$\theta$、$\alpha$ 是主要的晶型，如图 3-2 所示。

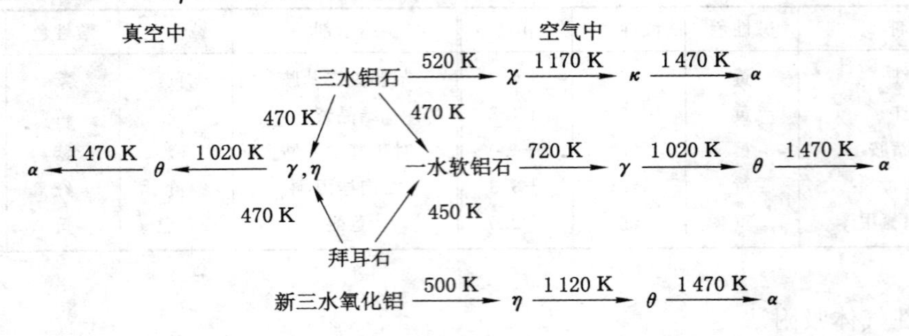


图 3-2　氧化铝及其水合物的转化

不同晶型的 $Al_2O_3$ 其结构和 $Al^{3+}$ 的配位数不同，$\alpha$-$Al_2O_3$ 结构中无水，由 Al—O 八面体构成，其中 O 以六方紧密堆砌，$Al^{3+}$ 的配位数为 6，是一种不表现出酸性的惰性物质。$\gamma$-$Al_2O_3$ 和 $\eta$-$Al_2O_3$ 由 Al—O 四面体和 Al—O 八面体构成，$Al^{3+}$ 分布在由氧离子围成的八面体和四面体空隙之中，其配位数分别为 4 和 6，是具有酸性的催化活性物质。$\eta$-$Al_2O_3$ 结构中具有更多的 Al—O 四面体结构，其酸性更强。

活性氧化铝表面富含羟基(—OH)，正四面体(Td)和正八面体(Oh)结构的 $Al_2O_3$ 表面羟基结构模型，如图 3-3 所示。

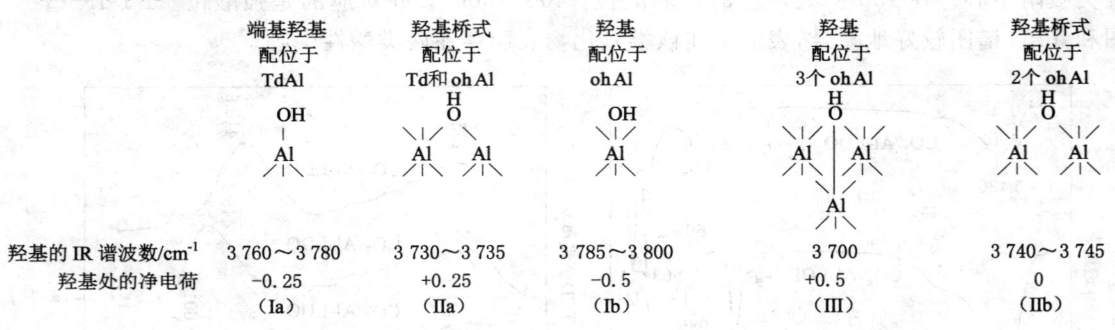


图 3-3　Knözinger 建议的氧化铝模型

Td——正四面体构型；oh——正八面体构型

$Al(OH)_3$ 或 $Al_2O_3$ 表面羟基受热脱水时，$Al_2O_3$ 表面—OH 按统计规律随机脱除后形成 $Al^{3+}$ 和 Al—$O^-$ 或 Al—$O^{2-}$ 结构，如图 3-4 所示。$Al^{3+}$ 结构可接受电子对，表现为 L 酸中心。Al—$O^-$ 或 Al—$O^{2-}$ 结构可提供电子对，表现为碱中心。$Al_2O_3$ 表面—OH 可提供 $H^+$，表现为 B 酸中心，在加热脱水过程中可转化为 L 酸位。

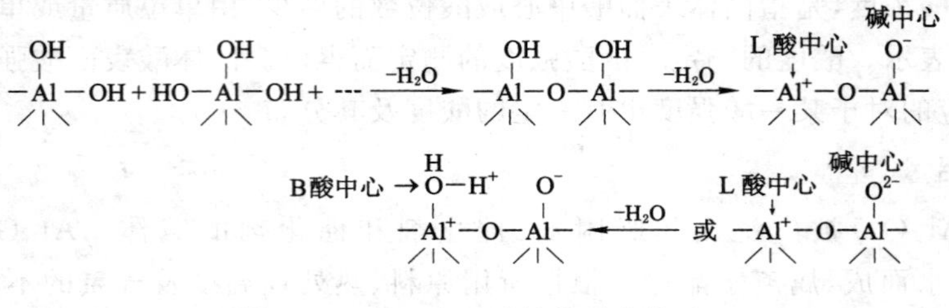

—Al(OH)—OH + HO—Al(OH)—OH + ··· $\xrightarrow{-H_2O}$ —Al(OH)—O—Al(OH)— $\xrightarrow{-H_2O}$ —$Al^+$(L 酸中心)—O—Al($O^-$，碱中心)—

B酸中心 → H—O—$H^+$ 配位于 —$Al^+$—O—Al($O^-$)— $\xleftarrow{-H_2O}$ 或 —$Al^+$(L 酸中心)—O—Al($O^{2-}$，碱中心)—

图 3-4　$Al_2O_3$ 表面酸性的形成模型

金属氧化物表面上金属离子是 L 酸，氧负离子是 L 碱。表面—OH 的脱除与金属氧键 M—O 的强弱有关。若 M—O 键较强时易解离出 $H^+$，—OH 显 B 酸位。若 M—O 键较弱时易脱除 $OH^-$，—OH 脱除后形成 $Al^{3+}$ 显 L 酸位。随着热处理温度的提高 B 酸位数减少而 L 酸位数增加，如在 60～80 ℃之间 $SiO_2$ 表面可吸附 $H_2O$，故 B 酸浓度很高；300～600 ℃之间 $SiO_2$ 表面具有浓度相当的 B 酸和 L 酸。

$Al_2O_3$ 表面的酸性可通过掺杂其他金属离子而改变。掺杂电负性大的离子时可提高酸强度，如在 $\gamma$-$Al_2O_3$ 中掺杂电负性大的 $Si^{4+}$ 可提高 $\gamma$-$Al_2O_3$ 的酸强度，在 $SiO_2$-$Al_2O_3$ 中掺杂电负性大的 $B^{3+}$ 可提高 $SiO_2$-$Al_2O_3$ 的酸强度。用电负性大的负离子取代表面—OH 可提高酸强度，如用 HCl 溶液处理的 $Al_2O_3$ 表面—OH 被取代后，更易释放 $H^+$ 而使 B 酸增强。掺杂的作用可以调节酸的类型和酸度。如硅酸铝氧化物表面的 L 酸量和 B 酸量随 Al 含量的变化而变化，如图 3-5 所示。随 Al 含量的增加，硅酸铝氧化物表面 L 酸量和总酸量增加。

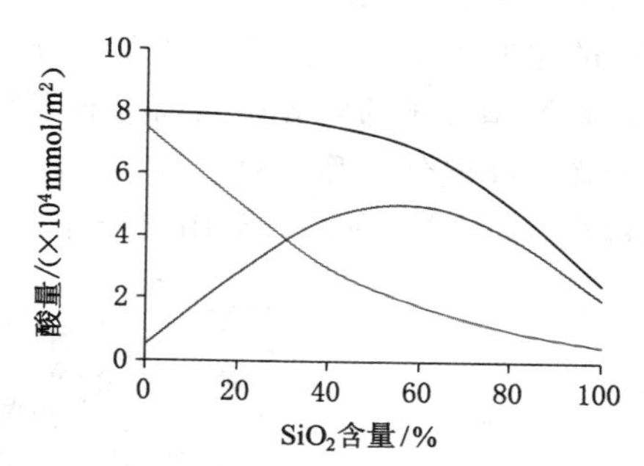


图 3-5　$SiO_2$-$Al_2O_3$ 酸量随组成变化

金属盐的酸性和其阳离子与 $H_2O$ 的极化作用有关。若阳离子半径小，所带电荷高时，其酸强度较大。

### 3.1.3　分子筛

分子筛亦称沸石，通常自然界存在的称沸石，合成的称分子筛。分子筛是结晶型的硅铝酸盐，化学组成可表示为：$M_{x/n}[(AlO_2)_x \cdot (SiO_2)_y] \cdot Z\,H_2O$，其中 M 为金属阳离子，$n$ 为金属阳离子的价态，$x$ 为 $AlO_2$ 的分子数，$y$ 为 $SiO_2$ 的分子数，$Z$ 为 $H_2O$ 的分子数。由于 $AlO_2$ 带负电荷，因此 M 的原子数取决于金属阳离子的价态。若 M 为一价金属阳离子，其原子数与 Al 原子数相同；若 M 为二价金属阳离子，其原子数为 Al 原子数的 1/2，分子筛呈电中性。

$[SiO_4]$ 和 $[AlO_4]$ 四面体是分子筛最基本的结构单元，由它们构成分子筛的骨架（图 3-6）。相邻的四面体由 O 桥联结构成环，按环联结的数目可分为 4、5、6、8、10、12 元环。环是分子筛的通道孔口，对分子的通过起着筛分作用。环与环之间通过 O 桥联结形成立体的多面体笼状结构，如图 3-7 所示。笼状结构中具有空腔和孔口，孔口构成了分子筛的通道。联结的环数越多，相应构成的孔口尺寸越大。如 A 型分子筛孔口由 8 元环构成，孔口尺寸

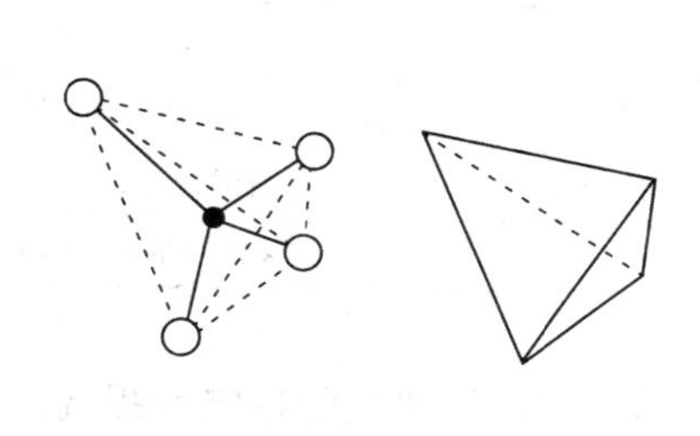

图 3-6　$[SiO_4]$，$[AlO_4]$ 四面体结构

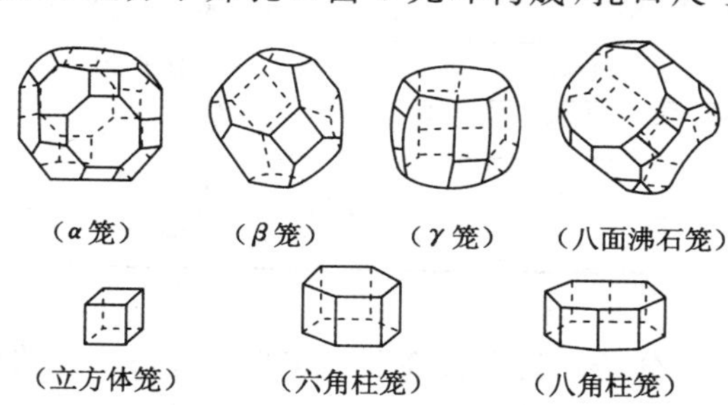


图 3-7　几种笼的构型

为0.41 nm，高硅分子筛孔口由10元环构成，孔口尺寸为0.56 nm；Y型分子筛孔口由12元环构成，孔口尺寸为0.74 nm。图3-8所示笼是分子筛结构的重要特征，有$\alpha$、$\beta$、$\gamma$笼等。如$\alpha$笼由12个4元环、8个6元环和6个8元环组成二十六面体，8元环构成最大的孔口，孔口平均直径为1.14 nm，空腔体积为0.76 $nm^3$。$\alpha$笼是构成A型分子筛空腔的笼，是A型分子筛的主要空腔。$\beta$笼孔口直径约0.66 nm，空腔体积为0.16 $nm^3$。$\beta$笼是构成A、X、Y型分子筛的主要骨架。如图3-8中A型分子筛由位于顶点的8个$\beta$笼通过$\gamma$笼联结而成。如图3-8中Y型分子筛空腔由八面沸石笼构成。不同结构的笼通过O桥联结形成各种结构的分子筛。高硅分子筛ZSM-5等与丝光沸石结构相似，由成对的5元环($S_I$)和10元环($S_{II}$)构成，如图3-9所示。常用分子筛的结构与特点见表3-4。

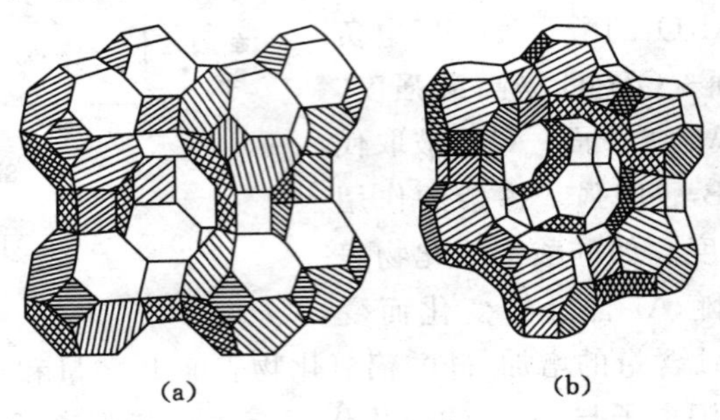


图3-8 分子筛骨架结构

(a) A型；(b) X，Y型

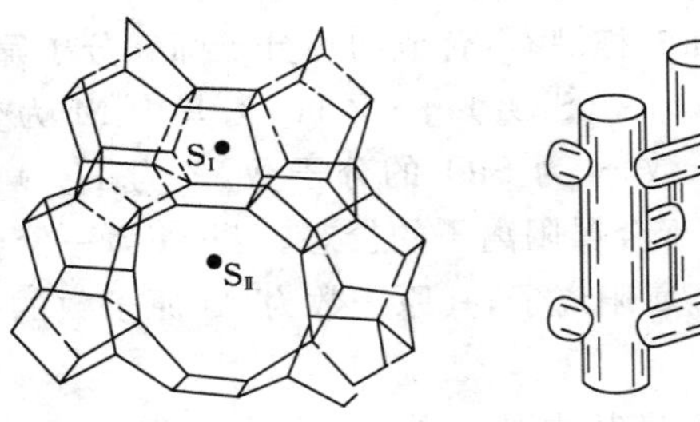


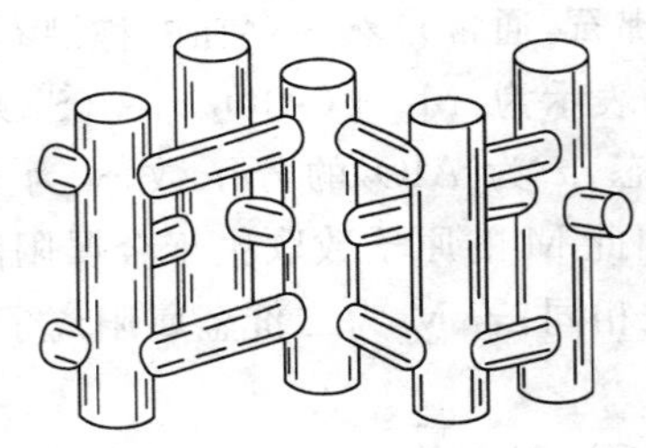

图3-9 ZSM-5两种交叉通道

表3-4 常用分子筛的结构与特点

| 硅铝比(Si/Al) | 分子筛类型 | 氧环数目 | 结构 |
|---|---|---|---|
| 1 | A(方钠型分子筛) | 8 | 笼状结构，有空腔 |
| 1～2 | X(八面型分子筛) | 12 | 笼状结构，有空腔 |
| 2～3 | Y(八面型分子筛) | 12 | 笼状结构，有空腔 |
| ≥5 | M(丝光沸石) | 成对的5元环 | 直通道，无空腔， |
| >5 | ZSM-5(高硅型分子筛) | 成对的5元环 | 交叉性直通道，无空腔 |

分子筛具有较高的稳定性。随Si/Al的提高，分子筛对水、热和酸的稳定性提高。A型分子筛耐热温度在650 ℃，X、Y型在800 ℃，M型大于800 ℃，ZSM-5大于1 100 ℃。耐酸性依次为A＜X≈Y＜M。由于[$AlO_4$]四面体表现出亲水性，[$SiO_4$]表现出疏水性，随

Si/Al 比的提高分子筛的亲水性降低，纯的硅沸石几乎无吸水能力。当 M 型分子筛的Si/Al 比达到 80 时，吸水率降为零。

分子筛结构中的特定孔口尺寸和空腔，使其具有择形催化性能。催化反应过程中，由于受到分子筛孔道尺寸的限制，较大的反应物、产物和中间物分子不能进出分子筛孔道，限制了其在分子筛内的反应。分子筛的择形催化可区分为对反应物的择形催化、对产物的择形催化和对中间过渡物的择形催化。反应过程中分子的扩散传递也受到分子筛孔道的影响，孔径的微小变化会导致扩散系数数量级的变化，由此造成反应性能的巨大差异。

分子筛的酸性可通过离子交换形成（图 3-10）。分子筛结构中的金属离子与 $NH_4^+$ 交换后，在 300 ℃的温度下可除去 $NH_3$ 而成为 H 型分子筛，如 Y 型分子筛上 $Na^+$ 与 $NH_4^+$ 交换后形成 $NH_4$-Y 型分子筛，380 ℃下释放出 $NH_3$ 形成 HY 型分子筛。对于耐酸性较强的分子筛，如 M 型和 ZSM-5 型分子筛，可以通过稀盐酸处理直接将 H 引入。一般情况下，为避免强酸对分子筛骨架上脱铝，须先进行 $NH_4^+$ 交换后再加热脱除 $NH_3$ 而形成 HY 型分子筛。HY 结构中—OH 的 $H^+$ 容易解离出来而显 B 酸性。HY 分子筛的羟基—OH 是 B 酸中心。在更高的温度下 500～550 ℃，HY 分子筛会释放出 $H_2O$。脱 $H_2O$ 后的分子筛中 Si 的 O 配位数减少而带正电荷，可接受电子对而成 L 酸中心。分子筛中 B 酸和 L 酸可以相互转化。

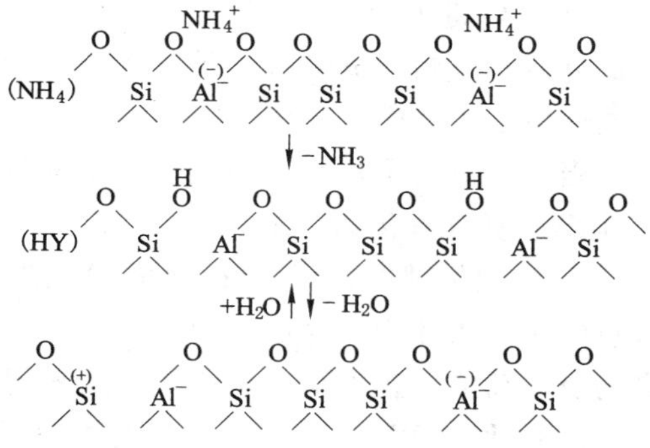

图 3-10 分子筛酸性形成模式

Na 型分子筛可与更高价态的离子交换，如与 $Ca^{2+}$、$Mg^{2+}$、$La^{3+}$ 或 $Ce^{4+}$ 交换后，配位于高价态阳离子的 $H_2O$ 经热处理后解离产生的—OH 可提供 $H^+$，—OH 是 B 酸中心。如 Na 型分子筛与 $Ca^{2+}$ 或稀土离子交换产生酸性。

$$Ca^{2+} + H_2O \rightleftharpoons [Ca(H_2O)]^{2+} \rightleftharpoons [Ca(H_2O)]^+ + H^+$$

$$RE^{3+} + 2H_2O \rightleftharpoons [RE(H_2O)]^{3+} \rightleftharpoons [RE(H_2O)]^+ + 2H^+$$

价态较高的阳离子对 $H_2O$ 的极化作用更大，可产生更多的酸位和更强的酸中心。若脱去 $H_2O$，则可形成 L 酸中心。

分子筛具有可逆的阳离子交换能力和交换选择性。通过调节分子筛孔道的大小、晶体内电场和表面性质来改变催化性能。

### 3.1.4 金属氧化物

单组分的碱金属和碱土金属氧化物可作为碱催化剂，其中 CaO、MgO、SrO 是典型的固体碱催化剂。金属氧化物由相应的碳酸盐或氢氧化物受热分解得到。金属氧化物表现出碱位和给予电子的部位，将碱位称为 B 碱，而给予电子的部位称为 L 碱。

### 3.1.5 复合氧化物

当两种氧化物复合形成复合氧化物时，两种正电荷元素（金属元素）的配位数（氧配位数）维持不变，主组分氧化物的负电荷元素（氧）的配位数（氧的键合数），对二元氧化物中所有的氧维持相同。二元复合氧化物的酸性来源于其结构中正电荷或负电荷的过剩。正电荷过剩显L酸性，负电荷过剩显B酸性。

单独的$SiO_2$不显酸性。$SiO_2$的四面体结构中，与Si配位的O数为4，$Si^{4+}$的4个正电荷分布于4个Si—O键上，每个Si—O键上分布1个正电荷。位于四面体顶点的O分别与2个Si配位，$O^{2-}$向每个Si—O键提供1个负电荷。总的电荷数为$(+1\times4)+(-1\times4)=0$。在$SiO_2$的结构中不表现出过剩的正负电荷。

在$SiO_2$的结构中复合$Al_2O_3$形成复合氧化物后显示出酸性。$Al_2O_3$的四面体结构中，$Al^{3+}$的O配位数为4，每个Al—O键上分布3/4个正电荷。负电荷元素(O)的配位数为2，每个Al—O键上分布1个负电荷。总的电荷数为$(+3/4\times4)+(-1\times4)=-1$，即过剩1个负电荷。过剩的负电荷就要用带正电荷的离子来平衡，如$Na^+$来平衡。由此可见分子筛的酸性中心的形成。

当正电荷离子的价态相同，而配位数不同时，也可产生酸性。如以$SiO_2$为主组分与$TiO_2$形成复合氧化物。$Si^{4+}$的配位数是4，而$Ti^{4+}$的配位数是6。$Ti^{4+}$的4个电荷分布在6个Ti—O配位键上，而负电荷元素O的配位数(键合数)为2，每个Ti—O键上的负电荷是1，总的带电荷数为$(+4/6\times6)+(-1\times6)=-2$。即$SiO_2$与$TiO_2$复合后，负电荷过剩。过剩的负电荷需要正电荷离子或质子来平衡，呈现出B酸中心。

同样地，若以$TiO_2$为主组分与$SiO_2$形成复合氧化物。$Si^{4+}$的4个正电荷分布于4个Si—O键上，每个Si—O键上分布1个正电荷。依$TiO_2$的结构，负电荷O的配位数应为3，即一个O与3个正电荷元素(Ti和Si)键合。每个Si—O键上分布2/3个负电荷。总电荷数为$(+1\times4)+(-2/3\times4)=(+4/3)$。正电荷过剩可呈现出L酸中心。由此可见，$SiO_2$与$TiO_2$形成复合氧化物后可表现出酸性，具有L酸中心。

典型的二元复合氧化物有$SiO_2$系列，$SiO_2$-$Al_2O_3$是研究和应用最为广泛的固体酸催化剂。$Al_2O_3$系列二元氧化物有$Al_2O_3$-$MoO_3$，主要应用于加氢脱硫和加氢脱氮催化剂。

### 3.1.6 超强酸

超强酸的酸强度若超过100%硫酸的酸强度时称为超强酸，酸强度$H_o<-11.9$。固体超强酸作为催化剂应用于异构、裂解、酯化、醚化、酰化、氯化等催化反应，可代替硫酸和氟磺酸。

固体超强酸可通过浸渍法、机械混合法等，将$(NH_4)_2SO_4$或$H_2SO_4$负载到载体上，在一定温度下(500～600 ℃)焙烧而成，表示为$SO_4^{2-}/M_xO_y$。$SO_4^{2-}$是广泛被应用的促进剂，常用载体有$TiO_2$、$Zr(OH)_4$、$Fe(OH)_3$等。固体超强酸形成过程中，在焙烧的低温阶段主要是催化剂表面上游离的$H_2SO_4$的脱水过程，高温下促进剂与固体氧化物发生固相反应形成超强酸。当温度过高时则容易造成促进剂的流失。

超强酸的酸性及酸中心主要来源于$SO_4^{2-}$与$M_xO_y$产生的配位吸附，由于M—O键上的电子云偏移使M带$\delta^+$电荷而呈现L酸中心。当超强酸结合水发生解离时，可提供$H^+$而呈现B酸性。固体超强酸表面酸性形成机制如图3-11所示。

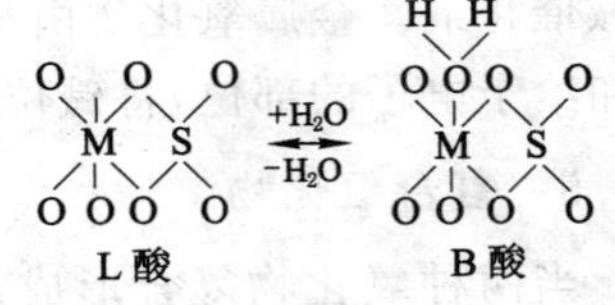

图3-11 酸性的形成

固体超强酸分为含卤素和不含卤素两大类。目前研究主要集中在以$SO_4^{2-}$为促进剂的锆系($SO_4^{2-}/ZrO_2$)、钛系($SO_4^{2-}/TiO_2$)、铁系($SO_4^{2-}/Fe_3O_4$)；以$WO_3$、$MoO_3$、$B_2O_3$等

为促进剂的 $WO_3/Fe_3O_4$、$WO_3/SnO_2$、$WO_3/TiO_2$、$MoO_3/ZrO_2$，$B_2O_3/ZrO_2$。

### 3.1.7　杂多酸

杂多酸及其盐类可作为杂多酸催化剂。杂多酸是由杂原子和配位原子通过氧原子配位桥联组成的一类含氧多酸，无论是在水溶液还是在固态物中均有确定的分子结构，是由中心配位杂原子形成的四面体和多酸配位基团形成的八面体通过氧桥连接而成的笼状大分子，具有类似于沸石的笼状结构。杂多酸以 HPA 表示。杂原子有 P、Si、Fe、Co 等；配位原子有 Mo、W、V、Nb、Ta 等。如磷酸根离子和钨酸根离子在酸性条件下缩合可形成磷钨酸杂多酸（十二磷钨酸），反应式如下：

$$12WO_4^{2-}+HPO_4^{2-}\longrightarrow(PW_{12}O_{40})^{3-}+12H_2O$$

非极性分子仅能在杂多酸表面反应，而极性分子不仅能在表面而且还可以扩散到晶格体相中进行反应，即所谓的“假液相”行为。杂多酸催化剂的这种独特的现象，在催化反应中具有重要作用。

固体杂多酸催化剂有纯杂多酸、杂多酸盐（酸式盐）和负载型杂多酸（盐）三种形式。杂多酸化合物的酸性和氧化还原性是与其催化作用紧密相关的两种化学性质。杂多酸阴离子因其具有体积大、对称性好和电荷密度低的特点，而表现出比无机含氧酸更强的 B 酸性。常用杂多酸的酸性顺序为：$H_3PW_{12}O_{40}(PW_{12})>H_4PW_{11}VO_{40}>H_3PMo_{12}O_{40}(PMo_{12})\sim H_4SiW_{12}O_{40}(SiW_{12})>H_4PMo_{11}VO_{40}\sim H_4SiMo_{12}O_{40}(SiMo_{12})\gg HCl$、$HNO_3$。杂多酸是很强的质子酸（B 酸），其盐既有 B 酸中心也有 L 酸中心，可参与的催化反应主要有水合与脱水、酯化和醚化、烷基化和酰基化、聚合与缩合、裂解与分解、异构化、氧化与硝化等。杂多酸催化剂是一个多电子体，具有强的氧化性和还原性，其氧化能力由杂原子和多原子共同决定，其中主要受多原子的影响。

在催化氧化过程中，如以分子氧为氧化剂时，Mo、V 杂多酸表现出最好的活性；以环氧化物为氧化剂时，活性最好的是 W 杂多酸。

在均相反应中，杂多酸催化氧化有机物的历程可描述为有机物分子被杂多酸按化学计量比氧化，还原后的杂多酸再被分子氧所氧化，如此构成催化循环。均相反应中杂多酸的催化氧化大部分呈亲电反应，以破坏不饱和键而形成环氧化物或环氧化物中间体为特征。

在多相反应中，有机物分子被杂多酸的晶格氧（$O^{2-}$）氧化，所消耗的晶格氧再由分子氧补充，从而形成催化循环。若以过氧化物为氧化剂，在催化氧化过程中杂多酸通过活化氧物种参与形成环氧化物中间体，杂多酸不消耗自身的氧。多相反应中杂多酸的催化氧化可以是亲核反应，也可以是亲电反应。亲核反应一般不破坏不饱和键，如氧化脱氢和选择性氧化。亲电反应主要是饱和醇、醛、酮的气相氧化。

### 3.1.8　离子交换树脂

离子交换树脂是交联了二乙烯基苯的聚苯乙烯树脂。在树脂共聚物中引入不同的官能团可制得阳离子树脂和阴离子树脂。如使用硫酸将共聚物中的苯环磺化可得强酸性阳离子树脂。若在共聚物中引入羧基可得弱酸性阳离子树脂。阴离子交换树脂是碱催化的优良催化剂。

阳离子交换树脂可用于以下催化反应：① 醇与烯烃的醚化反应，如甲醇与异丁烯、乙醇与异丁烯、甲醇与 2-甲基-1-丙烯的催化醚化合成甲基叔丁基醚（MTBE）、乙基叔丁基醚

(ETBE)、新戊基甲基醚(TAME)；② 酯化反应，顺酐与乙醇在酸性离子交换树脂的催化作用下，可得较高的酯化产率；③ 烷基化反应，如 Nafion/$SiO_2$ 树脂催化苯与长链烯烃($C_9$～$C_{13}$)的烷基化反应，反应的转化率可达 99%以上。阴离子交换树脂作为碱催化剂，如含氨基的弱碱性树脂用于醇醛缩合反应等；强碱性树脂可有效用于腈乙基化反应。

## 3.2 金属催化剂

过渡金属位于Ⅷ族和ⅠB族是金属催化剂的主要组分，其电子构型、晶体结构、电负性、共价半径、原子半径和离子半径等列于表 3-5 中。过渡金属电子结构中的次外层 $d$ 带电子和外层 $s$ 带电子的能级及能级密度决定了其给予或接受电子的能力，从而决定了金属催化剂的性能。过渡金属的电子结构、晶型、表面化学键等决定了其物理化学性质和表面性质。

金属催化剂上，反应物相互作用发生在催化剂的表面，而催化剂的本体不受影响，这也称为催化剂对反应物的相容性。如过渡金属催化剂上的加氢和脱氢反应，$H_2$ 在催化剂表面吸附和反应，而催化剂本体结构和化学组成不受影响。对于氧化反应，只有贵金属如 Pt、Pd、Ag 等具有良好的抗氧化性能，金属体相内部不被氧化。

**表 3-5　Ⅷ族和ⅠB族过渡金属**

| | 元素名称 | 电子结构 | 晶体结构 | 共价半径/Å | 原子半径/Å | 离子半径/Å | 电负性 |
|---|---|---|---|---|---|---|---|
| ⅧB | Fe | $3d^6 4s^2$ | 立方 I | 1.17 | 1.26 | 0.76(+2)<br>0.64(+3) | 1.8 |
| | Ru | $4d^7 5s^1$ | 六方 H | 1.25 | 1.34 | 0.69(+3)<br>0.67(+4) | 2.2 |
| | Os | $4f^{14} 5d^6 6s^2$ | 六方 H | 1.26 | 1.35 | 0.69(+4) | 2.2 |
| | Co | $3d^7 4s^2$ | 六方 H | 1.16 | 1.25 | 0.74(+2)<br>0.63(+3) | 1.8 |
| | Rh | $4d^8 5s^1$ | 立方 F | 1.25 | 1.34 | 0.86(+2) | 2.2 |
| | Ir | $4f^{14} 5d^7 6s^2$ | 立方 F | 1.27 | 1.36 | 0.66(+4) | 2.2 |
| | Ni | $3d^8 4s^2$ | 立方 F | 1.15 | 1.25 | 0.72(+2)<br>0.62(+3) | 1.8 |
| | Pd | $4d^{10} 5s^0$ | 立方 F | 1.28 | 1.37 | 0.86(+2) | 2.2 |
| | Pt | $4f^{14} 5d^0 6s^1$ | 立方 F | 1.30 | 1.39 | 0.96(+2) | 2.2 |
| ⅠB | Cu | $3d^{10} 4s^1$ | 立方 F | 1.17 | 1.28 | 0.96(+1)<br>0.69(+2) | 1.9 |
| | Ag | $4d^{10} 5s^1$ | 立方 F | 1.34 | 1.44 | 1.26(+1) | 1.9 |
| | Au | $4f^{14} 5d^{10} 6s^1$ | 立方 F | 1.34 | 1.46 | 1.37(+1) | 2.4 |

### 3.2.1 金属表面的化学键模型

#### 3.2.1.1 金属的电子结构与能带模型

金属晶格中的每一个电子运动的规律可用 Bloch 波函数描述，称为金属轨道。每一个轨道在金属晶体场内有自己的能级。紧密靠近的各能级形成了连续的能带。电子占有能级时遵循能量最低原则和 Pauli 原则，即电子配对占用原则。绝对零度下，电子成对地从最低能级开始逐级向高能级填充，电子占用的最高能级称为 Fermi 能级。

$s$ 轨道组成 $s$ 带，$s$ 带较宽，为 6～7 eV，最高可达 20 eV。$s$ 能级为单态，只能容纳 2 个电子。$d$ 轨道组成 $d$ 带，$d$ 能级为 5 重简并态，可容纳 10 个电子。$d$ 带比 $s$ 带能够容纳更多的电子，故能级较密。$d$ 带的能级密度为 $s$ 带的 20 倍。与 $s$ 带相比 $d$ 带较窄，带宽约 3～4 eV。$d$ 带中的电子一方面较易跃迁，另一方面接受电子的活化能也较低。较宽的 $s$ 带和较窄的 $d$ 带之间有交叠，如图 3-12 所示。交叠的能带中的电子排布可由磁性测定得出。如 Ni 原子的电子排布为 $3d^8 4s^2$，而测定的 $s$ 与 $d$ 轨道的电子排布为 $3d^{9.4} 4s^{0.6}$。

3.2.1.2 价键模型

价键理论认为，过渡金属原子以杂化轨道结合，通常以 $s$、$p$、$d$ 轨道杂化。杂化轨道中 $d$ 轨道所占百分数称为 $d$ 特性百分数，记为 $d\%$。$d\%$ 是价键理论用以关联金属催化活性及其他物性的一个特性参数。$d\%$ 越大，相应的 $d$ 带中充填的电子越多，另一方面说明 $d$ 空穴越少。$d$ 空穴数表征了 $d$ 能带中未被电子占用的轨道或空轨道。$d$ 带空穴具有接受来自吸附物种的电子而成键的能力。良好的催化性能需要有适宜的 $d$ 空穴数。如 Ni 催化剂上，苯加氢制环己烷，苯乙烯加氢制乙苯，Ni 的 $d$ 空穴数以 0.6 为宜。

金属形成合金催化剂时，可改变 $d$ 空穴数。如 Ni-Cu 合金催化剂，由于 Cu 的 $d$ 空穴数为零，形成合金时 $d$ 电子从 Cu 流向 Ni，可使 Ni 的 $d$ 带空穴数减少。如 Ni-Fe 合金催化剂，由于 Fe 的 $d$ 带空穴数较多，形成合金时 $d$ 电子从 Ni 流向 Fe，而使 Ni 的 $d$ 带空穴数增加。$d$ 带空穴数的增加或减少，均会影响到金属催化剂的加氢反应活性。与 Ni 相比，Ni-Cu 和 Ni-Fe 合金催化剂的加氢活性均有降低。

3.2.1.3 配位场模型

在孤立的金属原子中，5 个 $d$ 轨道是能级兼并的。$d$ 轨道模型如图 3-13 所示。5 个 $d$ 轨道是 $d_{xy}$、$d_{xz}$、$d_{yz}$、$d_{z^2}$ $d_{x^2-y^2}$。在正八面体对称配位场中，5 个兼并的 $d$ 轨道的能级分裂成能级较高的 $e_g$ 轨道和能级较低的 $t_{2g}$ 轨道。$e_g$ 能带包括 $d_{z^2}$ 和 $d_{x^2-y^2}$，$t_{2g}$ 能带包括 $d_{xy}$、$d_{xz}$、$d_{yz}$。配位场中，$d$ 能带也分裂成 $e_g$ 能带和 $t_{2g}$ 能带。

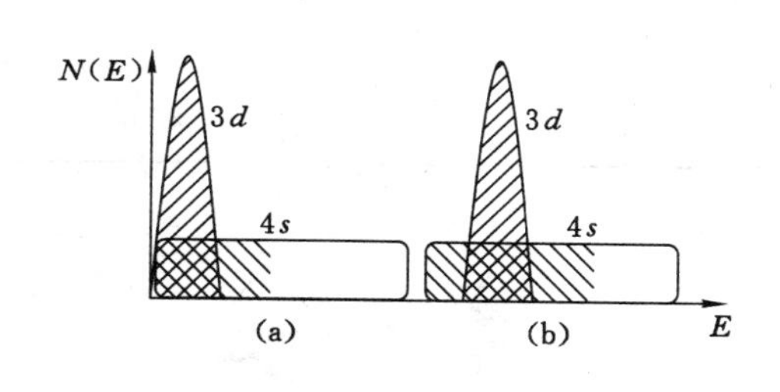


图 3-12 Cu 和 Ni 的 $d$ 带和 $s$ 带填充
(a) Cu 的 $d$ 带和 $s$ 带电子填充；
(b) Ni 的 $d$ 带和 $s$ 带电子填充

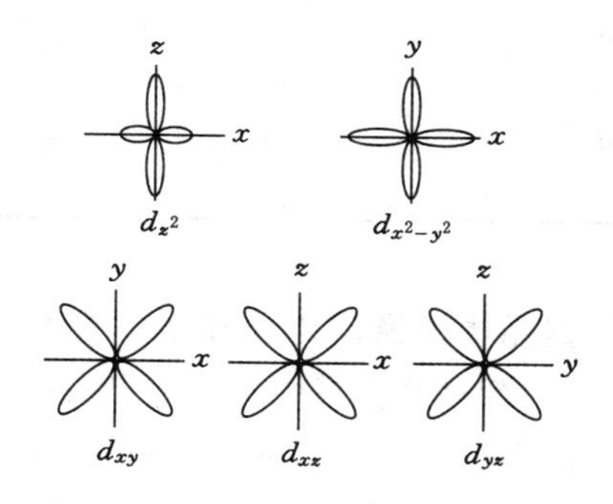


图 3-13 $d$ 轨道模型

在正四面体、正八面体和平面四方形对称配位场中，$d$ 轨道的能级分裂如图 3-14 所示。$d$ 轨道能级的分裂使电子排布的几率有差异。电子优先排布在能量较低的轨道，且自旋平行。若电子以反自旋方向填充到同一轨道时，需要一定能量克服电子斥力，即电子成对能（$P$）。这时若电子填充到较高能级所需的能量（$\Delta_o$）比电子成对能 $P$ 小，则电子就会进入能级较高的轨道。如正八面体配位场中，$d$ 轨道 3 个电子（$d^3$）优先进入 $t_{2g}$ 能带的三个轨道 $d_{xy}$、$d_{xz}$、$d_{yz}$。$d^4$ 的电子排布有两种可能的情况，若 $P<\Delta_o$，则电子成对排布在能级较低的 $t_{2g}$ 能带轨道，反之则排布在能级较高的 $e_g$ 轨道，形成 $t_{2g}{}^3e_g{}^1$ 组态。若 $\Delta_o<P$，称为弱场，电子跨越 $\Delta_o$ 进入较高能级轨道。若 $\Delta_o>P$，称为强场电子克服静电场斥力排布在较低能级轨道。

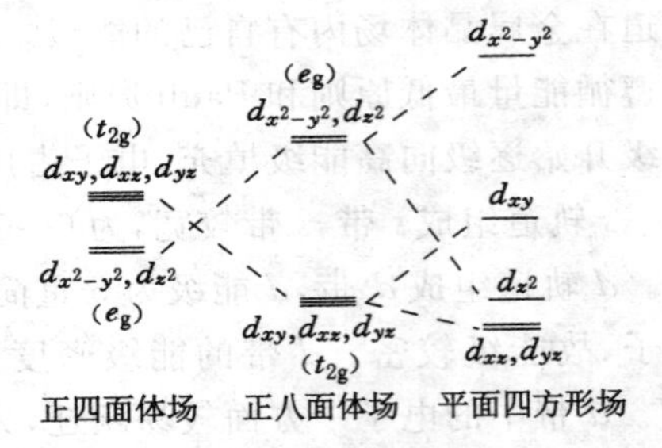

图 3-14　$d$ 轨道在对场中的分裂

$d$ 电子的排布与其在晶体场的稳定化能（Crystal Field Stabilization Energies，CFSE）有关，几种晶体场稳定化能列于表 3-6 中。CFSE 值由大到小的顺序为：正方形＞正八面体＞正四面体。

表 3-6　晶体场稳定化能（CFSE）

| $d$ 电子数 | 弱场 | | | 强场 | | |
|---|---|---|---|---|---|---|
| | 正八面体 | 正四面体 | 正方形 | 正八面体 | 正四面体 | 正方形 |
| $d^0$ | 0 | 0 | 0 | 0 | 0 | 0 |
| $d^1$ | 4 | 2.67 | 5.14 | 4 | 2.67 | 5.14 |
| $d^2$ | 8 | 5.34 | 10.28 | 8 | 5.34 | 10.28 |
| $d^3$ | 12 | 3.56 | 14.56 | 12 | 8.01 | 14.56 |
| $d^4$ | 6 | 1.78 | 12.28 | 16 | 10.68 | 19.70 |
| $d^5$ | 0 | 0 | 0 | 20 | 8.90 | 24.84 |
| $d^6$ | 4 | 2.67 | 5.14 | 24 | 7.12 | 29.12 |
| $d^7$ | 8 | 5.34 | 10.28 | 18 | 5.34 | 26.84 |
| $d^8$ | 12 | 3.56 | 14.56 | 12 | 3.56 | 24.56 |
| $d^9$ | 6 | 1.78 | 12.28 | 6 | 1.78 | 12.28 |
| $d^{10}$ | 0 | 0 | 0 | 0 | 0 | 0 |

根据晶体场稳定化能和空间多面体成键情况，可判断过渡金属中心离子形成络合配位体的空间取向。如 $d^6$，在正八面体和正方形中的 CFSE 值分别为 4 和 5.14，其配位键数分别为 6 和 4，则总键能分别为 $4\times6=24$ 和 $5.14\times4=20.56$，说明正八面体更稳定。正八面体是通常呈现的构型，如图 3-15 所示。$d^0$ 和 $d^{10}$ 在各种构型中的稳定化能相等，可以呈

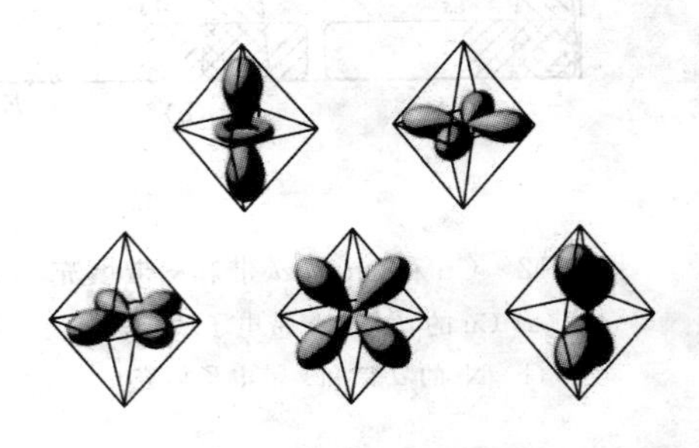
图 3-15　正八面体场中 $d$ 轨道的空间指向

现正四面体构型。

$d$ 轨道具有明显的空间指向性,以不同的角度与表面相交。因此表面原子的成键具有明显的定域性,从而影响吸附分子与 $d$ 轨道成键的有效性。利用配位场模型可以解释金属表面的不同晶面之间催化活性的差异,催化剂表面吸附位的不均一性等现象。如 Fe 催化合成氨的反应,[111]晶面表现出很高的催化活性。

### 3.2.2 金属催化剂表面的化学吸附

反应物在金属催化剂表面的吸附与催化剂表面的能量状态和几何因素有关。常见的气体反应物在金属上发生化学吸附时,吸附的强弱与其化学活泼性相一致。$O_2 > C_2H_2 > C_2H_4 > CO > CH_4 > H_2 > CO_2 > N_2$。金属对气体的吸附能力,如表 3-7 所示,+、±、-分别表示强吸附、弱吸附和不吸附。

表 3-7　　金属表面气体分子的化学吸附

| | 电子结构特征 | 金属 | $O_2$ | $C_2H_2$ | $C_2H_4$ | CO | $H_2$ | $CO_2$ | $N_2$ |
|---|---|---|---|---|---|---|---|---|---|
| A | 具有 $d$ 空穴 | Ti,Zr,Hf,V,Nb,Ta,Cr,Mo,W,Fe,Ru,Os | + | + | + | + | + | + | + |
| B | 具有 $d$ 空穴 | Ni,Co | + | + | + | + | + | + | - |
| C | 具有 $d$ 空穴 | Rh,Pd,Pt,Ir | + | + | + | + | + | - | - |
| D | $d^5, d^{10}$ | Mn,Cu | + | + | + | + | ± | - | - |
| E | $s,p;\ d^{10}$ | Al,Au | + | + | + | + | - | - | - |
| F | 只有 $s,p$ | Li,Na,K | + | + | - | - | - | - | - |
| G | $s,p;\ d^5, d^{10}$ | Mg,Ag,Zn,Cd,In,Si,Ge,Sn,Pb,As,Sb,Bi | + | - | - | - | - | - | - |

从金属的电子结构分析,若金属原子 $d$ 电子数在 $d^0 \sim d^5$ 和 $d^5 \sim d^{10}$ 之间,具有 $d$ 空穴时,对大部分气体分子具有强的吸附能力和催化能力。若金属原子的 $d$ 电子为 0、5、10,即 $d$ 轨道处于空轨道、半满和全满状态时,不易与反应物分子产生适宜强度的吸附,催化能力较弱。若金属原子只有 $s$ 和 $p$ 轨道,化学吸附能力较弱,只能吸附少数气体分子,不宜作为催化剂活性组分。但较活泼的外层 $s$ 电子和 $p$ 电子可作为催化助剂,调变金属活性组分的电子结构。

反应物分子在催化剂表面应具有一定的吸附强度。吸附的强度取决于吸附键的强弱,与金属原子的 $d$ 电子和 $d$ 空穴数有关。一般地,处于元素周期表中Ⅷ族的金属元素,具有适度的 $d$ 空穴数,可产生适中的吸附强度,宜作为催化剂的活性组分。Ⅴ、Ⅵ族过渡金属的 $d$ 空穴数太多,吸附作用太强,ⅠB 族金属元素的 $d$ 空穴数太少,吸附作用太弱,均不适合作为催化剂活性组分。

气体分子在金属表面的吸附热随金属元素在周期表中的位置从左到右逐渐降低,其中对于同周期的ⅧB 族金属上的吸附热变化不大。反应物分子在ⅧB 族金属上表现出适宜的吸附热及吸附强度,可作为催化剂活性组分选择的依据。图 3-16 表示 CO 在金属上吸附热的变化趋势。

金属催化剂的吸附强弱可用吸附热来衡量。吸附热的大小表示吸附产生时反应物分子与金属作用的键合强度。对于催化反应来说，化学吸附热的大小也可以用反应物分子在金属表面反应的生成热表征。如甲酸在金属表面分解活性的测定中，测定不同金属上甲酸盐的生成热与催化活性的关联，结果会出现“火山型”曲线，如图 3-17 所示。甲酸盐的生成热过小说明甲酸与金属组分的键合作用过弱（如 Ag、Au），甲酸盐生成热过大则说明甲酸与金属元素的键合作用过强（如 Fe、Co、Ni），适宜的甲酸生成热（如 Pt、Ir）对应较高的催化活性。以甲酸盐的生成热来衡量和选择适宜的金属催化剂活性组分，可作为一种有效的方法。

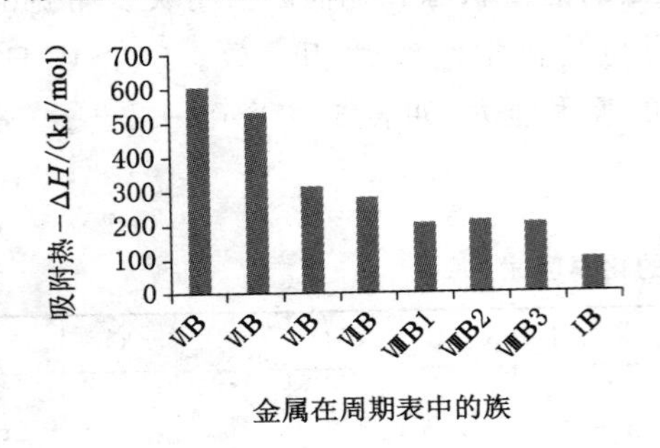


图 3-16 CO 在金属上的吸附热

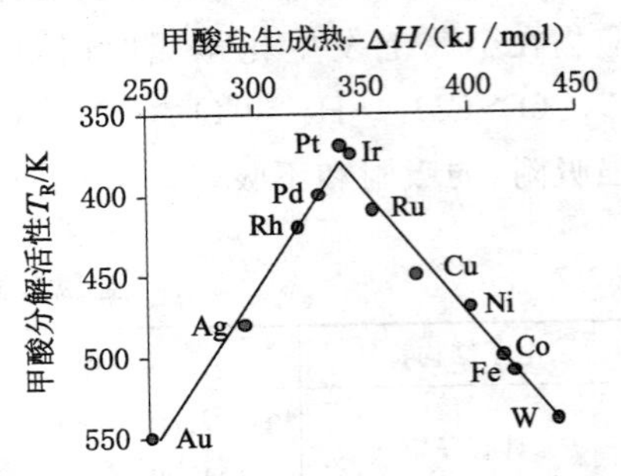


图 3-17 Ni-Cu 对反应活性的影响

反应物在金属催化剂表面的吸附态影响着反应进行的路径，不同的吸附态可产生不同的产物。如 CO 在金属表面可通过 $\pi$ 电子形成线式吸附，也可以通过 C 原子轨道的杂化形成桥式吸附。若发生 C—O 键断裂，易生成烃类产物，若 C—O 键不断裂则生成含氧化合物。产物的 C 链长度取决于吸附物种的停留时间，当金属与 C 之间的吸附较强时，吸附物种的停留时间较长，有利于 C 链增长。不利的是较强的吸附易引起积碳，严重时导致催化剂失活。

### 3.2.3 金属催化剂的组成与结构敏感性

当两种金属形成金属间化合物时，会产生新的活性中心，可以改变单一金属的催化性能。形成合金的金属原子应具有原子半径相近、晶体结构相同的条件。形成合金时金属原子应出现在晶格的替代位置。合金的形成可以改变催化剂的表面组成与结构，从而形成新的活性中心，适宜的金属掺杂形成合金时可较大程度地改善催化性能。利用反应对合金结构敏感性的不同，可以通过引入金属原子或离子形成合金，调变催化反应的活性，也有助于复合反应中选择性的提高。

在临界范围内金属晶粒的大小及单晶的取向，ⅠB 族金属对ⅧB 族金属的掺杂形成合金或两种ⅧB 族金属形成合金均会影响金属负载型催化剂的活性。就反应类型而言，涉及 H—H、C—H 或 O—H 键断裂或生成的反应类型，对金属结构及性质的变化和合金的形成敏感性不大，为结构不敏感性反应。对于 C—C、N—N 或 C—O 键断裂或生成的反应类型，对金属结构及性质表现出较大的敏感性，为结构敏感性反应。

如将ⅠB 族金属元素掺杂进入Ⅷ族金属元素的晶格中，形成合金时ⅠB 族金属元素可以对Ⅷ族金属元素的 $d$ 轨道电子产生调变作用，影响合金催化剂表面的活性位及吸附键强度。合金催化剂表面结构的微小变化可对某些类型的反应影响很大，反应对合金催化剂的结构是敏感的。

如 Ni-Cu 合金催化剂用于环己烷脱氢反应和乙烷氢解反应。随着 Cu 的加入量增加，环己烷脱氢反应活性在小幅上升后在较宽的范围内保持稳定；当 Cu 的加入量提高到一定程度后，催化活性急剧下降。而乙烷氢解催化活性一直处于下降趋势，如图 3-18 所示。这一现象与催化剂表面金属原子的结构有关。

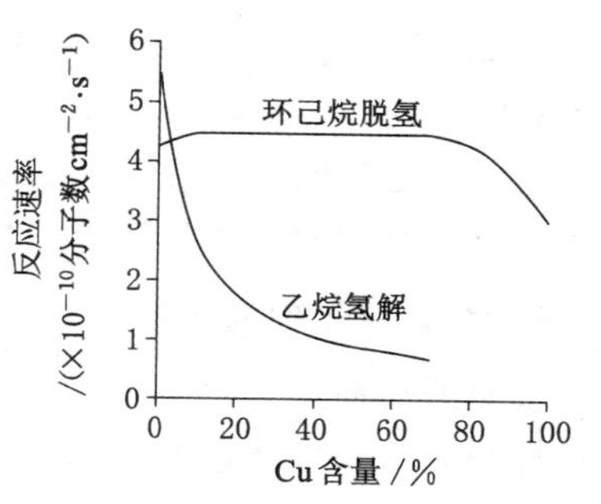


图 3-18　不同类型固体能带及能级结构示意图

就乙烷氢解来说，催化反应需要两个以上相邻 Ni 原子的组合状态，而 Cu 的加入降低了 Ni 原子的这种组合状态的结构，并且随着 Cu 原子加入量的增加，出现 Ni 原子组合状态的概率减小，从而使氢解反应活性下降。另一方面，Ni-Cu 形成合金会使 Ni 原子的 $d$ 空穴数减少，从而减弱了 Ni 对反应物种 $C_2H_6$ 的吸附强度。乙烷氢解是一个 C—C 键断裂的反应，需要较强的吸附以克服 C—C 键断裂所需要的能量。由此可见，Cu 的加入会使 C—C 键断裂的氢解反应活性降低。乙烷氢解对催化剂活性组分结构变化表现出敏感性，这类反应也称为结构敏感性反应。

环己烷脱氢反应中只需要较少数目的 Ni 原子。Cu 原子的加入对催化所需的 Ni 的结构影响不大，因而催化反应活性能够保持稳定。但当 Cu 原子加入量过大时，合金组成的主体由 Ni 变为 Cu，催化活性组分 Ni 所提供的活性位数量减少，催化活性下降很快。这是合金结构方面对催化活性影响。环己烷脱氢反应属于 C—H 和 H—H 键断裂的反应，所需要的能量较小，可以在较弱的吸附中心上进行。这类反应对活性中心的数量较少，活性组分晶粒的大小对反应活性影响不大。这类反应对合金结构的变化不敏感，也称对结构不敏感的反应。

### 3.2.4　金属催化剂载体的作用

将金属尤其是贵金属负载在大比表面的载体上制成负载型催化剂，可提高金属的分散度和比表面积。在催化反应中，均匀分散的金属组分表现出良好的热稳定性。载体良好的热稳定性、机械强度和化学稳定性为催化反应提供了基础。载体适宜的孔结构为催化反应过程中的传递及反应的控制提供了条件。利用载体与金属晶粒之间的相互作用，可以改善催化剂的性能。

载体多采用高熔点的金属氧化物，与载体接触的金属原子可以独立存在，或经高温下处理后金属原子进入氧化物载体的晶格中与载体形成复合氧化物。载体氧化物可以涂敷在金属堆积的原子簇表面，或在制备过程中被还原，以还原态的载体涂敷在金属原子堆积层的表面。当载体与金属接触时，载体与金属间可发生电荷的转移或吸引，使金属对反应物气体的吸附性能发生变化。

金属与载体的相互作用可使催化性能发生变化。如选择不同氧化物作为载体时，催化剂表现出不同的催化性能。如 Pd 催化剂上 CO 加氢反应，选择不同的载体时可生成不同的产物。当选择 $La_2O_3$、MgO、ZnO 做载体负载 Pd 时，CO 与 $H_2$ 有利于生成甲醇；当选择 $TiO_2$、$ZrO_2$ 做载体时，则有利于生成甲烷。

研究表明，与催化剂 $Rh/TiO_2$ 相比，由 $TiO_2$ 做助剂的 $Rh/SiO_2$ 催化剂的加氢催化活性可提高 10 倍之多。其中活性组分 Rh 晶粒的一部分被 $TiO_2$ 涂饰，这反映出载体对金属催化作用有明显的作用。随着金属分散度的提高，金属晶粒尺寸的减小，金属与载体之间的相互作用表现得更为明显。并且金属晶粒的分散度对产物的生成也有影响，如 Rh 的颗粒越小，生成含氧化合物比生成烃类分子更有利。

### 3.2.5 金属催化剂的应用

金属催化剂作为一类重要的工业催化剂被广泛应用，如合成氨使用的铁（α-Fe）催化剂，乙烯部分氧化制环氧乙烷的铂网（Pt）催化剂，负载型重整催化剂 Pt-Re/$\eta$-$Al_2O_3$，加氢催化剂 Ni/$Al_2O_3$，Cu-Ni 合金加氢催化剂等。金属互化物磁性催化剂和金属簇状物催化剂也得到了快速发展和初步的应用，如金属互化物 $LaNi_5$ 用于合成气转化制烃，多核的 $Fe_3(CO)_{12}$ 催化剂用于烯烃的氢醛化制羰基化合物。工业上重要的金属催化剂及催化反应列于表 3-8 中。

表 3-8 工业应用的金属催化剂及催化反应

| 催化剂类型 | 催化反应 | 反应类型 |
|---|---|---|
| $Fe$-$K_2O$-$CaO$-$Al_2O_3$ | $N_2+3H_2 \rightleftharpoons 2NH_3$ | 加氢 |
| 雷尼镍（Raney Ni） | 苯酚$+3H_2 \rightleftharpoons$环己醇 | 加氢 |
| 雷尼镍（Raney Ni） | $R'HC=CHR \rightleftharpoons R'HC-CHR$ | 加氢 |
| Pt 网 | $2NH_3+5/2O_2 \rightleftharpoons 2NO+3H_2O$ | 氧化 |
| Ag（电解） | $CH_3OH+1/2O_2 \longrightarrow HCHO+H_2O$ | 氧化 |
| Ni/$Al_2O_3$ | 苯$+3H_2 \rightleftharpoons$环己烷 | 加氢 |
| Pt/$Al_2O_3$ | $CO+3H_2 \rightleftharpoons CH_4+H_2O$ | 甲烷化 |
| Ag/刚玉 | $C_2H_4+1/2O_2 \longrightarrow CH_2CH_2O$ | 环氧化 |
| Pt/$\eta$-$Al_2O_3$<br>Pt-Re/$\eta$-$Al_2O_3$<br>Pt-Ir-Pb/$\eta$-$Al_2O_3$ | 烷基异构化<br>环烷脱氢<br>环化脱氢<br>加氢裂化 | 重整 |
| Ni-Cu 合金<br>Ni-Cr 合金 | 己二腈+氢$\rightleftharpoons$己二胺 | 加氢 |
| $Fe_3(CO)_{12}$铁簇状物 | 烯烃氢醛化制醇 | 氢醛化 |
| $LaNi_5$金属互化物 | $CO+H_2 \longrightarrow CH_4+H_2O+C_2 \sim C_{16}$（少量）（研究中） | F-T 合成 |

## 3.3 金属氧化物催化剂

金属氧化物催化剂常指复合氧化物。复合氧化物中的各组分可区分为主催化剂、助催化剂和载体，其中过渡金属氧化物常作为主催化剂组分。过渡金属氧化物表现出催化作用，其组成一般为非化学计量化合物，即存在着负离子或正离子缺位，能形成特定的活性中心；在分子结构中金属—氧（M—O）键有适宜的强度，能通过电子转移使反应物活化。氧化反应中，金属氧化物催化作用可以两种机理描述，即吸附氧作用机理和晶格氧转移作用机理。

前者是借助因吸附活化的过渡态氧与被氧化物的作用；后者以氧化物中的晶格氧与反应物作用而自身被还原，还原状态的氧化物再从气相中夺取氧再被氧化，由此形成催化循环。

金属氧化物催化剂在组成上可分为单一氧化物、复合氧化物和混合氧化物。复合氧化物有尖晶石、重晶石、含氧酸盐-杂多酸等；固溶体有氧化铁-氧化铬、氧化钒-氧化磷等。混合物氧化物通过各组分的协同效应产生催化作用。

金属氧化物催化剂中多含有催化剂载体，如氧化铝、硅胶等。也可以将催化剂组分浸渍负载到载体上，制成负载型催化剂。金属氧化物催化剂出厂时常以氧化物的形态存在，经活化处理后或在使用过程中会转变或部分转变为金属态。

### 3.3.1 金属氧化物的能带与半导性

本征半导体、N型半导体（ZnO）、P型半导体（NiO）及绝缘体的能带结构，如图3-19所示。与金属的能带具有重叠的结构不同，半导体具有分开的能带，即满带和空带，满带与空带之间是禁带。满带被形成晶格价键的电子所占有，是已填满的价带。在受热或辐射等外加能量的激发下，电子从价带跃迁到空带而成自由电子。在外加电场的作用下使自由电子导电，空带也称为导带。当电子由满带跃迁后，在满带中留下空穴，电子可以相反的方向导电。在价带与导带之间存在禁带，禁带的能级宽度以 $E_g$ 表示。金属的 $E_g$ 为零，绝缘体的 $E_g$ 最大（5～10 eV），半导体的 $E_g$ 为0.2～3 eV。

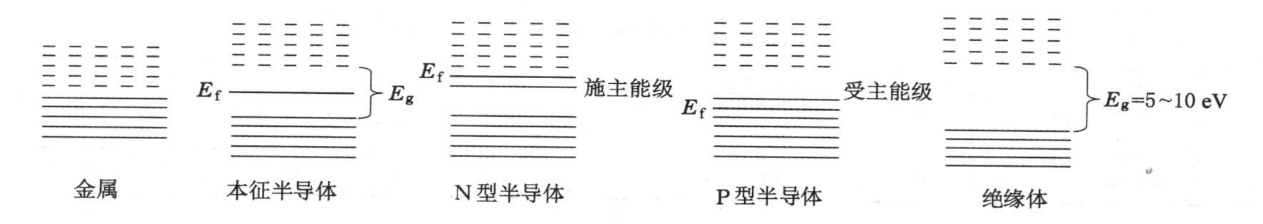


图3-19 晶格氧参与的催化循环

非化学计量的半导体金属氧化物可作为这类催化剂的重要特征，如n型半导体和p型半导体。如n型半导体ZnO中，过剩的 $Zn^{2+}$ 存在于晶格间隙中。为保证晶体的电中性，过剩的必然要束缚电子形成 $eZn^{2+}$，在靠近导带附近形成一附加能级，这一能提供电子的附加能级为施主能级。当接受加热等外加能量时，$eZn^{2+}$ 被束缚的电子释放出来成为自由电子，这也是n型半导体电子导电的来源。p型半导体如NiO，由于 $Ni^{2+}$ 缺位而呈现非化学计量特性。在 $Ni^{2+}$ 的缺位的附近有两个 $Ni^{2+\oplus}$ 存在，才可保持电中性。空穴可接受电子，由空穴产生的附加能级称为受主能级。

Fermi能级（$E_f$）和电子脱出功（$\phi$）是表征半导体导电性能的两个重要物理量，用以衡量固体中电子逸出的难易程度。电子脱出功是将固体内部电子激发到固体表面成为自由电子所需的能量。此能量用于克服电子的平均位能，即Fermi能级。由此可见，由 $E_f$ 到导带顶的能级差即为电子脱出功 $\phi$，$E_f$ 越高时 $\phi$ 就越小。本征半导体的 $E_f$ 在禁带中间1/2位置，n型半导体的 $E_f$ 在施主能级和导带之间，p型半导体的 $E_f$ 在受主能级和满带之间。

助催化剂的掺杂对主催化剂的Fermi能级具有调节作用。在金属催化剂和金属氧化物催化剂中常以添加少量的助剂来调节主催化剂的Fermi能级，作为改善催化剂的活性和选择性等性能的方法之一。一般地，在本征半导体中加入施主杂质可形成n型半导体，使Fermi能级提高，电子脱出功降低；而加入受主杂质则形成p型半导体，使Fermi能级降低，电子脱出功增加。

如在n型半导体ZnO中加入高价态的氧化物$Al_2O_3$时，$Al^{3+}$使$Zn^{2+}$束缚电子的能力和数量增加，导电率提高，使ZnO的Fermi能级提高，$Al_2O_3$称为施主杂质。又如在n型半导体中ZnO加入低价态的氧化物$Li_2O$时，$Li^+$使$Zn^{2+}$束缚电子的能力和数量减小，导电率降低，使ZnO的Fermi能级降低，$Li_2O$称为受主杂质。

如在p型半导体NiO中加入高价态的氧化物$La_2O_3$时，$La^{3+}$较大的束缚电子的能力使$Ni^{2+}$空穴数量减少，空穴导电率降低，使NiO的Fermi能级提高，$La_2O_3$称为施主杂质。又如在p型半导体NiO中加入低价态的氧化物$Li_2O$时，$Li^+$较小的束缚电子的能力使$Ni^{2+}$空穴数量增加，空穴导电率增加，使NiO的Fermi能级降低，$Li_2O$称为受主杂质。

气体吸附在催化剂表面时，若反应物分子接受电子，称为受主分子；若反应物分子给出电子，称为施主分子。吸附在半导体表面的反应物分子对半导体的Fermi能级和电子脱出功也会产生影响。受主分子使Fermi能级降低，电子脱出功增加；施主分子使Fermi能级提高，电子脱出功减小。

掺杂和反应物分子吸附对半导体半导性的影响，列于表3-9中。对于给定的晶体结构，Fermi能级对其催化活性有重要的影响。在金属和金属氧化物催化剂中常采用添加助剂以调变主催化剂的$E_f$位置，从而改善催化剂的活性和选择性等性能。

**表3-9　　杂质和气体吸附对半导性的影响**

| 杂质类型 | 气体性质 | Fermi能级 | 脱出功 | n型导电率 | p型导电率 |
|---|---|---|---|---|---|
| 施主杂质 | 施主分子 | 提高 | 减小 | 增加 | 减小 |
| 受主杂质 | 受主分子 | 降低 | 增加 | 减小 | 增加 |

### 3.3.2　金属-氧键与氧化反应

金属氧化物催化剂上进行催化氧化反应时，活性的氧物种可来自于晶格氧和气相的吸附氧。对于完全氧化反应晶格氧和吸附氧均可作为活性氧，而对于选择性氧化反应晶格氧是有效的。在催化氧化过程中，参与反应的晶格氧可以来自于全部的晶格氧，也可以是氧化物表层的晶格氧。如丙烯气相氧化成丙烯醛的反应，$Bi_2O_3-MoO_3$催化剂全部的晶格氧逐步被取代而传递到表面；而$Sb_2O_5-SnO_2$催化剂上只有少数的表层晶格氧参与反应。如$V_2O_5$催化剂上$SO_2$氧化成$SO_3$过程中，$V^{5+}$转化为$V^{4+}$，$V^{4+}$从气相氧中取得氧后完成$V^{4+}$到$V^{5+}$的循环转化。金属氧化物中晶格氧被取代后，金属离子价态降低，低价态的金属离子再从气相氧中活化和结合氧，从而形成催化循环。$V_2O_5$催化剂氧化$SO_2$成$SO_3$的催化循环，如图3-20所示。

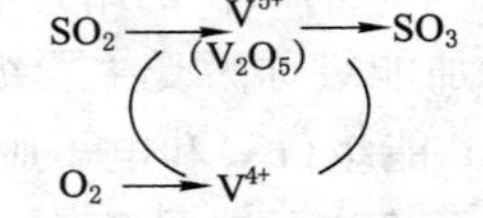

图3-20　晶格氧参与的催化循环

晶格氧参与反应的过程中，晶格氧被取代的速度和从气相氧获得氧的速度决定了催化循环的可持续性，也影响着催化剂的活性和稳定性等性能。如以$Cu_2O/Al_2O_3$作为催化剂用于富氢气气氛中的CO选择性氧化的研究中发现，单一组分$Cu_2O$晶格氧被取代而后被还原成金属Cu而失去催化活性。若加入助剂$CeO_2$制成$Cu_2O-CeO_2/Al_2O_3$，其中$Cu_2O$被还原的现象得到改变。助剂 $CeO_2$ 加快了从气相氧中活化和传导氧的速度。复合金属氧化物中,作为主催化剂组分的氧化物起着使反应物氧化活化的作用,助催化剂可起着使气相氧活化和传递氧的作用。

部分氧化催化剂反应中,若存在 C—C 键断裂,氧的活化是控制步骤,参加反应的表面吸附氧物种有亲电子的 $O_2^-$ 和 $O^-$。若无 C—C 键断裂的反应常是晶格氧参与反应,其关键是反应物的活化。

金属氧化物中金属—氧键有两种类型,M—O 和 M═O。一般地,M—O 用于深度氧化,而 M═O 用于部分氧化或选择性氧化。如不含双键的金属氧化物 $MnO_2$、$Co_3O_4$、NiO、CuO 等可用于深度氧化,含有双键的 $V_2O_5$、$MoO_3$、$Bi_2O_3$-$MoO_3$、$Sb_2O_5$ 等氧化物用于部分氧化或选择性氧化。

金属—氧的键能影响着晶格氧的解离能力。对于晶格氧参与的氧化还原反应,金属—氧键能小者易解离出晶格氧而与反应物结合,表现出较高的催化活性。就深度氧化反应而言,其催化反应活性与 M—O 键能呈现反变关系。随着 M—O 键能的提高,催化氧化反应活性降低。金属—氧的键能反映了晶格氧给出的趋势,氧化物给出氧的趋势是衡量能否进行选择性氧化反应的关键。较大的 M═O 键能对部分氧化和选择性氧化反应有利,而不利于深度氧化。

金属—氧的键能对于催化反应选择性也会产生影响。不同的反应物分子与氧的结合力有差异,较强的金属—氧键能使反应物分子取得晶格氧所需的能量加大,反之较弱的金属—氧键能使反应物分子易于取得晶格氧。在一定的温度、压力等外加能量的条件下,适宜的金属—氧键能有利于目标产物的生成。从催化反应的稳定性方面分析,金属—氧键能对从气相氧活化、传导和结合能力产生影响。适宜的金属—氧键能有利于气相氧的活化和传导,为晶格氧参与催化循环和催化反应的稳定性提供基础。

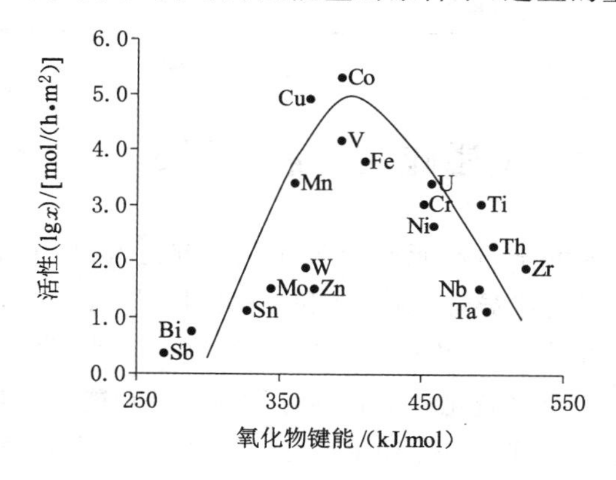

图 3-21　甲苯深度氧化活性与键能

金属氧化物催化活性与金属—氧键能之间存在“火山型曲线”。如甲苯深度氧化的催化活性与金属—氧键能之间表现出的“火山型曲线”,如图 3-21 所示。“火山型曲线”的左侧较弱的吸附强度使催化反应受吸附控制,右侧吸附过强使催化反应受脱附控制。适中的吸附强度对应较高的反应活性。

### 3.3.3　金属氧化物的 *d* 电子构型与催化性能

金属氧化物的催化性能与其金属离子的 $d$ 电子构型有关。一般地,金属氧化物用于部分氧化或选择性氧化时,要求金属离子的 $d$ 电子构型为 $d^0$ 或 $d^{10}$ 构型。$d$ 轨道电子处于空轨道或全满时,能量较低,对反应物种的吸附表现为弱吸附。弱吸附的反应物种在催化剂表面吸附位上停留的时间较短,不易导致深度氧化。$d$ 电子构型处于 $d^0$ 与 $d^5$,$d^5$ 与 $d^{10}$ 之间构型的金属离子,可以提供电子或空轨道,易于与吸附物种成键,表现出较强的催化活性。

### 3.3.4 金属氧化物的工业应用

工业上金属氧化物催化剂常用于氧化反应，包括深度氧化和部分氧化。深度氧化催化剂多为p型半导体氧化物，键型为M—O。金属催化剂、金属氧化物、二元金属氧化物、钙钛矿型和尖晶石型三元金属氧化物催化剂已被广泛应用。尖晶石型($AB_2O_4$)和钙钛矿型($ABO_3$)三元金属氧化物催化剂已被用作CO、$NH_3$、汽车尾气等氧化反应，烃类氧化和脱氢反应的催化剂。几种常见的催化剂对CO和烃类的催化氧化活性顺序为：Pt>Pd>Ag>$MnO_2$，$Co_3O_4$，CuO>NiO>$Fe_2O_3$>$Cr_2O_3$>$V_2O_5$>ZnO。表3-10列出了工业常用的金属氧化物催化剂及其催化反应。

表3-10 工业用金属氧化物催化剂及其催化反应

| 催化剂 | 催化反应 |
| --- | --- |
| $V_2O_5$-$K_2SO_4$/硅藻土 | $SO_2+1/2O_2 \rightarrow SO_3$ |
| $Fe_2O_3$-$Cr_2O_3$-$K_2O$ | $CO+H_2O \rightarrow CO_2+H_2$ |
| $V_2O_5$-$MoO_3$-$P_2O_5$/$TiO_2$ | 苯$+9/2O_2 \rightarrow$苯酐$+2H_2O+2CO_2$ |
| $V_2O_5$-$K_2SO_4$/$TiO_2$ | 邻二甲苯$+3O_2 \rightarrow$邻苯二甲酸酐$+3H_2O$ |
| $Bi_2O_3$-$MoO_3$/$SiO_2$ | $CH_2{=}CHCH_3+O_2 \rightarrow CH_2{=}CHCHO+H_2O$ |
| $MoO_3$-$Bi_2O_5$-$P_2O_5$/$SiO_2$ | $CH_3CH_2CH{=}CH_2+1/2O_2 \rightarrow CH_2{=}CHCH{=}CH_2+H_2O$ |
| $Cr_2O_3$-$Al_2O_3$-$K_2O$ | $C_4H_{10} \rightarrow C_4H_8+H_2$ |
| $Fe_2O_3$-$Cr_2O_3$-$K_2O$ | 乙苯$\rightarrow$苯乙烯$+H_2$ |

## 3.4 金属硫化物催化剂

元素S和元素O属于同一族元素(ⅥA)。金属硫化物与金属氧化物有许多相似之处，都具有半导性、酸碱性和氧化还原性。$S^{2-}$的电负性较$O^{2-}$的小，使金属—硫键更倾向于具有共价性，表面硫更活泼。$S^{2-}$的原子半径较$O^{2-}$大，使金属硫化物结构更疏松。

金属硫化物催化剂可作为单一功能或双功能的催化剂，具有氧化还原功能和酸碱功能，主要表现为氧化还原功能。与金属氧化物类似，金属硫化物中存在的金属离子和硫离子$S^{2-}$的空位，可看作是催化剂的活性中心。

Mo和W常用作金属硫化物催化剂的活性组分，Fe、Co、Ni作为助剂。如W、Mo、Fe硫化物作为催化剂用于煤加氢液化，有不同分子量的烃类生成且产物中不含硫。W、Mo、Fe硫化物作为催化剂可用于加氢、异构化和氢解等反应。硫化物催化剂可用于原料的净化，以除去原料中的杂质原子S、N、O和金属，如重油的加氢精制、脱硫、脱氧、脱金属。金属硫化物催化剂可用于耐硫的催化过程，在水煤气变换和合成烃类反应过程中得到发展。

### 3.4.1 *d*电子构型与催化性能

对于单一的金属硫化物，其催化活性与金属离子的$d$电子构型有关联。其中$d^5$、$d^{10}$电子构型的金属硫化物催化活性较差，而电子构型在$d^0 \sim d^5$，$d^5 \sim d^{10}$之间的则表现出较好的催化活性，如Mo、W、Co、Ni、Fe等金属硫化物。贵金属如Ru、Os、Rh、Ir等的硫化物具有良好的加氢催化活性，第Ⅵ族 Mo、W 和第Ⅷ族的 Fe、Co、Ni 也具有较好的催化活性。

### 3.4.2 金属—硫键与催化性能

金属硫化物上加氢脱硫反应历程可描述为，硫化物催化剂的金属—硫键断裂产生 S 的空位，反应物中的 S 在催化剂表面 S 空位上吸附，进而使反应物的 C—S 键断裂，催化剂重新恢复金属—硫键。金属—硫键的强弱对硫化物的加氢催化活性有直接的关系。当金属硫化物催化剂的金属—硫键太弱时不能形成稳定的硫化物，但当金属—硫键过强时金属硫化物不易产生金属—硫键的断裂，制约了催化反应的进行。适宜的金属—硫键强度对硫化物催化剂上的加氢脱硫反应是必要的条件。金属—硫键的强弱可用金属硫化物的生成热表示。金属硫化物的催化剂活性与金属硫化物的生成热之间有“火山型曲线”的关联。

与单一金属组分的硫化物催化剂相比，二元金属硫化物间的化合，改变了单一硫化物各自的结构而形成新的活性相。如 Co-Mo 二元硫化物加氢脱硫催化剂，Co 穿插在 $MoS_2$ 层状结构的夹层之间或边面上，Co-Mo 的协同作用形成 Co-Mo-S 活性相。Co 的存在削弱了 Mo—S 键，利于形成硫的空位及反应物分子的吸附。Co 的可变价态可促进氧化还原循环中的电子转移。二元或多元的硫化物催化剂则具有更高的催化活性。Ⅵ族与Ⅷ族金属元素组成的二元复合硫化物，以适宜的金属原子比形成的复合硫化物可有效地调节其催化活性。

### 3.4.3 载体与助剂的作用

$\gamma$-$Al_2O_3$ 是常用的金属硫化物催化剂载体。采用浸渍法将 $(NH_4)_2MoO_4$ 溶液浸渍到 $\gamma$-$Al_2O_3$ 的表面或将 $(NH_4)_2MoO_4$ 与 $\gamma$-$Al_2O_3$ 混碾后，600 ℃以内煅烧分解使 $MoO_3$ 负载在 $\gamma$-$Al_2O_3$ 表面上形成 Mo-O-Al 键。$MoO_3$ 以单层形式分布于 $\gamma$-$Al_2O_3$ 上，一般 $MoO_3$ 的负载量为 10%～12%。将 Co-Mo 的盐溶液共浸渍负载在载体 $\gamma$-$Al_2O_3$ 上，也可得到有效的金属硫化物催化剂。其他的载体有 $TiO_2$、$ZrO_2$、$La_2O_3$ 和 $CeO_2$ 等，因 $MoO_3$ 与 $Al_2O_3$ 作用最强，表现出良好的催化活性，一般将 $\gamma$-$Al_2O_3$ 作为首选的金属硫化物催化剂的载体。

将 Mo 充填到 $Al_2O_3$ 的四面体和八面体中时，由于 $Mo^{6+}$ 的价态高于 $Al^{3+}$，可增强 $Al_2O_3$ 的酸性，产生 L 酸，其中以八面体位的 Mo 酸性最高。但过强的酸性易诱发催化剂的积碳等现象，可采用添加碱金属、碱土金属和稀土氧化物以调节其酸性。同时，稀土氧化物如 $La_2O_3$ 和 $CeO_2$ 还可以提高 $\gamma$-$Al_2O_3$ 的结构稳定性，以避免 $\gamma$-$Al_2O_3$ 向 $\alpha$-$Al_2O_3$ 的转变。

### 3.4.4 金属硫化物的活化

金属硫化物稳定性较差，在还原性气氛和氧化性气氛中均不稳定，只有在含硫气氛中才表现出稳定性。金属硫化物需要由金属氧化物转化而来。金属硫化物的稳定性可由氧化物和硫化物的生成热之差表示。两者差值越大，表示金属硫化物的生成热越小和稳定性越差。生成热的差值也反映出金属—氧键与金属—硫键的强弱。两者生成热之差值大，说明氧化物难于转化为硫化物。如 $Al_2O_3$ 和 MgO 等难以转化为硫化物，稀土氧化物经硫化后仍以氧化物为主，WO 经硫化后部分转化为硫化物也不稳定。氧化物和硫化物生成热之差值适中时，氧化物可转化为硫化物，生成的硫化物的稳定性适中，这样的金属组分可作为催化剂的主要组分，如 Zn、Ni、Co、Mn、Mo、Fe 等。生成热大的硫化物可作为载体或结构性助剂。

金属氧化物的硫化活化经历氧化物形成、氧化物还原、在含硫气氛中硫化几个过程。也可以将金属氧化物处于含硫的还原性气氛中，使氧化物的还原过程和硫化过程同时进行。金属氧化物结构稳定，一般情况下难以直接硫化生成硫化物。金属硫化物的稳定性与反应气氛、温度、压力、加入的助剂和制备有关。加氢硫化反应是一个放热过程，硫化温度是一个需要控制的指标。低温条件下有利于硫化反应的平衡右移，但低温使硫化速率降低以及硫化物稳定性降低。升高温度可提高硫化速率和硫化度，但温度过高时使硫化速率过快，硫化度反而降低。另一方面，过快的硫化速度易造成局部过热，造成硫化物热解而析出单质硫，高温还容易使催化剂组分烧结。

常用的硫化剂有 $H_2S$、$CS_2$、COS 等，液态的 $CS_2$ 是工业应用硫化剂。由于 $H_2S$ 的硫化活性比 $CS_2$ 高，在实验室中常用 $H_2S$ 做硫化剂。应用 $CS_2$ 做硫化剂时，需同时含有 $H_2$ 和 $H_2O$ 以生产 $H_2S$，其中的反应式为 $CS_2+4H_2=CH_4+2H_2S$，$CS_2+2H_2O=CO_2+2H_2S$。通过反应新生成的 $H_2S$ 可以提高硫化度，得到更高硫含量催化剂，这也是工业应用 $CS_2$ 作为硫化剂的原因之一。催化剂中较高的硫含量是提高催化活性的基础。若原料中硫含量低，在使用过程中会使催化剂的含硫量逐渐降低，从而使催化活性下降。当硫含量降低而造成催化活性下降时，可重新硫化以恢复其活性。

金属硫化物催化剂可用于加氢、裂解、异构和环化等反应。如 Co(Ni)-Mo(W)/$\gamma$-$Al_2O_3$ 用于加氢脱硫（HDS）、加氢脱氮（HDN）、加氢脱金属（HDM）反应，Co-Mo/$\gamma$-$Al_2O_3$ 用于 CO 水蒸气变换耐硫催化剂。

## 3.5　金属络合物催化剂

配位络合物催化剂是工业应用催化剂中的一类重要的均相催化剂，简称络合催化剂。络合催化反应体系中的催化剂、反应物和产物同处于单一的液相之中。活性组分是过渡金属离子，助剂以配位键形式与其相连。络合催化是指催化剂活性中心离子与反应物发生络合作用，在配位空间内进行催化反应的过程。在络合催化过程中，催化剂活性中心始终与反应体系保持配位络合是络合催化的一个重要特征。

络合催化反应条件温和，一般在 100～200 ℃，反应的选择性和专一性高，反应过程的运行成本较低。但均相的络合催化产物与催化剂分离困难，使得贵重的催化剂回收困难，也使得络合催化剂固相化受到重视。

### 3.5.1　络合物催化剂组成与键合

络合催化剂由络合中心及配体以一定的方式结合而成。过渡金属原子或离子可作为络合中心，配体可以是分子或离子。如络合物 $RhCl(CO)(PPh_3)_2$、$Fe(CO)_5$、$HCo(CO)_4$、$Cr(CO)_6$、$H_2Pd(Cl_4)$，其中的配位体有 CO、$Cl^-$、$H^-$、$PPh_3$（三苯基膦）。$RhCl(CO)(PPh_3)_2$ 的饱和配位数为 4，$Fe(CO)_5$、$HCo(CO)_4$ 的饱和配位数为 5，$H_2Pd(Cl_4)$ 的饱和配位数为 6。过渡金属 Ni、Cu 可形成配位数分别是 5、4 的络合物。配位数及络合物构型如图 3-22所示。若络合物的配位数低于饱和值则为配位不饱和。形成配位不饱和时络合物具有络合空位。络合物本身配位不饱和，配位体发生解离，配位被占据是形成配位不饱和的三种情况。如配位不饱和的 $Ir(CO)(PPh_3)_2Cl$ 与 $H_2$ 络合形成饱和配位 $Ir(CO)(PPh_3)_2H_2Cl$，$Fe(CO)_5$ 解离出配位体 CO 形成不饱和配位 $Fe(CO)_4$，被介质分子 S 暂时占据而形成的络合物 $RhCl(PPh_3)_2S$ 易被基质分子 $CH_2CH_2$ 所取代形成 $RhCl(PPh_3)_2(CH_2CH_2)$。

络合物中过渡金属元素作为配位中心离子，其 $(n-1)d$、$ns$、$np$ 轨道能级相近，发生电子

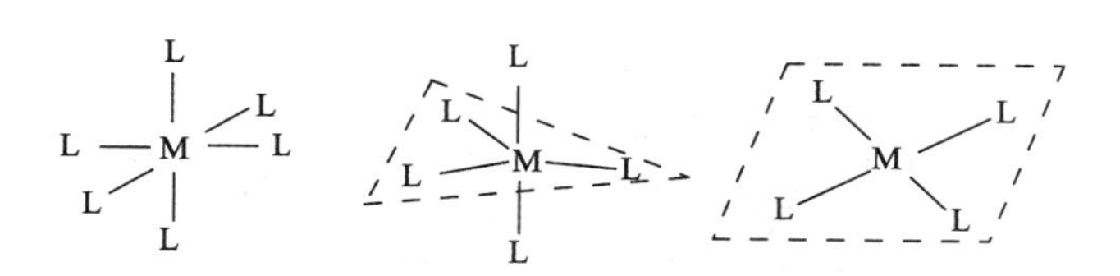


图 3-22　络合物配位数及其构型

跃迁所需能量不大，有较多的轨道用于与配位离子成键。形成络合物时过渡金属中心离子的配位数和价态容易改变。金属中心离子的 $d$ 轨道具有合适的能级和对称性，当不同配位体与中心金属离子作用时可通过反馈电子形成不同形式的配位键合，使配位体得到活化参与催化反应。

具有孤对电子的中性分子可提供孤对电子给具有 $d$ 或 $p$ 空轨道的配位中心形成配位键，如 $NH_3$ 中的 N 具有孤对电子，$H_2O$ 中的 O 具有孤对电子。配位体提供电子对可视为 L 碱，配位中心接受电子视为 L 酸。如 H·、R·自由基配位体与过渡金属作用，通过电子配对形成 $\sigma$ 键。如 $Cl^-$、$Br^-$、$OH^-$ 等带负电荷的离子配位体具有一对以上的非键电子对，可分别与过渡金属的两个 $d$、$p$ 空轨道作用形成一个 $\sigma$ 键和一个 $\pi$ 键。过渡金属也可转移电子给配位体形成键合，此时过渡金属自身被氧化。

络合中心的过渡金属原子在形成配位络合物时，其 $d$、$s$、$p$ 轨道杂化形成 $dsp$ 杂化轨道，按一定的几何对称性和能量适应性与周围的配体形成强度合适的配价键。$d$、$s$、$p$ 共有 9 个轨道，可容纳 18 个电子。当络合中心与配体提供的电子数为 18 或接近 18 时，可以形成较为稳定的络合物。这种约束条件称为 18 电子原则。络合物的几何构型与络合中心的原子或离子的 $d$、$s$、$p$ 杂化轨道类型相对应。表 3-11 列出了杂化轨道的几何构型。常见的构型是正方体、四面体和八面体。

**表 3-11　　杂化轨道类型及其几何构型**

| 杂化轨道 | 几何构型 |
|---|---|
| $sp$ | 直线型 |
| $sp^2$ | 正三角形 |
| $sp^3$ | 正四面体 |
| $dsp^2$ | 正方体 |
| $d^2sp^3$ | 正八面体 |

以对称性说明能否成键，键的强弱依据中心离子和配位体轨道能级的相对位置。两者轨道能级的差取决于边界轨道（HOMO 和 LUMO）之间费米（Fermi）能级的位置。络合中心离子 M 与配位体 L 的电子最高充填能级（NOMO，能带中的满带顶部）和最低空能级（LUMO，能带中的导带底部），以及费米能级 $E_f$ 的相对位置如图 3-23 所示。当中心离子 M 的费米能级 $E_f$ 与配位体的费米能级接近时，可形成较强的 $\sigma$ 键和 $\pi$ 键，称为 $\sigma$—$\pi$ 键。当中心离子 M 的 LUMO 与配位体的 HOMO 能级接近时，以形成 $\sigma$ 键为主。当中心离子 M 的 HUMO 与配位体的 LOMO 能级接近时，以形成 $\pi$ 键为主，此时中心金属向配位体的 $\pi$ 轨道充填电子。

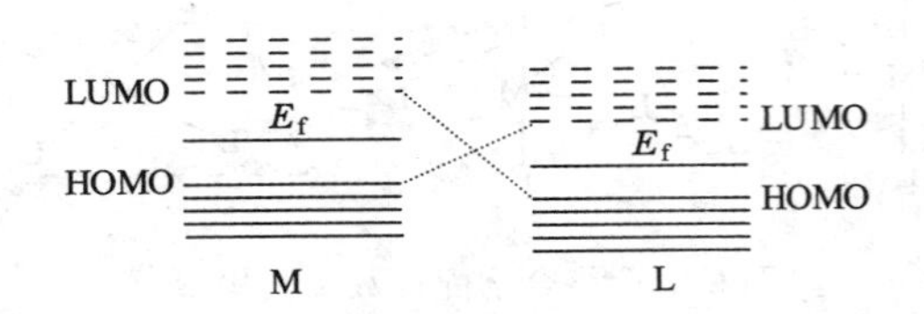


图 3-23 金属离子和配位体的能级与成键作用

改变中心金属种类、改变金属氧化态或加入辅助配位体可改变能级的相对位置。当金属的 HOMO 更接近于配位体的 LUMO 时，形成 $\pi$ 键的能力增强，而此时金属的 LUMO 和配位体的 HOMO 距离更远，形成 $\sigma$ 键的可能性减小。相反地，当形成 $\sigma$ 键的能力增强时，形成 $\pi$ 键的可能性减弱。

### 3.5.2 络合催化作用

反应物是形成络合物的配位体之一。络合物中心离子与配位体的轨道对称性和能级适应性以及 $\sigma$—$\pi$ 键的形成是络合催化的基础。几何构型和能量的相互适应性称为催化过程的对称性规则。

如乙烯加氢络合催化反应中，氢分子和乙烯分子相应的 LUMO 和 HOMO 轨道是对称禁阻的，如图 3-24 所示。氢分子与乙烯分子之间没有轨道的重叠，两者之间不能进行电子转移。在催化剂$[PdCl_3(C_2H_4)]^-$作用下，催化剂的络合中心离子 $Pd^{2+}$ 的 $dsp^2$ 杂化轨道可提供合适的几何对称性和适宜的能级与反应物键合，使对称禁阻的反应转变为多步对称允许的反应，如图 3-25 所示。$C_2H_4$ 与 $Pd^{2+}$ 形成 $\sigma$—$\pi$ 键使 $C_2H_4$ 活化。$C_2H_4$ 充满电子的 $\pi$ 轨道与 Pd 的 $dsp^2$ 杂化空轨道形成 $\sigma$ 键，$\pi$ 电子部分进入空轨道。乙烯的反键轨道 $\pi*$ 的空轨道与 $Pd^{2+}$ 填充电子的 $d_{x^2}$ 杂化轨道形成 $\pi$ 键，$d_{x^2}$ 杂化轨道电子部分进入 $\pi*$ 轨道。两者形成 $\sigma$—$\pi$ 键，成键的结果使 $C_2H_4$ 的双键受到削弱而得到活化，同时也增强了配位体 $C_2H_4$ 与 $Pd^{2+}$ 的 C—M 键的强度，有利于络合物的稳定。

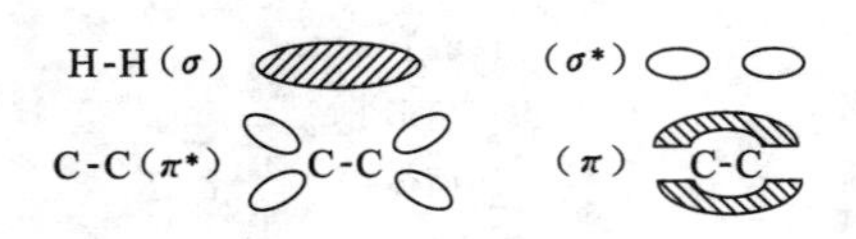


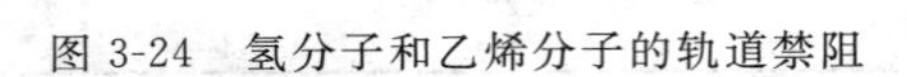
图 3-24 氢分子和乙烯分子的轨道禁阻

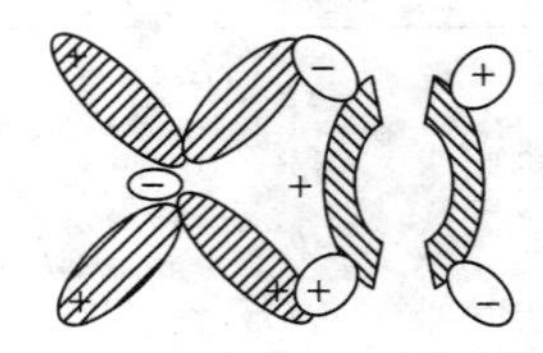

图 3-25 $C_2H_4$ 与 $Pd^{2+}$ 的 $\sigma$—$\pi$ 键

过渡金属离子具有广阔的配位价层空间，既可以使反应物配位活化并发生反应，又能容纳非参与反应的配体，通过电子因素和几何因素与之相互作用，修饰催化剂的组成和结构，调变催化剂的活性和选择性。不参与反应的配位体在络合催化过程中可视为助剂，起到调节中心离子轨道能量和空间效应的作用。其中可提供电子的施主型配位体呈碱性，使中心离子的电子云密度增加，能级上升，反馈电子的能力提高，有利于强化络合中心离子与反应物之间的键合和削弱反应物分子内的化学键。如$[PdCl_3(C_2H_4)]^-$中 $Cl^-$ 可起到施主配位体的作用。如三苯基膦($PPh_3$)是强的施主配位体，将其中的苯基换成碱性强的烷基还可以进一步提高膦配位体的碱性。体积较大的膦配位体易于形成络合物配位不饱和，使 CO、烯烃等的活化能力提高，其空间效应易造成定向反应以调节正构和异构反应的选择性。反之，受主型配位体显酸性，使络合中心离子电子云密度和能级降低。络合催化过程中，若助剂配位体与反应物配位体呈现对位配置时，催化效应最大，此结构称为对位效应。

由基元过程组成的络合催化历程可分为三种形式：配位体的络合与解络，顺式插入与 β 消除，氧化加成与还原消除。每类基元过程均是可逆的。以整个分子形成配位络合的过程属配位络合催化过程，如烯烃、炔烃和 CO 均是通过形成 $\sigma$—$\pi$ 键使反应物配位体得到活化。反应物中具有 $\sigma$ 键的 $H_2$ 或 $X_2$($Cl_2$，$Br_2$，$I_2$)、R—X、H—OH 等，在络合催化过程中的活化可通过均裂和异裂两种形式。如 $H_2$ 在形成 $\sigma$—$\pi$ 键络合时的均裂，是 $H_2$ 从中心离子 M 得到两个电子形成 $2H^-$ 而 M 的价态升高，表示为 $H_2+ML_4^- \rightarrow H_2ML_4$。形成的 $H^-$ 非常活泼，具有强碱性和加氢能力。$H_2$ 的异裂表示为 $M—L+H_2 \rightarrow M—H^- + L—H^+$，是配位体离子的置换，$H^-$ 置换了 $L^-$。产生置换的前提应是 $M—H^-$ 的键合力稍大于 M—L。$H_2$ 的异裂络合属配位体置换络合与解络催化过程，$H_2$ 或 $X_2$ 的均裂络合属氧化加成催化过程。配位不饱和络合物易发生加成活化。加成活化可以氧化加成活化、均裂加成活化和异裂加成活化。顺式插入可经过三中心和四中心模型实现。

配位不饱和的络合物的加成反应和氧化加成活化，可使中心离子的配位数和价态增加 2。

$$L_nM^{n+} + X—Y \underset{\text{还原消除}}{\overset{\text{氧化加成}}{\rightleftharpoons}} L_nM^{(n+2)+}\begin{matrix} X \\ \\ Y \end{matrix}$$

均裂加成活化，可使中心离子的配位数和价态增加 1。

$$(L_n)_2M_2^{n+} + X_2 \longrightarrow 2L_nM^{(n+1)+}X^-$$

异裂加成活化，中心离子的配位数和价态不变，为取代加成方式。

$$L_nM^{n+} + X_2 \longrightarrow L_{n-1}M^{n+}X + X^+ + L^-$$

顺式插入活化，如 CO 和 $C_2H_4$ 分别插入烷基的反应：

$$—M(—CR_3)—CO \longleftrightarrow —M(\triangle CR_3)—CO \longleftrightarrow —M—C(=O)—CR_3$$

$$—M(—CR_3)—(CH_2{=}CH_2) \longleftrightarrow —M(—CR_3)—CH_2(=CH_2) \longleftrightarrow —M—CH_2—CH_2CR_3$$

β 消除或 β 氢转移反应，中心离子与配位体以 $\sigma$ 键络合，其 β 位上 C—H 键断裂形成金属氢化物，配体脱离金属络合物生成烯烃。

$$M—CH_2CH_2R \longleftrightarrow \begin{matrix} (\delta-)H—\overset{(\delta+)}{C}H—R \\ | \quad\quad \| \\ (\delta+)M—\underset{(\delta-)}{C}H_2 \end{matrix} \longleftrightarrow M—H + CH_2{=}CH_2R$$

$RhCl(PR_3)_3$ 络合催化加氢生成乙烷的催化循环如下所示：

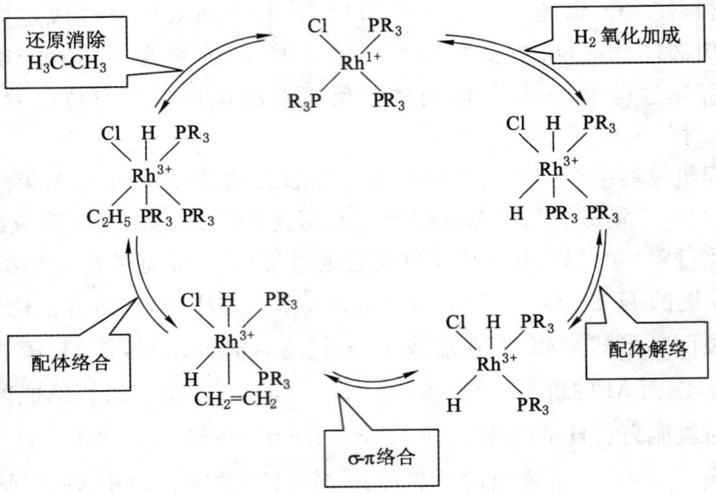

还原消除 $H_3C\text{-}CH_3$

$H_2$ 氧化加成

配体解络

$\sigma$-$\pi$络合

配体络合

### 3.5.3 络合物催化剂的固载化

虽然络合催化剂具有高活性、高选择性和反应条件温和等优点，但其活性组分多是 Rh、Pt、Pd 等贵金属，在反应体系中与反应介质分离困难使反应成本较高，高温下络合催化剂易分解使催化反应体系不稳定等制约了络合催化剂的工业化应用。络合催化剂的固相化技术受重视，即将过渡金属络合物以化学键合的形式负载在载体上以体现出多相催化剂的优势。

络合物催化剂固载化的载体有有机高聚物和金属氧化物，如苯乙烯与丁二烯、二乙烯基苯的共聚物、$SiO_2$ 等，采用的方法有浸渍、喷涂、化学吸附等。利用载体表面的官能团与络合物的键合作用，可使络合物锚定固化在载体表面。一般地，能与过渡金属形成离子共价键和配位键的表面基团均可固化络合物。

络合催化剂固相化的应用，如乙烯氧化制乙醛催化剂 $Pd\text{-}V_2O_5/SiO_2$，含膦的铑络合物固载在聚苯乙烯上用作烯烃氢醛化催化剂，用 PAA 固载 $Rh_2(OCOCH_3)_4$ 用于催化氢化 1-己烯，有机硅聚合物固载环硫乙烷铂络合物等。

# 第 4 章

# 催化剂制备方法

工业催化剂的性能主要取决于其化学组成和物理结构，同时也与制备的方法密不可分。从工业应用的角度出发，一种工业催化剂，可以由不同的起始原料组成，可走不同的工艺路线，用不同的制备方法来生产。理想的催化剂应该是：有良好的化学和物理性质，制备工艺简捷且便于操作，再生性好、无毒性，无环境污染，成本低廉等。

适用于制备工业催化剂的原料很多，可以是无机原料如金属、金属氧化物、硫化物、酸、碱和盐等，也可以是金属有机化合物，还可以是生物酶。不同的原料和不同的催化剂性质要求，决定了有不同的制备方法。催化剂制备方法基本上都是化工生产中单元操作的组合，即溶解、熔融、沉淀、浸渍、离子交换、洗涤、过滤、干燥、混合、成型、焙烧、还原等的组合。通常会用组合中最关键的单元操作名称命名该制备方法，如常用的催化剂制备方法有沉淀法、浸渍法、热熔融法离子交换法等。本章将就工业催化剂常用的制备方法加以介绍。

## 4.1　沉淀法

### 4.1.1　沉淀法的分类

随着工业催化实践的进展，沉淀的方法已由单组分沉淀法发展到共沉淀法、均匀沉淀法、浸渍沉淀法和导晶沉淀法等。

#### 4.1.1.1　单组分沉淀法

单组分沉淀法即通过沉淀剂与一种待沉淀溶液作用以制备单一组分沉淀物的方法。这是催化剂制备中最常用的方法之一。由于沉淀物只含一个组分，操作不太困难。它可以用来制备非金属的单组分催化剂或载体。如与机械混合和其他操作单元组合使用，又可用来制备多组分催化剂。

氧化铝是最常见的催化剂载体。氧化铝晶体可以形成 8 种变形，如 $\gamma\text{-}Al_2O_3$、$\eta\text{-}Al_2O_3$、$\alpha\text{-}Al_2O_3$ 等。为了适应催化剂或载体的特殊要求，各类氧化铝变体通过由相应的水合氧化铝加热失水而得。文献报道的水合氧化铝制备实例很多，但其中属单组分沉淀的占绝大多数，并被分为酸法与碱法两大类。

酸法以碱性物质为沉淀剂，从酸化铝盐溶液中沉淀水合氧化铝。

$$Al^{3+} + OH^- \longrightarrow Al_2O_3 \cdot nH_2O \downarrow$$

碱法则以酸性物质为沉淀剂，从偏铝酸盐溶液中沉淀水合物，所用的酸性物质包括

$HNO_3$、$HCl$、$CO_2$等。

$$AlO_2^- + H_3O^+ \longrightarrow Al_2O_3 \cdot nH_2O \downarrow$$

4.1.1.2 共沉淀法(多组分共沉淀法)

共沉淀法是将催化剂所需的两个或两个以上组分同时沉淀的一种方法。本法常用来制备高含量的多组分催化剂或催化剂载体。其特点是一次可以同时获得几个催化剂组分的混合物,而且各个组分之间的比例较为恒定,分布也比较均匀。如果组分之间能够形成固溶体,那么分散度和均匀性则更为理想。共沉淀法的分散性和均匀性好,是它较之于混合法等的最大优势。

典型的共沉淀法,可以低压合成甲醇用的$CuO\text{-}ZnO\text{-}Al_2O_3$三组分催化剂为例。将给定比例的$Cu(NO_3)_2$、$Zn(NO_3)_2$和$Al(NO_3)_3$混合盐溶液与$Na_2CO_3$并流加入沉淀槽,在强烈搅拌下,于恒定的温度与近中性的pH值下,形成三组分沉淀。沉淀经洗涤、干燥与焙烧后,即为该催化剂的先驱物。

4.1.1.3 均匀沉淀法

以上两种沉淀法,在操作过程中,难免会出现沉淀剂与待沉淀组分的混合不均匀、沉淀颗粒粗细不等、杂质带入较多等现象。均匀沉淀法则能克服此类缺点。均匀沉淀法不是把沉淀剂直接加入到待沉淀溶液中,也不是加沉淀剂后立即产生沉淀,而是首先使待沉淀金属盐溶液与沉淀剂母体充分混合,预先造成一种十分均匀的体系,然后调节温度和时间,逐渐提高pH值,或者在体系中逐渐生成沉淀剂等方式,创造形成沉淀的条件,使沉淀缓慢进行,以制得颗粒十分均匀而且比较纯净的沉淀物。例如,为了制取氢氧化铝沉淀,可在铝盐溶液中加入尿素溶化其中,混合均匀后,加热升温至90~100 ℃,此时溶液中各处的尿素同时水解,释放出$OH^-$。

$$(NH_2)_2CO + 3H_2O \longrightarrow 2NH_4^+ + 2OH^- + CO_2$$

于是氢氧化铝沉淀即在整个体系内均匀而同步地形成。尿素的水解速度随温度的改变而改变,调节温度可以控制沉淀反应在所需的$OH^-$浓度下进行。

均匀沉淀不限于利用中和反应,还可以利用酯类或其他有机物的水解、配合物的分解或氧化还原等方式来进行。除尿素外,均匀沉淀法常用的类似沉淀剂母体列于表4-1中。

**表4-1　均匀沉淀法常用的部分沉淀剂母体**

| 沉淀剂 | 母体 | 化学反应 |
| --- | --- | --- |
| $OH^-$ | 尿素 | $(NH_2)_2CO + 3H_2O \rightarrow 2NH_4^+ + 2OH^- + CO_2$ |
| $PO_4^{3-}$ | 磷酸三甲酯 | $(CH_3)_3PO_4 + 3H_2O \rightarrow 3CH_3OH + H_3PO_4$ |
| $C_2O_4^{2-}$ | 尿素与草酸二甲酯或草酸 | $(NH_2)_2CO + 2HCrO_4^- + H_2O \rightarrow 2NH_4^+ + 2C_2O_4^{2-} + CO_2$ |
| $SO_4^{2-}$ | 硫酸二甲酯 | $(CH_3)_2SO_4 + 2H_2O \rightarrow 2CH_3OH + 2H^+ + SO_4^{2-}$ |
| $SO_4^{2-}$ | 磺酰胺 | $NH_2SO_3H + H_2O \rightarrow NH_4^+ + 2H^+ + SO_4^{2-}$ |
| $S^{2-}$ | 硫代乙酰胺 | $CH_3CSNH_2 + H_2O \rightarrow CH_3CONH_2 + H_2S$ |
| $S^{2-}$ | 硫脲 | $(NH_2)_2CS + 4H_2O \rightarrow 2NH_4^+ + 2OH^- + CO_2 + H_2S$ |
| $CrO_4^{2-}$ | 尿素与$HCrO_4^-$ | $(NH_2)_2CO + 2HCrO_4^- + H_2O \rightarrow 2NH_4^+ + CO_2 + 2C_2O_4^{2-}$ |

在溶液中使用过量氢氧化铵作用于镍、铜或钴等离子时,在室温下会发生沉淀重新溶解形成可溶性金属配合物的现象。而配合物离子溶液加热或pH值降低时,又会产生沉淀。

这种借助配合物先溶解而后沉淀的方法，也可归于均匀沉淀一类，使用也较广泛。

4.1.1.4 浸渍沉淀法

浸渍沉淀法是在普通浸渍法的基础上辅以沉淀法发展起来的一种新方法，即待盐溶液浸渍操作完成后，再加以沉淀剂，而使待沉淀组分沉积在载体上。

4.1.1.5 导晶沉淀法

导晶沉淀法是借助晶化导向剂（晶种）引导非晶形沉淀转化为晶形沉淀的快速而有效的方法。近年来，这种方法普遍用来制备以廉价易得的水玻璃为原料的高硅钠型分子筛，包括丝光沸石、Y型与X型合成分子筛。分子筛催化剂的晶形和结晶度至关重要，而利用结晶学中预加少量晶种引导结晶快速完整形成的规律，可简便有效地解决这一难题。

### 4.1.2 沉淀法的原理和技术要点

沉淀过程是一个复杂的化学反应过程，金属盐类与沉淀剂反应的生成物离子浓度大于其溶解度时，该物质便从溶液中析出形成沉淀。最终催化剂的结构如孔结构等与此过程密切相关。

催化剂的孔结构是沉淀中化学结合水脱除而形成的细孔。晶状无机氢氧化物和水合氧化物中所含的结晶水与结晶层间水，经汽化脱除后形成微细孔穴或孔道，因而催化剂是多孔的。微粒间的孔穴也是催化剂孔结构的一个重要来源。每个催化剂颗粒内的孔穴，除一次离子内部的孔穴外，又可分为一次离子间的孔穴和二次离子间的孔穴。金属骨架型催化剂的孔结构是通过可溶性金属被酸或碱溶解后留下的孔隙而形成的。例如，骨架镍催化剂就是用 NaOH 溶液处理制备好的 Ni-Al 合金，溶解掉 Al 后制得的。

结晶过程是固体溶解的逆过程。在一定的温度下，当溶解速率与生成速率达到平衡时，溶液达到饱和，此时的浓度称为饱和浓度。浓度超过饱和浓度即过饱和是形成沉淀的首要条件之一。假设 $C_0$ 为溶质的饱和浓度，$C$ 为溶质的过饱和浓度，则过饱和度 $S$ 为：

$$S=C/C_0$$

过饱和度表示溶液浓度超过饱和浓度的程度。开始析出沉淀时的过饱和度称为临界过饱和度，析出沉淀的重要条件是溶液要达到临界过饱和度。因为由溶液中析出晶核是一个由无到有生成新相的过程，溶质分子必须有足够的能量克服液固相界面的阻力，碰撞凝聚成晶核。同时，为了使从溶液中生成的晶核长大成晶体，也必须有一定的浓度差作为扩散推动力，因此只有在过饱和溶液中才能形成沉淀。

但是，当快速实现溶液的过饱和时，虽已达到临界过饱和度，但有时并不出现晶核，而需要经过一段时间后才有晶核生成，如图4-1所示。从达到过饱和度到有晶核生成这一段时间称为诱导期。因为从溶液中得到新相的稳定晶核时，溶质要脱溶剂，而且形成晶体需要一定的时间。

沉淀过程包含晶核的生成与晶核的长大两个过程，晶核的生成速率与晶核的长大速率的相对大小直接影响生成的沉淀物类型。如果晶核的生成速率显著超过晶核的长大速率，则离子很快聚集为大量晶核，溶液的过饱和度迅速下降，溶液中就没有更多的离子聚集到晶核上，于是晶核就聚集成细小的无定形颗粒，这样就得到非晶形沉淀，甚至是胶体。反之，如果晶核长大的速率大大超过晶核的生成速率，溶液中最初形成的晶核不多，那么就有较多的离子以晶核为中心，聚集长大形成晶形沉淀。

此外，沉淀反应结束后，沉淀物与溶液在一定条件下接触一段时间，在这段时间内发生

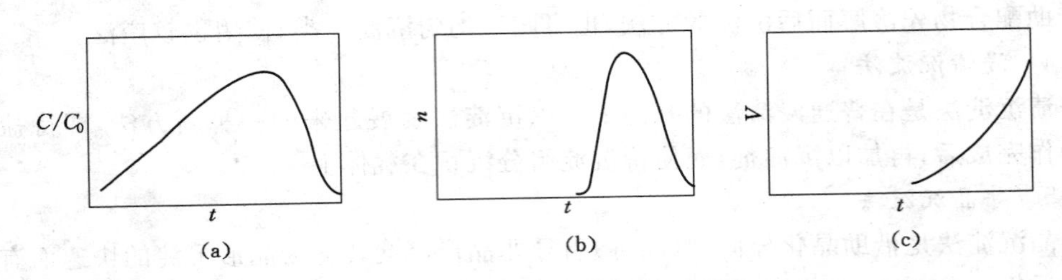


图 4-1　晶核生长与时间的关系

(a) 过饱和度与时间的关系；(b) 晶核生成的数目与时间的关系；
(c) 晶核长大的总体积(V)与时间的关系

的一切不可逆变化称为老化。由于细小晶体的溶解度比粗晶的溶解度大，溶液对大晶体已达到饱和状态，而对细晶体尚未饱和，于是细晶溶解并沉积在粗晶表面，如此反复溶解沉积，基本上消除了细晶，能够获得颗粒大小较为均匀的粗晶体。此时的孔结构和表面积也发生了相应变化，且由于粗晶表面积比较小，吸附杂质少，吸附在细晶表面的杂质也在溶解过程中转入溶液中。初生的沉淀不一定具有稳定的结构，沉淀与母液接触一段时间后，这些不稳定结构将逐渐变成稳定的结构。新鲜的无定形沉淀在老化过程中也可能变成晶形沉淀。

### 4.1.3　沉淀法制备催化剂工艺过程

用沉淀法制造催化剂，首先要配好金属盐溶液，接着用沉淀剂沉淀，具体工艺如图 4-2 所示。

#### 4.1.3.1　金属盐类和沉淀剂的选择

一般首选硝酸盐来提供无机催化剂材料所需的阳离子，因为绝大多数硝酸盐都可溶于水，并可方便地由硝酸与对应的金属或其氧化物、氢氧化物、碳酸盐等反应制得。两性金属铝，除可由硝酸溶解外，还可由氢氧化钠等强碱溶解其氧化物而阳离子化。

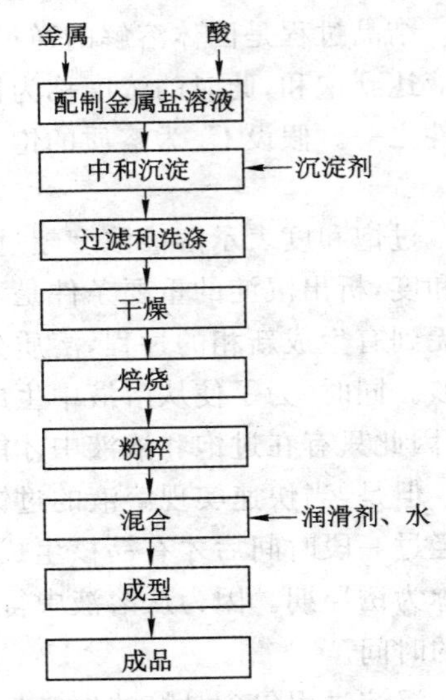


图 4-2　沉淀法生产工艺示意图

金、铂、钯、铱等贵金属不溶于硝酸，但可溶于王水。溶于王水的这些贵金属，在加热驱赶硝酸后，得相应氯化物。这些氯化物的浓盐酸即为对应的氯金酸、氯铂酸、氯钯酸和氯铱酸等，并以这种特殊的形态，提供对应的阳离子。氯钯酸等稀有贵金属溶液，常用于浸渍沉淀法制备负载催化剂。这些溶液先浸入载体，而后加碱沉淀。在浸渍-沉淀反应完成后，这些贵金属阳离子转化为氢氧化物而被沉淀，而氯离子则可被水洗去。金属铼的阳离子溶液来自高铼酸。

最常用的沉淀剂是 $NH_3$、$NH_4OH$ 以及 $(NH_4)_2CO_3$ 等铵盐，因为它们在沉淀后洗涤和热处理时易于除去而不残留。而若用 KOH 或 NaOH 时，要考虑到某些催化剂不希望有 $K^+$ 或 $Na^+$ 存留其中，且 KOH 价格较贵。但若允许，使用 NaOH 或 $Na_2CO_3$ 来提供 $OH^-$、$CO_3^{2-}$，一般也是较好的选择。特别是后者，不但价廉易得，而且常常形成晶体沉淀，易于洗净。

此外，下列的若干原则亦可供选择沉淀剂时参考。

① 尽可能使用易分解挥发的沉淀剂。前述用的沉淀剂如氨气、氨水和铵盐（如碳酸铵、醋酸铵、草酸铵）、二氧化碳和碳酸盐（如碳酸钠、碳酸氢铵）、碱类（如氢氧化钠、氢氧化钾）以及尿素等，在沉淀反应完成之后，经洗涤、干燥和焙烧，有的可以被洗涤除去（如 $Na^{+}$ 离子、$SO_4^{2-}$ 离子），有的能转化为挥发性气体逸出（如 $CO_2$、$NH_3$、$H_2O$），一般不会遗留在催化剂中，这为制备纯度高的催化剂创造了有利条件。

② 形成的沉淀物必须便于过滤和洗涤。沉淀可以分为晶形沉淀和非晶形沉淀，晶形沉淀又分为粗晶和细晶两种。晶形沉淀带入的杂质少，也便于过滤和洗涤，特别是粗晶粒。可见，应尽量使用能形成晶形沉淀的沉淀剂。上述那些盐类沉淀剂原则上易于形成晶形沉淀。而碱类沉淀剂，一般都易于形成非晶形沉淀。非晶形沉淀难以洗涤过滤，但可以得到较细的沉淀粒子。

③ 沉淀剂的溶解度要大。溶解度大的沉淀剂，可能被沉淀物吸附的量较少，洗涤脱除参与沉淀剂等也较快。这种沉淀剂可以制成较浓溶液，沉淀设备利用率高。

④ 沉淀物的溶解度应很小。这是制备沉淀物的最基本的要求。沉淀物溶解度愈小，沉淀反应愈完全，原料消耗量愈少。这对于铂、镍、银等贵重或比较贵重的金属特别重要。

⑤ 沉淀剂必须无毒，不应造成环境污染。

#### 4.1.3.2 沉淀的陈化和洗涤

(1) 陈化

在催化剂制备中，在沉淀形成以后往往有所谓陈化（或熟化）的工序。对于晶形沉淀尤其如此。

沉淀在其形成之后发生的一切不可逆变化称为沉淀的陈化。最简单的陈化操作是沉淀形成后并不立即过滤，而是将沉淀物与其母液一起放置一段时间。这样，陈化的时间、温度及母液的 pH 值等便会称为陈化所应考虑的几项影响因素。

在晶形催化剂制备过程中，沉淀的陈化对催化剂性能的影响往往是显著的。因为在陈化过程中，沉淀物与母液一起放置一段时间（必须要保持一定温度）时，由于细小晶体比粗大晶体溶解度大，溶液对于大晶体而言已达到饱和状态，而对于细晶体尚未饱和，于是细晶体逐渐溶解，并沉积于粗晶体上。如此反复溶解。沉积的结果，基本上消除了细晶体，获得了颗粒大小较为均匀的粗晶体。此外，孔隙结构和表面积也发生了相应的变化。而且，由于粗晶体总面积较小，吸附杂质较小，在细晶体中的杂质也随溶解过程转入溶液。某些新鲜的无定形或胶体沉淀，在陈化过程中逐步转化而结晶也是可能的，例如分子筛、水合氧化铝等的陈化，即是这种转化最典型的实例。

多数非晶形沉淀，在沉淀形成后不采取陈化措施，宜待沉淀析出后，加入较大量热水稀释，以减少杂质在溶液中的浓度，同时使一部分被吸附的杂质转入溶液。加入热水后，一般不宜放置，而应立即过滤，以防沉淀进一步凝聚，并避免表面吸附的杂质包裹在沉淀内部不易洗净。某些场合下，也可以加热水放置陈化，以制备特殊结构的沉淀。例如，在活性氧化铝的生产过程中，常常采用这种办法，即先制出无定形的沉淀，再根据需要采用不同的陈化条件，生成不同类型的水合氧化铝（$\alpha$-$Al_2O_3 \cdot H_2O$ 或 $\alpha$-$Al_2O_3 \cdot 3H_2O$ 等），再经焙烧转化为 $\gamma$-$Al_2O_3$ 或 $\eta$-$Al_2O_3$。

沉淀过程固然是沉淀法的关键步骤，然而沉淀的各项后续操作，例如过滤、洗涤、干燥、焙烧、成型等，同样会影响催化剂的质量。

(2) 洗涤

洗涤操作的主要目的是除去沉淀中的杂质。用沉淀法制备催化剂时，沉淀终点时控制和防止杂质混入是很重要的。一方面要检验沉淀是否完全，另一方面要防止沉淀剂过量，以免在沉淀中带入外来离子和其他杂质。杂质混入催化剂主要发生在沉淀物生成过程中。沉淀带入杂质的原因是表面吸附、形成混晶(固溶体)、机械包藏等。其中，表面吸附是具有大表面非晶形沉淀玷污的主要原因。通常，沉淀物的表面积相当大，大小 0.1 mm 左右的 0.1 g 结晶物质(相对密度 1)共有 10 万个晶粒，总表面积为 60 $cm^2$ 左右；如果颗粒尺寸减至 0.01 mm(微晶沉淀)，颗粒的数目就增加到 1 亿个，表面积达到 600 $cm^2$；考虑到结晶表面不整齐等因素，它的表面积显然还要大得多。有这样大的表面积，对杂质的吸附就不可避免。

为了尽可能减少或避免杂质的引入，应当采取以下几点措施：

① 针对不同类型的沉淀，选用适当的沉淀和陈化条件；

② 在沉淀分离后，用适当的洗涤液洗涤；

③ 必要时进行再沉淀，即将沉淀过滤。洗涤、溶解后，再进行一次沉淀。再沉淀时由于杂质浓度大为降低，吸附现象可以减轻或避免。这与一般晶体物质的重结晶有相近的纯化效果。

以洗涤液除去固态物料中杂质的操作称为洗涤。最常用的洗涤液是纯水，包括去离子水和蒸馏水，其纯度可用电导仪方便地检测。纯度越高，电导越小。有时在纯水中加入适当洗涤剂配成洗涤液。当然洗涤剂应是可分解和易挥发的，例如用$(NH_4)_2C_2O_4$稀溶液洗涤$CaC_2O_4$沉淀。溶解度较小的非晶形沉淀，应该选择易挥发的电解质稀溶液洗涤，以减弱形成胶体的倾向，例如水合氧化铝沉淀宜用硝酸铵溶液洗涤。

选择洗涤液温度时，一般来说，温热的洗涤液容易将沉淀洗净。因为杂质的吸附量随温度的提高而减少，通过过滤层也较快，还能防止胶体溶液的形成。但是，在热溶液中沉淀损失也较大。所以，溶解度很小的非晶形沉淀，宜用热的溶液洗涤，而溶解度很大的晶形沉淀，以冷的洗涤液洗涤为好。

(3) 干燥、焙烧和还原

① 干燥

干燥是用加热的方法脱除已洗净湿沉淀中的洗涤液。干燥后的产物，通常还是以氢氧化物、氧化物或硝酸盐、碳酸盐、草酸盐、铵盐和醋酸盐的形式存在。一般来说，这些化合物既不是催化剂所需要的化学状态，也尚未具备较为合适的物理结构，对反应不能起催化作用，故称催化剂的钝态。把钝态催化剂经过一定方法处理后变为活泼催化剂的过程，叫作催化剂的活化(不包括再生)。活化过程，大多在使用厂的反应器中进行，有时在催化剂制造厂进行，后者称预活化或预还原等。

② 焙烧

焙烧是继干燥之后的又一热处理过程。但这两种热处理的温度范围和处理后的热损失是不同的，其区别如表 4-2 所示。干燥对催化剂性能影响较小，而焙烧的影响则往往较大。

被焙烧的物料可以是催化剂的半成品(如洗净的沉淀或先驱物)，但有时可能是催化剂成品或催化剂载体。

表4-2　干燥与焙烧的区别

| 单元操作 | 温度范围/℃ | 烧失重(1 000 ℃)/% |
| --- | --- | --- |
| 干燥 | 80～300 | 10～50 |
| 中等温度焙烧 | ～600 | 2～8 |
| 高温焙烧 | >600 | <2 |

焙烧的目的是:(a) 通过物料的热分解,除去化学结合水和挥发性物质(如 $CO_2$、$NO_2$、$NH_3$),使之转化为所需要的化学组分,其中可能包括化学价态的变化;(b) 借助固态反应、互溶、再结晶,获得一定的晶型、微粒粒度、孔径和比表面积等;(c) 让微晶适度地烧结,提高产品的机械强度。可见,焙烧过程伴随着多种化学变化和物理变化发生,其中包括热分解过程、互溶与固态反应、再结晶过程、烧结过程等。这些复杂的过程对成品性能的影响也是多方面的。如许多无机化合物在低温下就能发生固态反应,而催化剂(或其半成品)的焙烧温度常常近 500 ℃左右。所以活性组分与载体间发生固态反应是有可能的。再如,烧结一般使微晶长大,孔径增大,比表面积、比孔容积减小,强度提高等,对于一个给定的焙烧过程,上述的几个作用过程往往同时或先后发生。当然也必定以一个或几个过程为主,而另一些过程处于次要的位置。显然,焙烧温度的下限取决于干燥后物料中氢氧化物、硝酸盐、碳酸盐、草酸盐、铵盐之类易分解化合物的分解温度。这个温度,可以通过查阅物性数据和一般的热分解失重曲线的测定来确定。焙烧温度的上限要结合焙烧时间一并考虑。当焙烧温度低于烧结温度时,时间愈长,分解愈完全;若焙烧温度高于烧结温度,则时间愈长,烧结愈严重。为了使物料分解完全,并稳定产物结构,焙烧至少要在不低于分解温度和最终催化剂成品使用温度的条件下进行。温度较低时,分解过程或再结晶过程占优势;温度较高时,烧结过程可能较突出。

焙烧设备很多,有高温电阻炉、旋转窑、隧道窑、流化床等。选用什么设备需要根据焙烧温度、气氛、生产能力和设备材质的要求来决定。

任何给定的焙烧条件都只能满足某些主要性能的要求。例如,为了得到较大的比表面积,在不低于分解温度和不高于使用温度的前提下,焙烧温度应尽量选低,并且最好抽真空焙烧;为了保证足够的机械强度,则可以在空气中焙烧,而且焙烧时间可长一些;为了制备某种晶形的产品(如 $\gamma$-$Al_2O_3$ 或 $\alpha$-$Al_2O_3$),必须在特定的相变温度范围内焙烧;为了减轻内扩散的影响,有时还要采取特殊的造孔技术,如预先在物料中加入造孔剂,然后在不低于造孔剂分解温度的条件下焙烧,等等。

③ 还原

经过焙烧后的催化剂(或半成品),多数尚未具备催化活性,必须用氢气或其他还原性气体,还原成为活泼的金属或低价氧化物,这步操作称为还原,也称为活化。当然,还原只是催化剂最常见的活化形式之一,因为许多固体催化剂的活化状态都是金属形态。然而,还原并非活化的唯一形式,因为某些固体催化剂的活化状态是氧化物、硫化物或其他非金属态。例如,烃类加氢脱硫用的钴-钼催化剂,其活性状态为硫化物。因此这种催化剂的活化是预硫化,而不是还原。

气-固相催化反应中,固体催化剂的还原多用气体还原剂进行。影响还原的因素大体是还原温度、压力、还原气组成和空速等。

若催化剂的还原是一个吸热过程，提高温度有利于催化剂的彻底还原；反之，若其还原反应是放热反应，提高温度就不利于彻底还原。提高温度可以加大催化剂的还原速度，缩短还原时间。但温度过高，催化剂微晶尺寸增大，比表面积下降；温度过低，还原速度太慢，影响反应器的生产周期，而且也可能延长已还原催化剂暴露在水汽中的时间（还原伴有水分产生），增加氧化-还原的反复机会，也使催化剂质量下降。每一种催化剂都有一个特定的起始还原温度，最快还原温度，最高允许的还原温度。因此，还原时应根据催化剂的性质选择并控制升温速度和还原温度。

还原性气体有氢气、一氧化碳、烃类等含氢化合物（甲烷、乙烯）等，用于工业催化剂还原的还有 $N_2$-$H_2$（氨裂解气）、$H_2$-CO（甲烷合成气）等，有时还原性气体还含有适量水蒸气，配成湿气。不同还原性介质的还原效果不同，同一种还原气，因组成含量或分压不同其还原效果也不同。一般来说，还原气中水分和氧含量越高，还原后的金属晶体越粗。还原气体的空速和压力也能影响还原质量。高的空速有利于还原的平衡和速度。如果还原是分子数变少的反应，压力的变化将会影响还原反应平衡的移动，这时提高压力可以提高催化剂的还原度。

在还原的操作条件（如温度、压力、时间及还原气体组成与空速等）一定时，还原效果的好坏取决于催化剂的组成、制备工艺及颗粒大小。例如，加进载体的氧化物比纯粹的氧化物所需的还原温度往往要高些；相反，加入某些物质，有时可以提高催化剂的还原性，例如在难还原的铝酸镍中加入少量的铜化合物，可以加速铝酸镍的还原。通常，还原反应有水分产生，在催化剂床层压力降许可的情况下，使用颗粒较细的催化剂，可以减轻水分对催化剂的反复氧化-还原作用，从而减轻水分的毒化作用。

催化剂的还原往往是催化剂正式投用前的最后一步，而且这一步的多种操作参数对催化剂的质量影响很大。故近年来对催化剂还原的研究工作也很活跃，还成功开发出多种工业催化剂的新型预还原品种。早期催化剂的还原通常是由使用厂家在反应器内进行的，即器内还原。然而，有的催化剂，或者由于还原过程很长，占用反应器的生产时间；或者由于在特殊的条件下还原，方可获得很好的还原质量；或者由于还原与使用条件悬殊，器内还原无法满足最优的还原条件，要求在专用设备中进行器外的预先还原。提供预还原催化剂，由催化剂生产厂在专用的预还原炉中完成还原操作，这就从根本上解决了上述各种问题。

### 4.1.4 沉淀操作单元设备

沉淀法生产载体和催化剂时常用金属盐类和沉淀剂在沉淀反应器（成胶罐）中进行。为了获得理想的沉淀粒子，在沉淀过程中必须使物料保持一定温度，并不断搅拌，保证混合、分散均匀。沉淀操作大多为间歇式。加料方式可为分步法或并流法，若用并流法，几股物料同时进入带搅拌的成胶罐，连续操作，然后进入老化罐，待收集到一定体积的物料，经一定温度、时间老化后再进入下一道工序，老化罐间歇操作。沉淀操作单元主要设备包括成胶罐、搅拌器、加热器和通风设施。

#### 4.1.4.1 成胶罐

(1) 间歇式

间歇式成胶罐主要有有顶盖填充闭密式与无顶盖开启式两种，如图 4-3、图 4-4 所示。

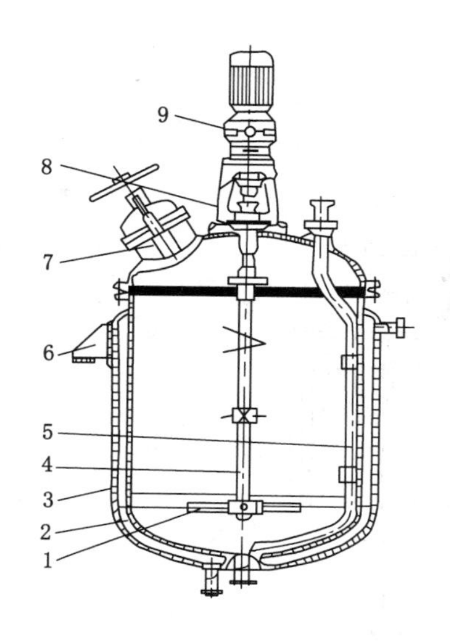


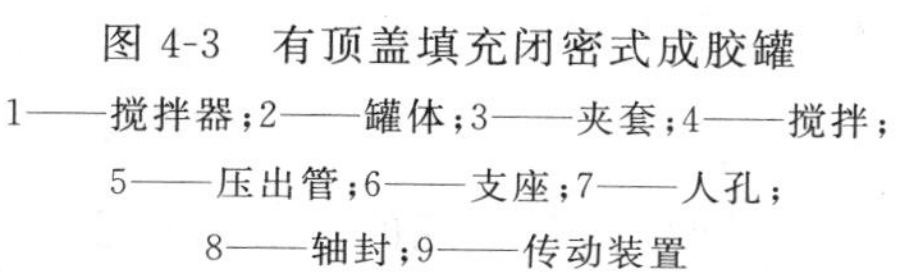
图 4-3　有顶盖填充闭密式成胶罐
1——搅拌器；2——罐体；3——夹套；4——搅拌；
5——压出管；6——支座；7——人孔；
8——轴封；9——传动装置

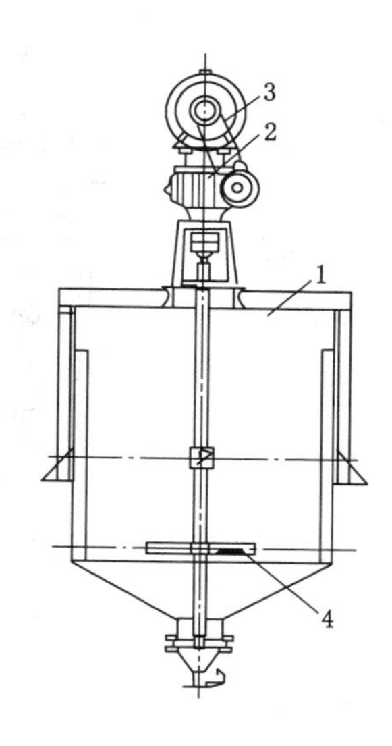


图 4-4　无顶盖开启式成胶罐
1——筒体；2——减速机；3——电动机；4——搅拌器

成胶罐一定要满足工艺需要（考虑容量、搅拌强度、产品质量要求等），便于操作，加热方便，通风良好。同时可随时用肉眼观察沉淀过程中溶液颜色、胶体稠度的变化，便于 pH 值的测量等。成胶罐宜采用开启式锥底反应器，或在顶盖上留有大的人孔，便于投加固体物料。人孔处装有移动的有机玻璃视窗或快开的人孔盖。成胶罐带夹套，根据需要罐内可有加热盘管。罐四周有数片挡板。

（2）并流法加料的组合式

成胶罐为连续式操作，老化罐为间歇式操作，两者相连为组合型式，如图 4-5 所示。如氢氧化铝生产常采用并流法加料方式。一般情况下成胶罐体积小，搅拌较剧烈，按工艺要求出料管放料开口位置在一定高度，以保证成胶物料有一定的停留时间。老化罐体积大。成胶罐操作时要求物料计量准确，阀门调节容易，能严格控制进料速度与成胶 pH 值，以保证产品质量。

（3）连续式

对于溶胶型裂化催化剂生产，新开发出连续式成胶反应器。首先将酸、碱物料按比例并流进入成胶罐（混合器）生产溶胶状态的黏结剂，然后进入另一个成胶罐，与填料浆液、活性组分浆液充分搅拌，体系物料保持溶胶状态进入下一工序。整个流程连续操作，要求控制好各物料流量、成胶温度、pH 值，使胶凝时间达到工业生产要求。这种连续式操作不仅适用 DCS 控制系统，又能提高生产能力。

#### 4.1.4.2　搅拌器

一般常用的搅拌器型式有桨式、推进式、涡轮式。桨式又分为平桨式、折框式、锚式，涡轮式分为开启式涡轮和圆盘涡轮。根据工艺要求、物料黏度、搅拌目的及搅拌器性能特征来选定搅拌器。对于平直叶桨式搅拌器，低速运转时，产生的主要是切线流，这时剪切力作用

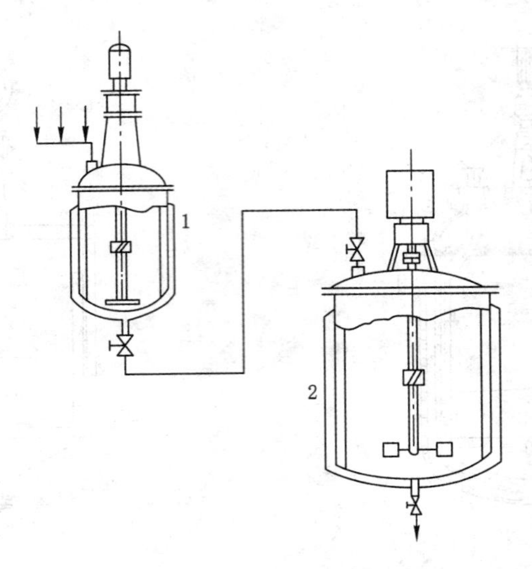


图 4-5 并流法组合式成胶罐

1——成胶罐；2——老化罐

很弱，几乎不存在轴向混合；高速运转时，产生的主要是径向流，有一定的剪切力和宏观混合作用。折叶桨式搅拌器产生的轴向流较大，宏观混合效果较好，在小容量、低黏度均相液体混合中仍广泛采用。推进式搅拌器产生的轴向流循环量很大，宏观混合好，剪切作用较小(与涡轮式搅拌器相比)，非常适合于以宏观混合为目的的搅拌过程。涡轮式搅拌器具有剪切力大、循环流量大等特点，几乎适用于低、中等黏度的所有搅拌过程。

## 4.2 浸渍法

浸渍法是操作比较简捷的一种方法，广泛应用于催化剂尤其是金属催化剂的制备中。浸渍法就是把载体浸泡在含有活性组分(主、助催化剂组分)的化合物溶液中，经过一段时间后除去剩余的液体，再经过干燥、焙烧和活化后即得到催化剂。

浸渍法制备催化剂有很多优点。首先，浸渍的各组分主要分布在载体表面，用量少，利用率高，从而降低了成本，这对于贵金属催化剂是非常重要的。其次，市场上有各种载体供应，可以用已成型的载体，省去催化剂成型的步骤。而且，载体的种类很多，且物理结构比较清楚，可以根据需要选择合适的载体。

### 4.2.1 浸渍法制备催化剂的一般过程

将预先制备或选定的载体浸没在含有活性组分的溶液中，待浸渍平衡后，把剩余的液体除去，再经干燥、焙烧、活化等步骤，使活性组分均匀地分布在载体上，这种制备催化剂的方法称作浸渍法。有时负载组分以蒸汽相方法浸渍载体，就被称为蒸汽相浸渍法。浸渍法广泛用于制造加氢、脱氢、氧化、重整、汽车尾气净化等负载型催化剂，尤其适用于制备稀有贵金属催化剂、活性组分含量较低的催化剂，以及需要高机械强度的催化剂。与沉淀法制备催化剂相比较，浸渍法具有以下特点：

① 可利用商品载体无须再进行催化剂成型操作，可使催化剂制备过程简化；

② 载体物化性能预先知道，利用质量合格的载体，不会发生像沉淀法制备时那样，一旦载体性质不合格会使整批催化剂报废；

③ 载体可预先经焙烧处理，提供需要的机械强度及孔结构，有利于提高催化剂的使用稳定性；

④ 可根据需要，调节催化剂颗粒中活性组分的分布状态，从而降低催化剂制造成本；而且也能将一种或几种活性组分负载在载体上；

⑤ 只要改变浸渍液种类，就可制成各种类型的催化剂，生产灵活性好。

### 4.2.2　载体的选择

负载型催化剂的物理性能很大程度上取决于载体的物理性质，载体甚至还影响到催化剂的化学活性。因此正确地选择载体和对载体进行必要的预处理，是采用浸渍法制备催化剂时首先要考虑的问题。载体种类繁多、作用各异，载体的选择要从物理因素和化学因素两方面来考虑。

从物理因素角度首先考虑的是载体的颗粒大小、表面积和孔结构。通常采用已成型好的具有一定尺寸和外形的载体进行浸渍，省去催化剂成型。浸渍载体的比表面和孔隙率与浸渍后催化剂的比表面和孔隙率之间存在着一定关系，即后者随着前者的增减而增减。例如，银催化剂与载体的比表面的关系如表 4-3 所示。对于 Ni/$SiO_2$ 催化剂，Ni 组分的比表面随载体 $SiO_2$ 的比表面增大而增大，而 Ni 晶粒的大小则随 $SiO_2$ 的比表面增大而减小。以上事实告诉我们，第一要根据催化剂成品性能的要求，选择载体颗粒的大小、比表面和孔结构；第二要考虑载体的导热性，对于强放热反应，要选用导热性能良好的载体，可以防止催化剂因内部过热而失活；第三要考虑催化剂的机械强度，载体要经得起热波动、机械冲击等因素的影响。

**表 4-3　　银催化剂及其载体 $\gamma$-$Al_2O_3$ 比表面比较**

| 载体比表面/($m^2$/g) | 170 | 120 | 80 | 10 |
|---|---|---|---|---|
| 催化剂比表面/($m^2$/g) | 100 | 73 | 39 | 6 |

从化学因素角度根据载体性质的不同考虑以下三种情况：① 惰性载体。这种情况下载体的作用是使活性组分得到适当的分布，使催化剂具有一定的形状、孔结构和机械强度。小表面、低孔容的 $\alpha$-$Al_2O_3$ 等就属于这一类。② 载体与活性组分相互作用。这使活性组分有良好的分布并趋于稳定，从而改变催化剂的性能。例如，丁烯气相氧化反应，分别将活性组分 $MoO_3$ 载于 $SiO_2$、$Al_2O_3$、MgO、$TiO_2$ 载体上。结果发现，用前三种载体负载的催化剂活性都很低，而用 $TiO_2$ 做载体时，都获得了较高的活性和稳定性，后来分析表明，$MoO_3$ 与 $TiO_2$ 发生作用生成了固溶体。③ 载体具有催化作用。载体除有负载活性组分的功能外，还与所负载的活性组分一起发挥自身的催化作用，如用于重整的 Pt 负载于 $Al_2O_3$ 上的双功能催化剂就是一例，用氯处理过的 $Al_2O_3$ 作为固体酸性载体，本身能促进异构化反应，而 Pt 则促进加氢、脱氢反应。

购入或储存过的载体，由于与空气接触性质会发生变化而影响负载能力，因此在使用前常需进行预处理，预处理条件要根据载体本身的物理化学性质和使用要求而定。例如，通过热处理使载体结构稳定；当载体孔径不够大时，可采用扩孔处理；当载体对吸附质的吸附速率过快时，为保证载体内、外吸附质的均匀，也可进行增湿处理。但对人工合成的载体，除有特殊需要一般不作化学处理。选用天然的载体如硅藻土时，除选矿外还需经水煮、酸洗等化学处理除去杂质。而且要注意产地不同，载体性质可能有很大的差异，可能影响到催化剂的性能。

### 4.2.3 浸渍液的配制

进行浸渍时，通常并不是用活性组分本身制成溶液，而是用活性组分金属的易溶盐配成溶液。所用的活性组分化合物应该是易溶于水（或其他溶剂）的，且在焙烧时能分解成所需的活性组分，或在还原后变成金属活性组分；同时还必须使无用组分，特别是对催化剂有毒的物质在热分解或还原过程中挥发除去，因此最常用的是硝酸盐、铵盐、有机酸盐（乙酸盐、乳酸盐等）。一般以无离子水为溶剂，但当载体能溶于水或活性组分不溶于水时，则可用醇或烃作为溶剂。

浸渍液的浓度必须控制恰当，溶液过浓，不易渗透粒状催化剂的微孔，活性组分在载体上也就分布不均。在制备金属负载催化剂时，用高浓度浸渍液容易得到较粗的金属晶粒，并且使催化剂中金属晶粒的粒径分布变宽。溶液过稀，一次浸渍达不到所要求的负载量，而要采用反复多次浸渍法。

浸渍液的浓度取决于催化剂中活性组分的含量。对于惰性载体，即对活性组分既不吸附又不发生离子交换的载体，假设制备的催化剂要求活性组分含量（以氧化物计）为 $a$(%)（质量分数），所用载体的比孔容为 $V_p$(mL/g)，以氧化物计算的浸渍液浓度为 $c$(g/mL)，则 1 g 载体中浸入溶液所负载的氧化物量为 $V_{pc}$。因此：

$$a=(V_{pc})/(1+V_p c)$$

用上述方法，根据催化剂中所要求活性组分的含量 $a$，以及载体的比孔容就可以确定所需配制的浸渍液浓度。

### 4.2.4 活性组分在载体上的分布与控制

浸渍时溶解在溶剂中含活性组分的盐类（溶质）在载体表面的分布，与载体对溶质和溶剂的吸附性能有很大的关系。国外研究者提出活性组分在孔内吸附的动态平衡过程模型，如图 4-6 所示。

图 4-6 中列举了可能出现的四种情况，为了简化起见，用一个孔内分布情况来说明。浸渍时，如果活性组分在孔内的吸附速率快于它在孔内的扩散，则溶液向孔内扩散过程中，活性组分被孔壁吸附，渗透至孔内部的液体完全不含活性组分，这时活性组分主要吸附在孔口近处的孔壁上，见图 4-6(a)。如果分离出过多的浸渍液，并立即快速干燥，则活性组分只负载于颗粒孔口与颗粒外表面，分布显然是不均匀的。图 4-6(b)是达到图 4-6(a)的状态后，马上分离出过多的浸渍液，但不立即进行干燥，而是静置一段时间，这时孔口仍充满液体。如果被吸附的活性组分能以适当的速率进行解吸，则由于活性组分从孔壁上解吸下来增大了孔中液体的浓度，活性组分从浓度较大的孔的前端扩散到浓度较小的末端液体中去，使末端的孔壁上也能吸附上活性组分，这样活性组分通过吸附和扩散而实现再分配，最后活性组分就均匀分布在孔的内壁上。图 4-6(c)是让过多的浸渍液留在孔外，载体颗粒内的溶液中的活性组分，通过扩散不断补充到孔中，直到达到平衡为止，这时吸附量将更多，而且在孔内呈均一性分布。图 4-6(d)表明，当活性组分浓度低，如果在达到均匀分布前，颗粒外面溶液

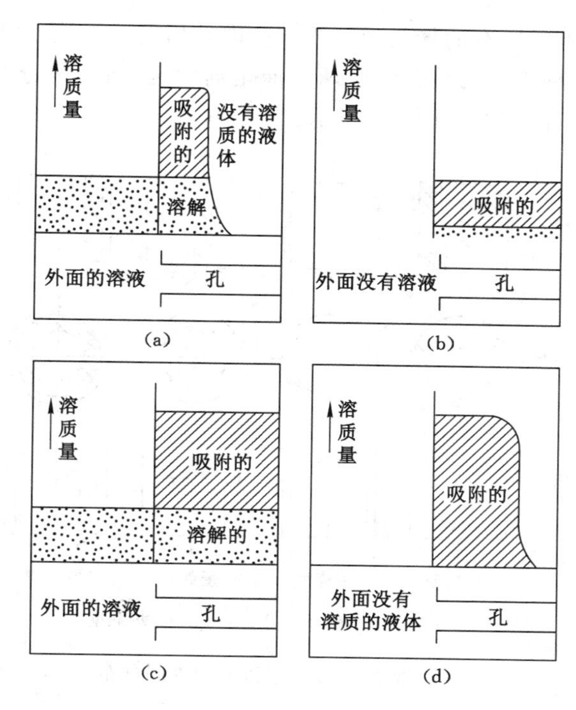


图 4-6　活性组分在孔内吸附的情况

(a) 孔刚刚充满溶液以后的情况；(b) 孔充满了液体以后与外面的溶液隔离并待其平衡以后的情况；(c) 在过量的浸渍液中达到平衡以后的情况；(d) 在达到平衡以前外面的溶液中的溶质已耗尽了的情况

中的活性组分已耗尽，则活性组分的分布仍可能是不均匀的。一些实验事实证明了上述的吸附、平衡、扩散模型。由此可见，要获得活性组分的均匀分布，浸渍液中活性组分的含量要多于载体内、外表面能吸附的活性组分的数量，以免出现孔外浸渍液的活性组分已耗尽的情况，并且分离出过多的浸渍液后，不要马上干燥，要静置一段时间，让吸附、脱附、扩散达到平衡，使活性组分均匀分布在孔内的孔壁上。

对于贵金属负载型催化剂，由于贵金属含量低，要在大表面积上得到均匀分布，常在浸渍液中除活性组分外，再加入适量的第二组分，载体在吸附活性组分的同时必须吸附第二组分，新加入的第二组分就称为竞争吸附剂，这种作用叫作竞争吸附。由于竞争吸附剂的参与，载体表面一部分被竞争吸附剂所占据，另一部分吸附了活性组分，这就使少量的活性组分不只是分布在颗粒的外部，也能渗透到颗粒的内部。加入适量竞争吸附剂，可使活性组分达到均匀分布。常使用的竞争吸附剂有盐酸、硝酸、三氯乙酸、乙酸等。例如，在制备 $Pt/\gamma\text{-}Al_2O_3$ 重整催化剂时，加入乙酸竞争吸附剂后使少量氯铂酸能均匀地渗透到孔的内表面。由于铂的均匀负载，催化剂活性得到了提高，如图 4-7 所示。

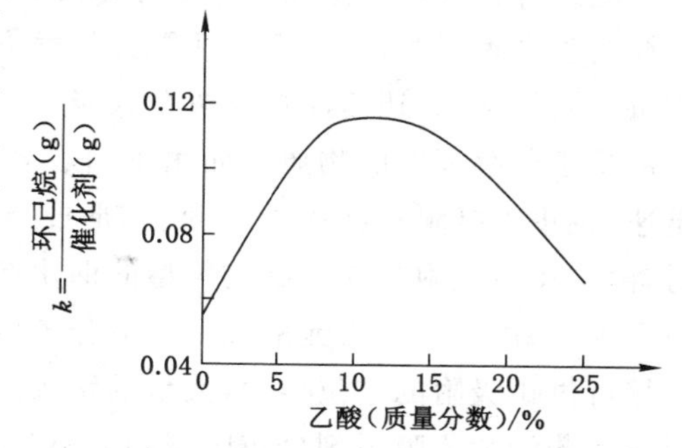


图 4-7　$Pt/\gamma\text{-}Al_2O_3$(含 Pt 0.36%)的加氢活性与 $H_2PtCl_6$ 溶液中乙酸的含量的关系

还应指出的是，并不是所有的催化剂都要求孔内外均匀地负载。对于粒状载体，活性组分在载体上可以形成各种不同的分布。以球形催化剂为例，活性组分在载体上的分布有均匀、蛋壳、蛋黄和蛋白型等四种，如图 4-8 所示。

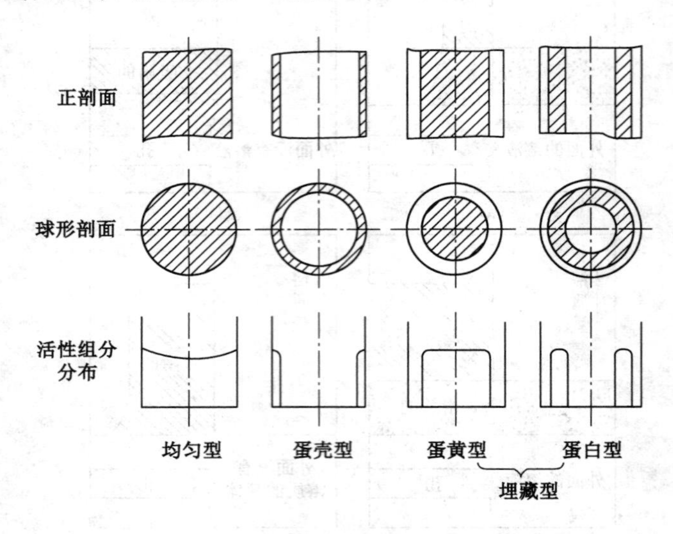


图 4-8 活性组分在载体上的不同分布

在上述四种类型中，蛋白型及蛋黄型都属于埋藏型，可视为一种类型，所以可看作只存在三种不同类型。究竟选择何种类型，主要取决于催化反应的宏观动力学。当催化反应由外扩散控制时，应以蛋壳型为宜，因为在这种情况下处于孔内部深处的活性组分对反应已无效用，这对节省活性组分含量特别是贵金属更有意义。当催化反应由动力学控制时，则以均匀性为好，因为这时催化剂的内表面可以利用，而一定量的活性组分分布在较大面积上，可以得到高的分散度，增加了催化剂的热稳定性。当介质中含有毒物，而载体又能吸附毒物时，这时催化剂外层载体起到对毒物的过滤作用，为了延长催化剂的寿命，则应选择蛋白型。在这种情况下，活性组分处于外表层下呈埋藏型的分布，既可减少活性组分的中毒，又可减少由于磨损而引起活性组分的剥落。

上述各种活性组分在载体上分布而成的各种不同类型，也可以采用竞争吸附剂来达到。选择竞争吸附剂时，要考虑活性组分与竞争吸附剂间吸附特性的差异、扩散系数的不同以及用量不同的影响，还需注意残留在载体上竞争吸附剂对催化作用是否产生有害的影响，最好选用易于分解挥发的物质。如用氯铂酸溶液浸渍 $Al_2O_3$ 载体，由于浸渍液与 $Al_2O_3$ 的作用迅速，铂集中吸附在载体外表面上，形成蛋壳型的分布。用无机酸或一元酸做竞争吸附剂时，由于竞争吸附从而得到均匀型的催化剂。若用多元有机酸（柠檬酸、酒石酸、草酸）为竞争吸附剂，由于一个二元酸或三元酸分子可以占据一个以上的吸附中心，在二元或三元羧酸区域可供铂吸附的空位很少，大量的铂氯酸必须穿过该区域而吸附于小球内部。根据二元或三元羧酸竞争吸附剂分布区域的大小，以及穿过该区域的氯铂酸能否到达小球中心处，可以得到蛋白型或蛋黄型的分布。由上可见，选择合适的竞争吸附剂，可以获得活性组分不同类型的分布；而采用不同用量的吸附剂，又可以控制金属组分的浸渍深度，这就可以满足催化反应的不同要求。

### 4.2.5 浸渍法的分类

#### 4.2.5.1 过量溶液浸渍法

本方法是将载体浸渍在过量溶液中，溶液的体积大于载体可吸附的液体体积，一段时间后除去过剩的液体，干燥、焙烧、活化后就得到催化剂样品。此法操作非常简便，一般不必先抽真空去除载体表面吸附的空气。在生产过程中，可以在盘式或槽式容器中进行。如果要连续生产，可采用传送带式浸渍装置，将装有载体的小筐安装在传送带上，送入浸渍液中浸泡一段时间后，回收带出的多余的液体，然后进行后续处理。

处理浸渍后多余的液体，可以采用过滤、离心分离、蒸发等方法。过滤和离心分离时，由于分离后的液体中仍然还有少量的活性组分，致使活性组分流失，且催化剂中活性组分的含量变得不确定了，而采用蒸发的办法则能克服这些缺点。

#### 4.2.5.2 等体积浸渍法

预先测定载体吸入溶液的能力，然后加入正好使载体完全浸渍所需的溶液量，这种方法称为等体积浸渍法。此法省去了除去过剩液体的操作，增加了测定载体吸附能力的步骤。实际操作中通常采用喷雾法，即把配好的溶液喷洒在不断翻动的载体上，达到浸渍的目的。工业上该法可以在转鼓式搅和机中进行，也可以在流化床中进行。

在浸渍制备多组分催化剂时，要考虑各组分在同一溶液中共存的问题。若各组分的可溶性化合物不能同时共存于同一溶液中，可采用分步浸渍法。同时，由于载体对各活性组分的吸附能力不同，导致竞争吸附，这将影响各组分在载体表面的分布，这也是制备催化剂时必须考虑的问题。

此法可以间歇和连续操作，设备投资少，生产能力大，能精确调节吸附量，在工业上广泛采用。但此法制得的催化剂的活性组分的分散不如用过量浸渍法的均匀。

#### 4.2.5.3 多次浸渍法

该法是将浸渍、干燥和焙烧反复进行多次。通常在以下两种情况下采用此法：浸渍化合物溶解度小，一次浸渍不能得到足够大的负载量；多组分浸渍时，各组分之间的竞争吸附严重影响了催化剂的性能。每次浸渍后必须干燥焙烧，使已浸渍的活性组分转化为不溶性物质，防止其再次进入溶液，也可提高下一次的吸附量。多次浸渍工艺操作复杂，劳动效率低，生产成本高，一般情况下应避免采用。

#### 4.2.5.4 蒸汽浸渍法

蒸汽浸渍法是借助浸渍化合物的挥发性，以蒸汽相的形式将其负载于载体上。此法首先应用在正丁烷异构化用催化剂的制备中。所用催化剂为 $AlCl_3$/铁矾土，在反应器中装入铁矾土载体，然后以热的正丁烷气流将活性 $AlCl_3$ 组分汽化，并带入反应器，使之浸渍在载体上。当负载量足够时，便可切断气流中的 $AlCl_3$，通入正丁烷进行异构化反应。近年来，此法也用于合成 $SbF_5/SiO_2 \cdot Al_2O_3$ 固体超强酸催化剂，用 $SbF_5$ 蒸汽浸渍载体 $SiO_2 \cdot Al_2O_3$。

此法制备的催化剂的活性组分容易流失，必须随时通入活性组分蒸汽以维持催化剂的稳定性。

#### 4.2.5.5 浸渍沉淀法

本方法是使载体先浸渍在含有活性组分的溶液中一段时间后，再加入沉淀剂进行沉淀。此法常用来制备贵金属催化剂。由于贵金属的浸渍液多采用氯化物的盐酸溶液，如氯铂酸、氯钯酸、氯铱酸等，载体在浸渍液中吸附饱和后，往往要加入 NaOH 溶液中和盐酸，并使金属氯化物转化为金属氢氧化物沉淀在载体的内孔和表面上。

此法有利于除去液体中的氯离子，并可使生成的贵金属化合物能在较低的温度下进行预还原，不会造成废气污染，并且得到的催化剂粒度较细。

### 4.2.6 浸渍操作单元设备

工业生产上浸渍操作单元设备大都为专用设备，工厂自行设计、制造。甚至有的浸渍工艺和专用设备组合成专利技术与商业秘密。

4.2.6.1 过饱和浸渍

(1) 间歇式浸渍

工业生产常采用一定容积的搪瓷罐或不锈钢罐作为浸渍罐，结构见图 4-9。载体经称重后放入罐内，浸渍液来自计量罐，从罐上部进口管线分几层多路快速进入，浸泡载体，在一定的浸渍条件(温度、时间、液固比等)下完成浸渍操作。浸后残液从罐底部流至贮罐。浸渍后的催化剂待滤出浸渍液后进入干燥设备(有的操作在罐内进热风干燥)。

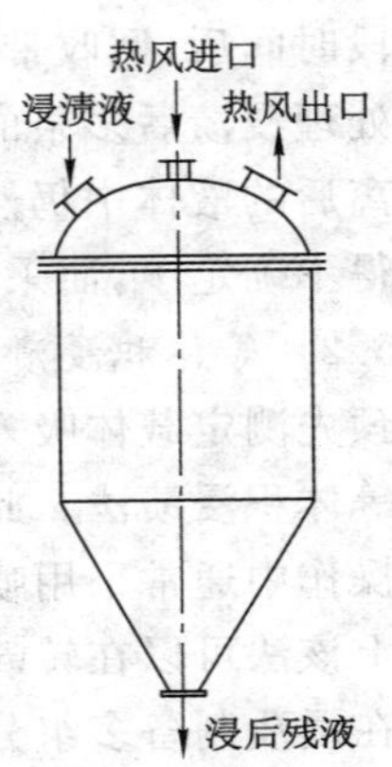


图 4-9 浸渍罐

(2) 连续式浸渍

① 吊篮浸渍

载体计量后放入耐腐蚀的栅形吊篮中，其连接在传动带上慢速地送到浸渍槽中，吊篮浸泡在浸渍液里停留一定时间，以保证金属负载量，然后吊篮随传送带送出浸渍槽，边走边滤出残留的浸渍液，输送到倾斜装置处卸出催化剂。流程如图 4-10 所示。

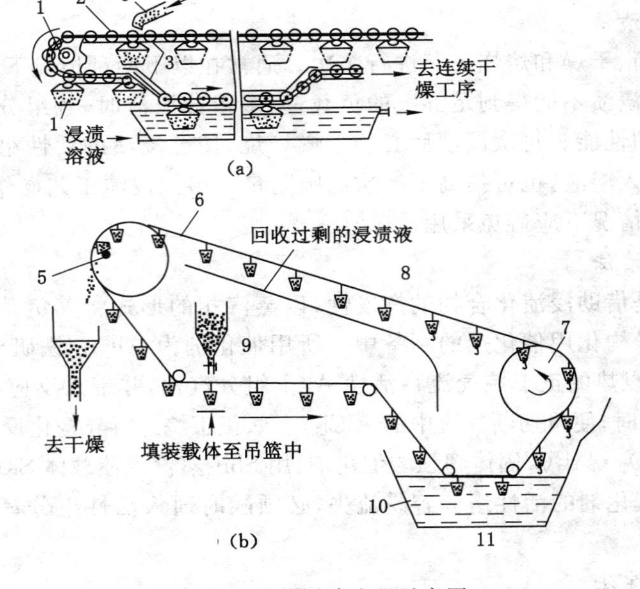


图 4-10 吊篮浸渍流程示意图

1——链轮；2——传送带；3——下料斗；4——载体；5——倾卸装置；6——吊篮传送带；7——动力轮；8——吊篮；9——装载体的漏斗；10——浸渍溶液；11——浸渍槽

② 网带浸渍

载体经皮带秤计量后进入网带上扁平的料盘,料盘底部为不锈钢网,若干个料盘连接起来形成带状,由传动装置使网带慢速运行。当料盘往下运行进入浸渍槽后,保证浸渍时间,然后料盘往上运行,滤尽浸渍残液,在网带转折处卸出催化剂颗粒。料盘随下层网带运行回到进料处,整个机组可用微机控制。浸渍液自成系统由计量罐加入浸渍槽。定时采样分析浸后液浓度,低于工艺指标时人工切换,浸后液放入贮罐进行回用。由于浸渍液浓度的在线分析技术难度大,国内生产厂浸渍液系统尚未实现自动控制。流程示意见图 4-11。

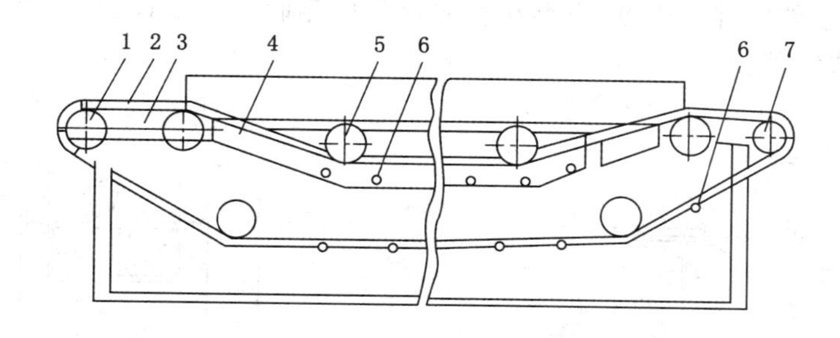


图 4-11　网带浸渍流程图

1——从动轮;2——网带;3——支架;4——浸渍槽;5——滚轮;6——托轮;7——主动轮

③ 滚筒浸渍

载体经皮带秤计重与计量的浸渍液同时顺流进入滚筒浸渍机,机内由叶片组成若干隔槽,由传动装置使滚筒慢速旋转。载体在隔槽内浸泡在浸渍液中,又不断往前输送到出料口,与浸渍液同时出来。经固液分离后,催化剂进入下一干燥工序,浸后液回入贮罐,由泵循环至浸渍液调配系统,整个机组自动控制。流程示意见图 4-12。

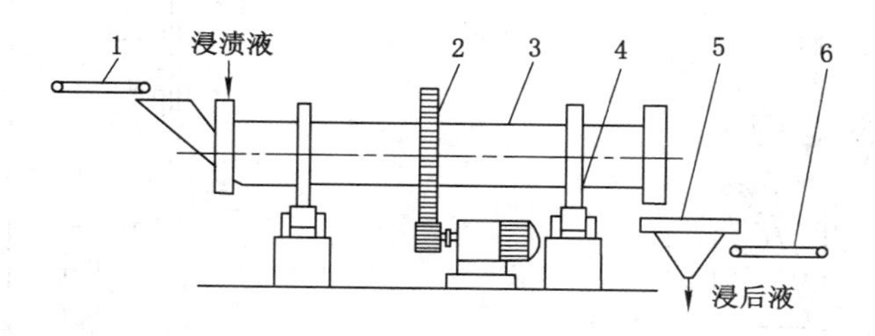


图 4-12　滚筒浸渍流程示意图

1——载体传送带;2——传动齿轮;3——筒体;4——托轮;5——固液分离;6——浸后条传送带

#### 4.2.6.2　饱和浸渍

此法原理是将浸渍液不断喷洒(喷淋)在翻腾的载体上,液固相充分混合,使浸渍液全部负载在载体上,没有过剩的浸渍液。根据载体量和吸水率控制好浸渍液体积,在一定的液固比下使载体完全被浸渍液润湿又保证催化剂中活性组分的含量;而且载体在转动的容器内翻腾,能使浸渍液均匀地喷洒在载体颗粒上,但要保证催化剂颗粒(尤其条状)翻腾时磨损少,粉化率低,这些是饱和浸渍的技术要点。工业生产中常用的饱和浸渍操作设备有转鼓机(见图 4-13)、混料机(见图 4-14)、滚球机(见图 4-15)。上述设备均间断操作。

4.2.6.3 流化床浸渍

这是一种喷淋浸渍法，将浸渍液直接喷洒到流化床中处于流化态的载体上，在流化床内依次完成浸渍、干燥、分解和活化过程。在流化床内放置一定量的多孔载体颗粒，通入气体使载体流化，再通过喷嘴将浸渍液向下或切向喷入床层，负载在载体上。当溶液喷完后，再用热空气对浸渍后载体进行流化干燥，然后升高床温使负载盐类分解，最后用高温烟道气活化催化剂。活化后鼓入冷空气进行冷却，再卸出催化剂。流程示意见图 4-16。流化床浸渍法适用于多孔载体浸渍，有制备丁烯氧化脱氢等催化剂的成功经验，具有流程简单、操作方便、周期短、劳动条件较好等优点，也存在着催化剂成品收率较低（80%～90%）、易结块、不均匀等问题，有待完善。

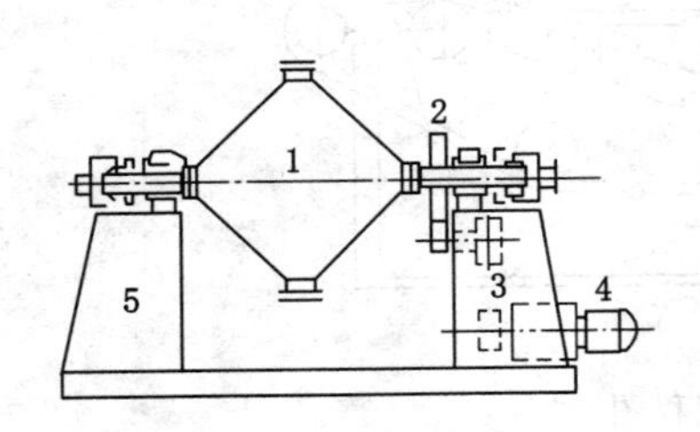


图 4-13 饱和喷淋浸渍转鼓机简图

1——对称圆锥筒体；2——齿轮；3——皮带轮；4——电动机；5——机架

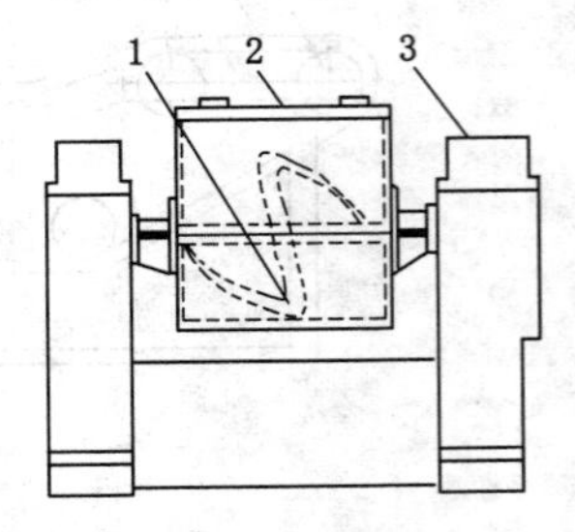


图 4-14 混料机

1——搅拌机；2——筒体；3——机架

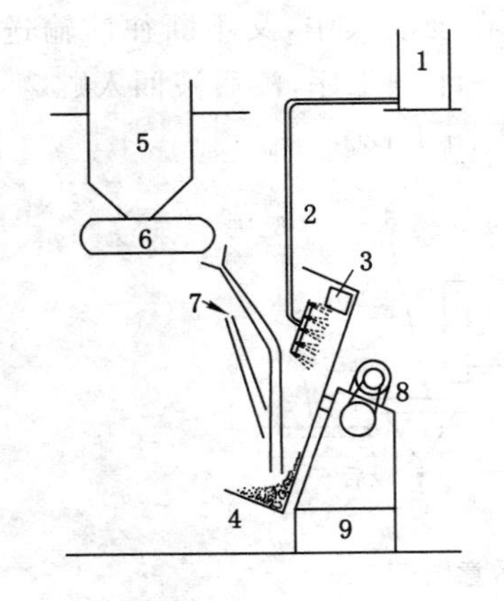


图 4-15 滚球机

1——大水桶；2——洒水排管；3——刮刀；4——滚球机；5——料斗；6——传送带；7——吸尘套管；8——变速电动机；9——底座

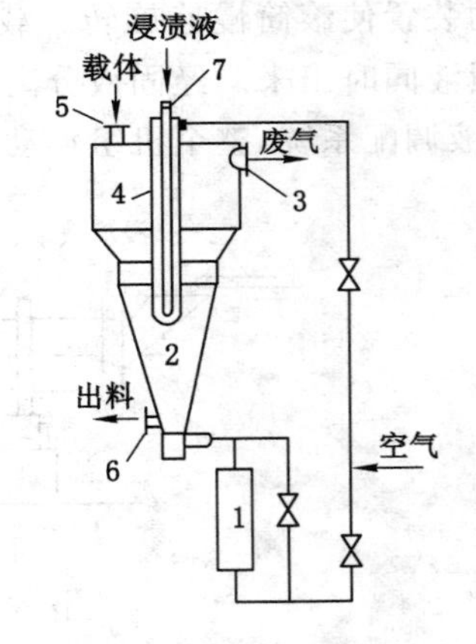


图 4-16 流化床浸渍法流程示意图

1——加热器；2——锥形流化床；3——废气排出口；4——套管式喷嘴；5——载体加料口；6——卸料口；7——浸渍液加入口

## 4.2.7 浸渍法制备催化剂实例

4.2.7.1 由乙炔制醋酸乙烯的醋酸锌/活性炭催化剂的制备（等体积浸渍法）

醋酸乙烯（醋酸乙烯酯的简称）是一种重要的基本有机原料，用途广泛，主要用于制造醋酸乙烯聚合物和共聚物。本催化剂通常采用浸渍法，在粒状活性炭载体上浸渍加入 20%～

30%活性组分醋酸锌即得。以下是等体积浸渍法制备这种催化剂的过程提要。

实验室的制备方法是将醋酸锌溶于含有少量醋酸的水溶液中(质量浓度约为 350 g/L)。粒状活性炭载体预先干燥一昼夜后冷却备用。将上述方法制备的醋酸锌的饱和水溶液洒在活性炭上。所用的醋酸锌溶液的量与活性炭的表观体积大约相当。待活性炭将醋酸锌完全吸收后,再将其蒸发干燥,便成为催化剂成品。

本例中的活性组分为盐类的醋酸锌,故并不需要再转化为氧化锌或金属锌的还原活化过程。

4.2.7.2 铂/氧化铝重整催化剂的制备(过量浸渍法)

重整是炼油工业中一个重要的加工过程,用于粗汽油的加工。其目的是通过重整,使汽油中的直链烃芳构化,成为苯类化合物,以提高汽油的辛烷值,或为石油化工生产更多的苯类原料。

铂催化剂用于重整反应极为有效。多数催化剂含有卤素,少数催化剂加金属镍或铼,称为铂-镍或铂-铼双金属重整催化剂。目前工业用铂重整催化剂多为载体浸渍法制备的。无载体时,催化剂在高温下活性变弱,而且价格昂贵。

以下是一种重整催化剂的实验室制法。以高纯度的 $\gamma$-$Al_2O_3$ 为载体原料。其中 $Al_2O_3$ 含量大于 99.9%,将其预压成为 $\phi$4.233 mm×4.233 mm 的圆柱体。载体比表面积 250 $m^2$/g,吸水率 0.56 mL/g。将载体加热至 539 ℃,冷却后,在室温下使足量的氯铂酸溶液浸入其中,使成品催化剂中含铂 0.1%~0.8%。浸渍后沥出,120 ℃干燥过夜,在 205~593 ℃范围内加热 4 h,再于 593 ℃下加热 1 h。制成后密封储存。该催化剂投用前必须在反应器中于高温下用氢气还原。

4.2.7.3 浸渍型镍系水蒸气转化催化剂的制备(多次浸渍法)

浸渍型镍系催化剂是合成氨及炼油工艺中应用最广的催化剂之一,用于由气态(甲烷)或液态(石脑油)的催化水蒸气转化反应,以制取合成气($CO+H_2$)或氢气。这类催化剂多用预烧结的氧化铝或氧化铝-水泥载体,多次浸渍硝酸镍水溶液或其熔盐制备,是典型的多次浸渍工艺(见图 4-17)。

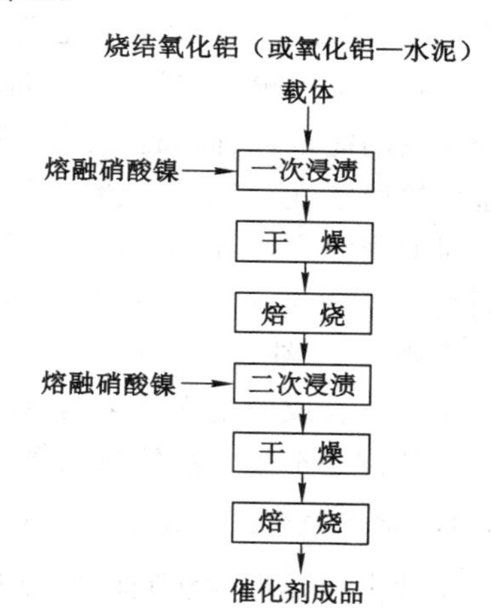

图 4-17 浸渍法水蒸气转化镍催化剂生产流程

本例中注意焙烧是在 400~600 ℃的较高温度下完成镍盐的分解反应,因而有氮氧化物产生的环境污染问题。

$$Ni(NO_3)_2 \longrightarrow NiO + 2NO_x \uparrow$$

NiO 可在反应器中用氢气还原为活性的金属镍。

预烧结型载体的制备方法,可举一种国产轻油水蒸气一段转化炉的下段催化剂的典型实例加以说明。用铝酸钙水泥(主要成分为 $2Al_2O_3 \cdot CaO$)65 份,$\alpha$-$Al_2O_3$ 35 份,石墨 2 份,木质素 0.5 份,经球磨混合 2 h,加水 15 份,造粒,压制成 $\phi$16 mm×16 mm×$\phi$6 mm(外径×高×内径)的拉西环状,用饱和水蒸气加热养护 12 h,100 ℃烘干 2 h,再在 1 400 ℃温度下焙烧 2 h,即制成载体。

4.2.7.4 钯/炭粉末催化剂的制备(浸渍沉淀法)

一般贵金属浸渍型催化剂的负载量不超过 0.5%(以铂、钯、金等质量计),但用于某些精细化学品的加氢反应时,由于反应温度较低(过高引起产物分解),因而活性要求高,需使用负载量 5%甚至 10%的粉状催化剂。

实验室中,将 10% $HNO_3$ 与活性炭粉末混匀,在蒸汽浴上煮 2~3 h,以净化并活化载体。用蒸馏水充分洗净 $HNO_3$,在 100~110 ℃烘干。

取 93 g 上述活性炭,悬浮在 1.21 L 水中,加热至 80 ℃,加入溶有 8.2 g $PdCl_2$ 的 20 mL 浓盐酸与 50 mL 水的混合液。在搅拌下,滴加 30% NaOH 水溶液直到石蕊试纸呈碱性。继续搅拌 5 min,用 250 mL 水洗 10 次,真空干燥。使用前可用水合肼(联氨 $NH_2$-$NH_2$)室温下浸泡后还原,再用甲醇洗三次,晾干备用。

## 4.3 热熔融法

热熔融法是制备某些催化剂较特殊的方法。它适用于少数不得不经熔炼过程的催化剂,为的是要借助高温条件将各个组分熔炼成为均匀分布的混合物,甚至形成氧化物固熔体或合金固熔体。配合必要的后续加工,可制得性能优异的催化剂。固熔体是指集中固体成分相互扩散得到的极其均匀的混合物,也称固体溶液。固熔体中的各个组分,其分散度远远超过一般混合物。由于在远高于使用温度的条件下熔炼制备,这类催化剂常有高的强度、活性和热稳定性,使用寿命也很长。

本法的特征操作工序为熔炼,这是一个类似于平炉炼钢的较复杂和高能耗工序。熔炼常在电阻炉、电弧炉、感应炉或其他熔炉中进行。显然,除催化剂原料的性质和助剂配方外,熔炼温度、冷却速率和颗粒形态等因素,对催化剂的性能都会有一定的影响,操作时应予以充分注意。可以想象,提高熔炼温度,一方面可以降低熔浆的黏度,另一方面可以增加各个组分质点的能量,从而加快组分之间的扩散,弥补缺乏搅拌的不足。有些催化剂熔炼时应尽量避免接触空气,或采用低氧分压的熔炼和冷却。有时在熔炼后采用快速冷却工艺,让熔浆在短时间内淬冷,以产生一定内应力,可以得到晶粒细小、晶格缺陷较多的晶体,也可以防止不同熔点组分的分步结晶,以制得分布尽可能均匀的混合体。有理论认为,晶格缺陷与催化活性中心有关,缺陷多往往活性高。

用于氨合成的熔铁催化剂、烃类加氢及费-托合成烃催化剂或雷尼(Raney)型骨架镍催化剂等的制备都是本法的典型例子。

### 4.3.1 用于氨合成的熔铁催化剂

工业上用热熔融法制催化剂的典型实例是氨合成用铁催化剂。下面以氨合成催化剂的制备过程讨论该法。

4.3.1.1 原料的选择

制备熔铁催化剂的基本原料有天然磁铁矿或合成磁铁矿。前者杂质含量较多,使用前要经风选或磁选精制;后者是以纯铁通氧气燃烧制成的,成本较高。有人用天然磁铁矿、合成磁铁矿以及两矿的混合物为主要原料分别制备三种催化剂,做了性能对比试验,没有发现三者之间的重大差异。由于天然磁铁矿的成本最低,混合磁铁矿次之,合成磁铁矿最高,所以以天然磁铁矿为基本原料最可取,只有在缺乏天然磁铁矿的国家,才使用合成磁铁矿。我国具有质量很高的天然磁铁矿，为催化剂的生产创造了有利的条件。国产A系催化剂都选用天然磁铁矿为基本原料。

天然磁铁矿经风选处理后，杂质含量(以 $SiO_2$ 计)可由2.7%降低到0.3%。我国采用的多级磁选机，能将 $SiO_2$ 含量由3.0%左右降低到0.3%以下，而且粗矿处理量和精矿收成率分别可达4.5～6 t/d 和60%～70%。

4.3.1.2 制备工艺流程

工艺流程如图4-18所示。从磁选到干燥是磁铁矿的精制过程。将天然磁铁矿吊到粗矿贮斗烘烤过筛，除去块状杂质后送进球磨机滚磨，在螺旋分级机中分级，其中颗粒度大于150网目的返回球磨机再次滚磨，小于150网目的冲入磁选机磁选，选出的湿精矿由螺旋加料器送入滚筒干燥器干燥，干燥过的干精矿通过气流输管输进精矿贮桶，完成精选过程。

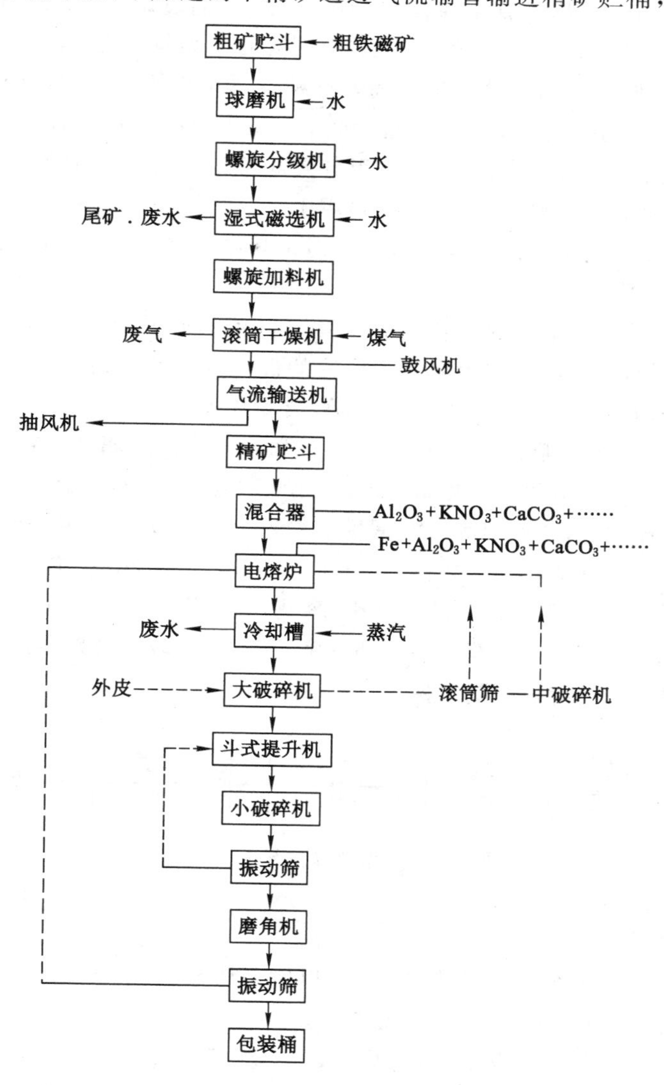


图4-18 国产A系氨合成熔铁催化剂生产流程示意图

从配料到冷却是催化剂的制造过程。按照给定的配方，将精矿与氧化铝、硝酸钾、碳酸钙或(和)其他次要成分放在混合器内混合均匀，送入电熔炉熔融，在熔融过程中，视 $Fe^{2+}/Fe^{3+}$ 比值变化情况加入适量的纯铁条及其相应量的氧化铝、硝酸钾、碳酸钙或(和)其他次要成分。熔炼好的熔浆倒进冷却槽快速冷却。

从破碎到包装是催化剂的成型过程。熔块吊到大小破碎机破碎，经磨角机磨角，振动筛筛分，合格的产品装入铁筒气密包装。颗粒度大于 9.4 mm 的熔块经斗式提升机回到小破碎机重新破碎；小于 2.2 mm 的碎料送到电熔炉再炼；电熔炉内已经烧结未熔化的物块(外皮)，经大中破碎机破碎，送去回炉。

### 4.3.2 骨架镍催化剂

1925 年，M. Raney 提出的骨架镍催化剂制备方法，通过熔炼 Ni-Si 合金，并以 NaOH 溶液沥滤出 Si 组分，首次制得了分散状态独具一格的骨架镍加氢催化剂。1927 年，改用 Ni-Al 合金又使骨架催化剂的活性更加提高。这种金属镍骨架催化剂，具有多孔骨架结构，类似海绵，呈现出很高的加氢脱氢活性。此后，这类催化剂都以发明者命名，称雷尼镍。相似的催化剂还有铁、铜、钴、银、铬、锰等的单组分或双组分骨架雷尼催化剂，此制备方法又称为浸取法。目前工业上雷尼镍应用最广，主要用于食品(油脂硬化)和医药等精细化学品中间体的加氢。其主要优点是活性高、稳定，且不污染其加工制品，特别重要的是不污染食品，如加氢硬化植物油为脂。

图 4-19 是加氢用镍催化剂的工业制备流程。其流程包括 Ni-Al 合金的炼制和 Ni-Al 合金的沥滤两个部分，少数用于固定床连续反应的催化剂还要经过成型工序。按照给定的 Ni-Al 合金配比(一般 Ni 含量为 42%～50%，Al 含量为 50%～58%)，首先将金属 Al(熔点 658 ℃)加进电熔炉，升温加热到 1 000 ℃左右，然后投入小片金属 Ni(熔点 1 452 ℃)混熔，充分搅拌之。由于反应放出较多的热量(Ni 的熔解热)，炉温容易上升到 1 500 ℃。熔炼后将熔浆倾入浅盘冷却固化，并粉碎为 200 网目的粉末。如要成型，可用 $SiO_2$ 或 $Al_2O_3$ 水凝胶为胶黏剂，混合合金粉，成型，干燥，并在 700～1 000 ℃下焙烧，得丸粒状合金。称取合金质量 1.3～1.5 倍的苛性钠，配制 20%的 NaOH 溶液，温度维持在 50～60 ℃，充分搅拌 30～100 min，使 Al 溶出完全，最后洗至洗液水遇酚酞无色(pH≈7)，包装备用。若需长期储存，适于浸入无水乙醇等惰性溶剂中隔氧保护。

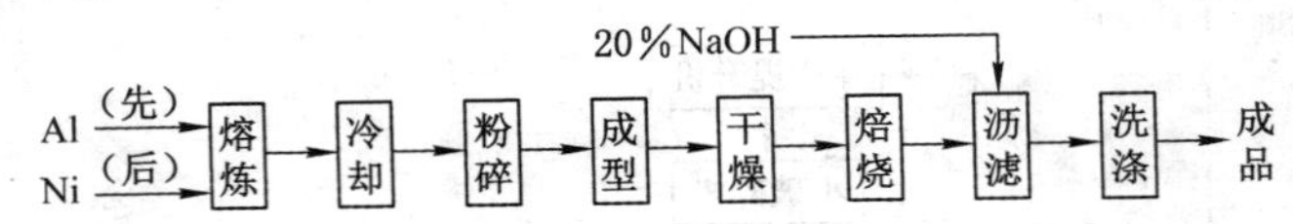


图 4-19 骨架镍催化剂生产流程

### 4.3.3 粉体骨架钴催化剂

用与制备骨架镍催化剂相近的方法，还可以制备骨架铜、骨架钴等以及多种金属的合金。这些催化剂可为块状、片状，亦可为粉末状。

粉末骨架钴催化剂制法要点如下：将 Co-Al 合金(47∶53)制成粉末，逐次少量地加入用冰冷却的、过量的 30%NaOH 水溶液，可见到 Al 溶于 NaOH 生成偏铝酸钠时逸出的氢气。全部加完后，在 60 ℃以下温热 12 h，直到氢气的发生停止。除去上部澄清液，重新加入

30%NaOH 溶液并加热。该操作需重复 2 次，待观测不到再有 $H_2$ 发生后，用倾泻法水洗，直到呈中性为止。再用乙醇洗涤后，将其密封保存于无水乙醇中。这种催化剂可在 175～200 ℃时进行苯环的加氢，做脱氢催化剂时活性也相当高。

### 4.3.4　骨架铜催化剂

将颗粒大小为 0.5～0.63 cm 的 Al-Cu 合金悬浮在 50%的 NaOH 中，反应 380 min，每 0.454 kg 合金用 1.3 kg NaOH（以 50%水溶液计）在约 40 ℃处理，然后继续加入 NaOH，以除去合金中 80%～90%的 Al，即可得骨架铜催化剂。

该催化剂可用于丙烯腈水解制丙烯酰胺。丙烯酰胺是一种高聚物单体，用于制备絮凝剂、胶黏剂、增稠剂等。

所有的骨架金属催化剂，化学性质活泼，易与氧或水等反应而氧化，因此在制备、洗涤或在空气中储存时，要注意防止其氧化失活。一旦失活，在使用前应重新还原。

## 4.4　离子交换法

离子交换是一种特殊吸附过程，是溶液和离子交换剂间交换离子的过程。利用离子交换反应作为制备催化剂主要工序的方法称为离子交换法。其基本原理是采用离子交换剂作为载体，引入阳离子活性组分，制备高分散度、大表面积、均匀分布的负载型金属或金属离子催化剂。如分子筛为晶体硅铝酸盐，它具有均匀窄小的、相互贯通的孔道网状骨架的晶体结构，为了获得特定的催化性能，常在保持原有晶体基本结构的基础上，将溶液中的金属离子去交换分子筛中的金属离子。与浸渍法制备催化剂相比较，离子交换法所载的活性组分的分散度高，特别适用于制备 Pd、Pt 等贵金属催化剂，能将 0.5～3 nm 微晶直径的贵金属粒子负载在载体上，而且分布均匀，在活性组分含量相同时，催化剂的活性及选择性一般比用浸渍法制备的催化剂要好。由于离子交换反应是在离子交换剂上进行的，因此，离子交换法制备催化剂的关键是离子交换剂的选择及制备。

所谓离子交换剂是指能与溶剂中的阳离子或阴离子进行交换的物质，离子交换剂与低分子酸、碱、盐的区别在于离子化基团电离结果形成的氢离子或羟基不能向溶液中自由扩散，因为它处在不能游动的阳离子（或阴离子）基团的静电引力作用下。离子交换过程可以看作是两种电解质的作用，而其中之一则是含有实际上不能游动的阳离子（或阴离子）的复合体。

离子交换过程一般由以下四个作用组成：

① 已溶电解质的离子交换剂颗粒表面的扩散作用；

② 已溶电解质离子在离子交换剂孔道内的扩散作用；

③ 离子交换剂游动离子脱离离子交换剂阳离子（或阴离子）基团作用力的取代作用；

④ 从离子交换剂中取代出的游动离子相溶液的扩散作用。

而离子交换过程的难易程度与以下因素有关：

① 进行交换的离子的电荷；

② 连接离子到晶体上的引力的性质；

③ 进行交换的离子浓度；

④ 两种交换离子的大小；

⑤ 晶格可接近的程度；

⑥ 溶解度效应。

显然离子交换剂内离子化基团是其主要特性指标，据此，离子交换剂可区分为阳离子交换剂及阴离子交换剂，但离子交换剂的更多性质是由与离子化基团连接在一起的“骨架”部分所决定的。因此，离子交换剂可分为无机离子交换剂及有机离子交换剂。

### 4.4.1 无机离子交换剂

绝大多数无机离子交换剂是弱酸性阳离子交换剂或弱碱性阴离子交换剂。具有阳离子交换作用的无机离子交换剂可分为天然的及合成的两大类。天然无机离子交换剂主要是一些天然的硅铝酸盐，如黏土、沸石、漂白土、斑脱石及海泡石等；合成的无机离子交换剂有人造沸石、磷酸锆、氢氧化锆、碱性硅胶、有阳离子交换作用的氧化铝等。

(1) 合成沸石

合成沸石又称分子筛、沸石分子筛。自然界存在的天然沸石种类虽然很多，但因天然沸石杂质较多，性能不够理想，质量好的天然沸石矿资源有限，因此，市场上的沸石产品主要通过人工合成方法制得。沸石的人工合成是在模拟成矿的条件下进行的，最早合成出的是丝光沸石、方沸石及钡沸石，目前随着分子筛合成技术的迅速发展，用人工合成方法不仅能制造出自然界有的各种天然沸石，而且还开发出许多自然界未见到的新型结构分子筛。

合成沸石所用的原料有硅源（如水玻璃、硅溶胶、正硅溶胶、白炭黑及硅酸酯等）、铝源（如偏铝酸钠、水合氧化铝、硫酸铝、硝酸铝等）。多数沸石是在碱性条件下合成的，碱是有效的矿化剂，除碱以外，也可用氟化物做矿化剂。无机阳离子如 $Na^+$、$K^+$ 及 $NH_4^+$ 等主要用于平衡分子筛骨架负电荷和充当模板剂。模板剂对分子筛骨架结构的形成有导向作用。所以模板剂不同，所得合成沸石类型也就不同。许多有机化合物，如胺、二胺、季胺碱、醇胺、季磷碱及醇等也常用作模板剂。

在合成沸石时，根据 $Na_2O$、$Al_2O_3$、$SiO_2$ 三者的数量比例的不同，可制成不同类型的分子筛。而按晶型和组成中硅铝比的不同，将分子筛分为 A 型、X 型、Y 型及 ZSM 等各种类型；而按分子筛的孔径大小不同，又可分为 3A 分子筛（孔径为 0.3 nm 左右）、4A 分子筛（孔径比 0.4 nm 略大）及 5A 分子筛（孔径比 0.5 nm 略大）等类型。表 4-4 给出了常见分子筛的化学组成及孔径大小。

**表 4-4　常见分子筛的化学组成及孔径大小**

| 名称 | 化学组成 | 孔径/nm |
|---|---|---|
| 3A 分子筛 | $K_2O \cdot Al_2O_3 \cdot 2SiO_2 \cdot 4.5H_2O$ | 0.30 |
| 4A 分子筛 | $Na_2O \cdot Al_2O_3 \cdot 2SiO_2 \cdot 4.5H_2O$ | 0.40 |
| 5A 分子筛 | $0.66CaO \cdot 0.33Na_2O \cdot Al_2O_3 \cdot 2SiO_2 \cdot 6H_2O$ | 0.50 |
| X 型分子筛 | $Na_2O \cdot Al_2O_3 \cdot 2.5SiO_2 \cdot 6H_2O$ | 0.80 |
| Y 型分子筛 | $Na_2O \cdot Al_2O_3 \cdot (3\sim6)SiO_2 \cdot (\sim9)H_2O$ | 0.80 |
| 合成丝光沸石 | $Na_2O \cdot Al_2O_3 \cdot (10\sim12)SiO_2 \cdot (6\sim7)H_2O$ | — |
| ZSM-5 | $Na_2O \cdot Al_2O_3 \cdot (5\sim50)SiO_2$（失水物） | — |

(2) 磷酸锆

磷酸锆的化学式为 $ZrO(H_2PO_4)_2$，白色无定形粉末，一种具有强酸性离子基团的无机阳离子交换剂，是由锆盐溶液和磷酸混合沉淀出磷酸锆再经烘干而制得。这种交换剂在200 ℃下也不会改变自身的离子交换性质，而且还明显地表现出对单电荷离子的选择性。磷酸锆在500 ℃焙烧时，可获得较高的酸度和比表面积，催化活性也较高。

(3) 氢氧化锆

氢氧化锆的化学式 $Zr(OH)_4$，白色重质无定形粉末，是一种耐水两性电解质及无机阴离子交换剂，由氯化锆在氨水中再结晶，经300 ℃烘干而制成。它是一种网状结构的不溶性化合物，对酸、碱、氧化剂溶液具有很高的稳定性，可在酸性溶液中参与同氯、溴等阴离子的交换反应，且它的吸附能力随介质酸性的增高而增大。在 $pH>7$ 时，它还可用作无机阳离子交换剂。

(4) 海泡石

海泡石是一种纤维形态的多孔性含水镁质硅酸盐，理论结构式为：$Si_{12}Mg_8O_{30}(OH)_4(OH_2)_4 \cdot 8H_2O$（$OH_2$为结晶水，$H_2O$为沸石水）。海泡石呈白色、灰色、黄色、蓝色等，斜方晶系，常呈软性致密的白土状或黏土状，有时呈纤维状；体质较轻，干燥矿石可浮于水面上，故得名。海泡石的比表面积随显微细度的减少而增加，其外表面积可达200 $m^2/g$，内表面积可达250 $m^2/g$，加热至100～150 ℃时，吸附水及沸石水析出，表面积增大。海泡石具有阳离子交换性，其阳离子交换容量可达20～45 mmol/100 g，海泡石表面存在着Si—OH基，对有机分子有强的亲和力，其表面特征及微孔结构有利于有机反应中的正碳离子化反应，并且有酸碱协同催化及分子筛择形催化作用，可用作催化剂及催化剂载体。

### 4.4.2 有机离子交换剂

有机离子交换剂可分为碳质和有机合成离子交换剂两种。

碳质离子交换剂，主要是磺化煤，是用煤经发烟硫酸处理，再经洗涤、干燥而制得。煤的磺化使其结构中富有附加的酸性基团—$SO_3H$，磺酸基中的氢具有很高的离解度，这就提供了阳离子交换过程在强酸介质中进行的可行性，并大大提高了交换剂的交换能力，交换能力的数值随进入煤中磺酸基数目的增加而增大。磺化煤的交换容量（以 $CaCl_2$ 溶液中的交换钙离子计）为20～30 mg/g或350～400 mg/L。磺化煤的制造工艺简单、原料便宜易得，交换能力比天然无机离子交换剂大。但因磺化煤具有不耐热、机械强度低、化学稳定性差、交换容量低等缺点，其应用受到限制。

离子交换树脂是有机离子交换剂中最重要、应用最广泛的一种，它几乎克服了以往交换剂的所有缺点，为离子交换技术的发展奠定了基础，并广泛用于有机合成工业。

## 4.5 催化剂成型

### 4.5.1 固体催化剂的形状分类

根据催化过程所使用的反应器型式不同，所用催化剂有不同的形状及颗粒大小。颗粒的大小或尺寸也称为颗粒度，它是在反应器实际操作条件下不可再人为分开的最小基本单位，是反应器中颗粒实际存在的形状和大小，也是催化剂的某些物理特性（如堆积密度、形状系数、床层孔隙率等）的测定和计算基本单元。目前，工业上常用的催化剂颗粒主要有粒状

(无定形)、圆柱状、球形、三叶草形等形状,如图 4-20 所示。

图 4-20　催化剂的各种形状

(a) 条状;(b) 球状;(c) 三叶草形;(d) 空心柱状

### 4.5.2　压缩成型法

压缩成型是将载体或催化剂的粉体放在一定形状、封闭的模具中,通过外部施加压力,使粉体团聚、压缩成型的方法,适用于压制圆柱状、拉西环状的常规形状催化剂片剂,也适用于齿轮状等异形片剂的成型,具有颗粒形状规则、致密度高、大小均匀、表面光滑、机械强度高等特点,其产品适用于高压、高气流的固定床反应器。其缺点是生产能力较低,模具磨损大,直径小于 3 mm 的片剂(特别拉西环)不易生产,成品率低。

压缩成型的过程如图 4-21 所示。随着外部压力作用的增大,粉体中原始微粒间的空隙不断地减小,完成对模具有限空间的填充后,颗粒达到了在原始微粒尺度上的重新排列和密实化,如图 4-22(a)所示;这一过程中通常伴随着原始微粒的弹性变形和因相对位移而造成

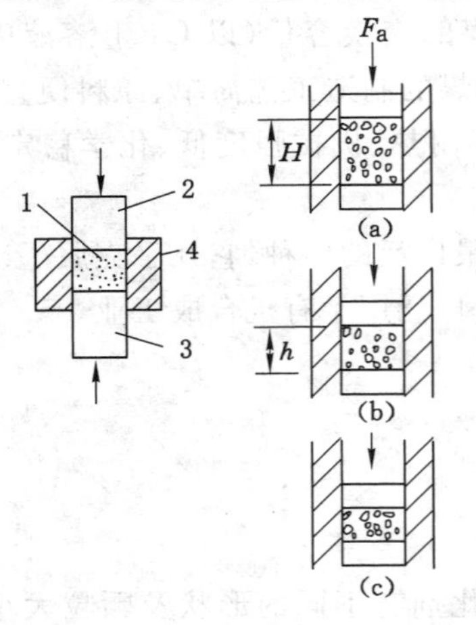


图 4-21　压缩成型示意图

1——原始粉末;2——上冲;3——下冲;4——冲模

(a) 加料;(b) 增稠;(c) 压紧

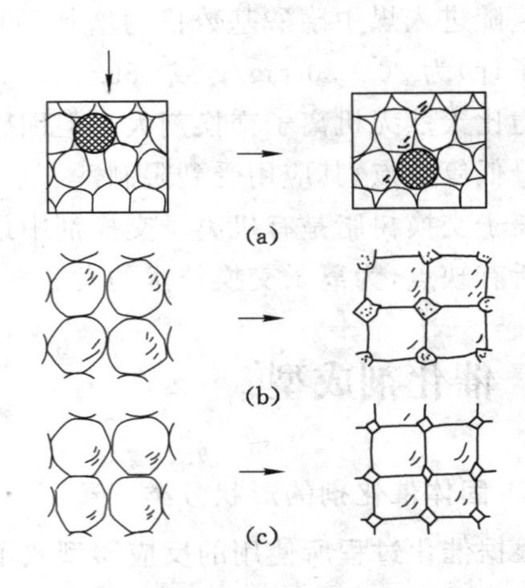


图 4-22　压缩造粒机理

(a) 密实填充;(b) 表面变形与破坏;(c) 塑性变形

的表面破坏，如图4-22(b)所示；在外部压力进一步增大之后，由应力产生的塑性变形使孔隙率进一步降低，相邻微粒界面上将产生原子扩散或化学键结合，如图4-22(c)所示，并在黏结剂的作用下微粒间形成牢固的结合，至此完成了压缩造粒过程。

### 4.5.3 挤出成型法

将催化剂粉体和适量助剂经充分捏合后，湿物料被送入挤条机，在外部挤压力作用下，粉体以与模具板孔开孔相同的截面形状(圆柱形、三叶形、四叶形)从另一端排出，再经过适当切粒、整形，可获得一定直径、长度的催化剂产品。它要求原料粉体能与黏结剂充分混合成较好塑性体，适合于黏性物料加工，具有颗粒截面规则均一、生产能力大等优点。其缺点是致密度比压缩成型低，助剂用量大，水分高，模具磨损严重。

从理论上来说，挤出成型是压缩成型的特殊形式，都是在外力的作用下，原始微粒间重新排列而使其密实化程度有所不同。粉体在挤条机中的挤出过程有输送、压缩、挤出与切条四个步骤，如图4-23所示。

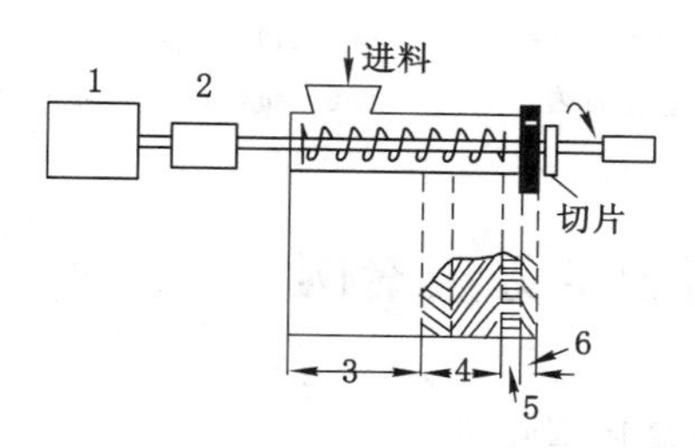


图4-23 挤条机结构及挤出过程

1——电机；2——减速机；3——输送段；4——压缩段；5——均压段；6——铸模具段

### 4.5.4 转动成型法

转动成型是将粉体、适量水(或黏结剂)送入低速转动的容器中，粉体微粒在液桥和毛细管力作用下团聚一起，形成微核，在容器转动所产生的摩擦力和滚动冲击作用下，不断地在粉体层回转、长大，最后成为一定大小的球型颗粒而离开容器。转动成型处理量大，设备投资少，运转率高，但颗粒密度不高，难以制备粒径较小的颗粒，操作时粉尘较大。

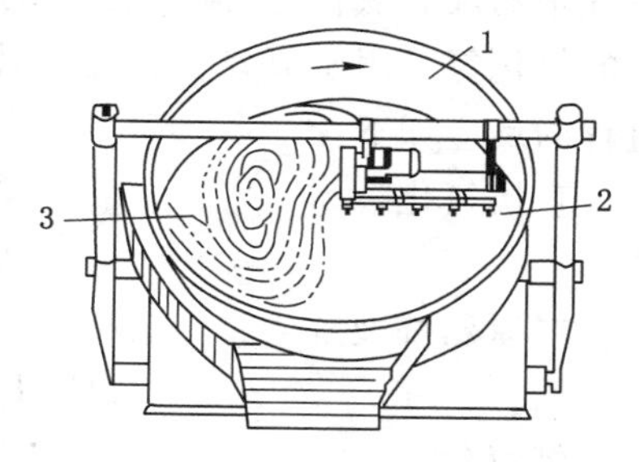


图4-24 转盘式滚球机结构示意图

1——转盘；2——喷液；3——粉料

该机结构示意图见图4-24。在倾斜的转盘中某部位加入粉体原料，同时在盘上方通过喷嘴喷入适量水(或黏结剂)，事先制作或引入直径0.5～1.0 mm小球做“种子”，在转盘中粉体由于摩擦力及离心力作用，被升举到转盘上方挡板处，然后又借重力作用而滚落在转盘下方。通过不断转动，像滚雪球似的，最后成长为所控制大小的球粒排出转盘，必要时装设防尘罩。

### 4.5.5 喷雾成型法

喷雾干燥成型是利用喷雾干燥原理，生产粉状、微球状产品，该类产品适用于流化床反应器。

喷雾干燥是采用雾化器将原料浆液分散成雾滴，并用热风干燥雾滴，而获得产品的一种干燥方法。其包括空气加热系统，供料系统，干燥塔，雾化器，气固分离系统，卸料及运输系统(见图 4-25)。雾化器是关键部件，有三种类型：气流式、压力式和旋转式。

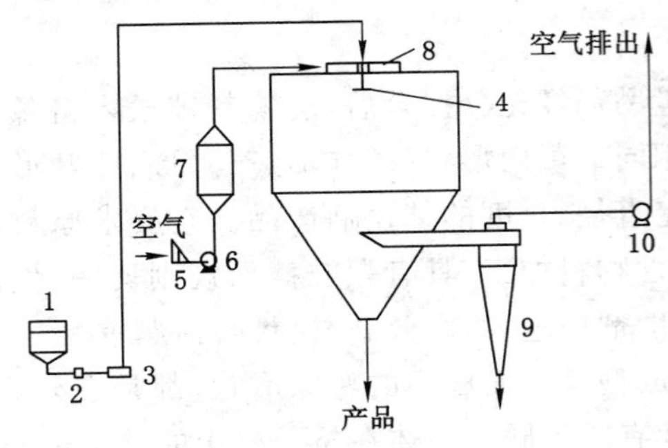


图 4-25 喷雾干燥装置流程图

1——料液槽；2，5——过滤器；3——泵；4——雾化器；6，10——风机；
7——空气加热器；8——空气分布器；9——旋风分离器

## 4.6 典型工业催化剂制备方法案例

### 4.6.1 共沉淀法制造乙烯氧氯化催化剂

氯乙烯(VCM)是十分重要的基本化工原料，主要用于生产聚氯乙烯(PVC)。VCM 有多种生产方法，国内生产 VCM 主要有两条线路，一条是电石路线(乙炔法)，另一条是石油路线(乙烯法)。而以乙烯为原料生产 VCM 的方法是当今全世界 PVC 工业的发展方向及潮流。其中乙烯氧氯化法是以 $C_2H_4$、HCl、$O_2$(或空气)为原料，乙烯来自石油裂解，该反应过程是乙烯和氯化氢、氧气反应生成 1，2-二氯乙烷，后者经热裂解生成氯乙烯和氯化氢，产生的氯化氢又用于氧氯化反应。另外，还会有一些乙烯直接与氯反应生成二氯乙烷，各工艺过程的反应如下：

直接氯化

$$C_2H_4+Cl_2 \longrightarrow C_2H_4Cl_2 \tag{4-1}$$

二氯乙烷裂解

$$2C_2H_4Cl \longrightarrow 2CH_2{=}CHCl+2HCl \tag{4-2}$$

氧氯化

$$C_2H_4+2HCl+1/2O_2 \longrightarrow C_2H_4Cl_2+H_2O \tag{4-3}$$

总反应

$$2C_2H_4+Cl_2+1/2O_2 \longrightarrow 2CH_2{=}CHCl+H_2O \tag{4-4}$$

乙烯氧氯化制二氯乙烷的关键是制造适宜的催化剂。常用乙烯氧氯化催化剂是 $CuCl_2/Al_2O_3$，主要活性组分是 $CuCl_2$，载体是 $Al_2O_3$，有的也加有少量 K、Ce、Mg 等助催化剂。在工业生产装置中，无论在固定床或流化床反应器中，二氯乙烷的选择性都较高，按乙烯计算的二氯乙烷收率超过 98%，而以 HCl 计算的收率超过 98%。制备乙烯氧氯化催化剂的方法有浸渍法及共沉淀法。浸渍法是先制得氧化铝载体，然后向载体上喷浸活性组分氯化铜，经干燥后即可得乙烯氧氯化催化剂。用这种方法制得的催化剂，其铜含量较低，一般为 5%～7%，但使用过程中，铜容易挥发流失。用共沉淀法制得的催化剂，其铜含量较高，活性组分不易脱落，而且活性组分与载体之间的 Cu-Al 分布十分均匀。其制备过程如图 4-26 所示，具体制备过程如下：

① 在配制釜中加入工业氢氧化铝及液碱，使制得的偏铝酸钠溶液 $Al_2O_3$/NaOH 为 1.2～1.8(质量化)，在 100～120 ℃下反应 2 h，经板框压滤机滤去未溶解物后作为共沉淀的原料。

② 将氯化铜溶于浓度为 25%～33%的盐酸中制成氯化铜溶液，所加氯化铜按催化剂所需组成计算。

③ 在中和釜中先加入氯化铜溶液②，升温至 30～40 ℃，然后缓慢加入计量的偏铝酸钠溶液①进行共沉淀反应，反应时将 pH 值控制为 5.5～9.5，优先为 7.0～9.0，在 30～40 ℃温度下反应 1 h。反应结束后继续搅拌 1 h，进行老化。

④ 共沉淀溶液老化结束后将沉淀物用板框过滤机过滤。

⑤ 将滤饼加入为其体积 2～4 倍的脱离子水中，在室温下打浆 4～6 h，进行胶液均化。

⑥ 将胶溶好的浆液用高压泵送至压力式喷雾干燥塔中进行喷雾干燥成型。干燥塔操作条件是：热风口温度 400～500 ℃，出口温度 80～150 ℃。

⑦ 将喷雾干燥得到的微球催化剂半成品再送至回转窑，于 500～700 ℃下焙烧 1～2 h，使催化剂具有稳定的相结构。

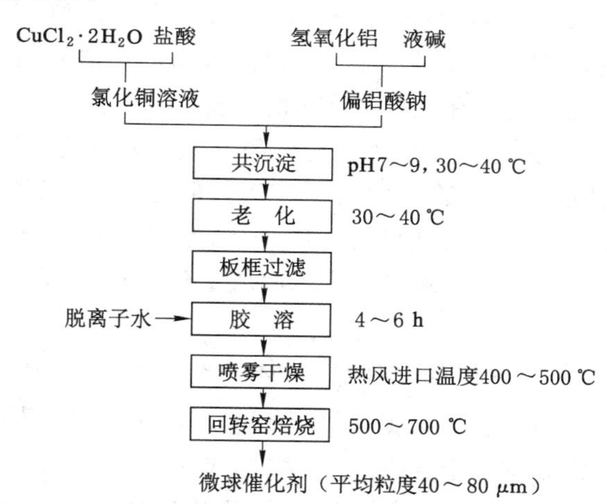


图 4-26　共沉淀法制造乙烯氧氯化催化剂工艺过程

经上述共沉淀法制得的乙烯氧氯化催化剂具有以下物性：

| | |
|---|---|
| 铜含量 | 8%～13% |
| 相结构 | $Cu_2(OH)_3 \cdot Cl$-γ-$Al_2O_3$ |
| 堆密度 | 0.8～1.2 g/mL |
| 比表面积 | 130～200 $m^2$/g |
| 孔容 | 0.3～0.4 mL/g |
| 平均粒度 | 40～80 μm |

#### 4.6.2 乙烯气相氧化制乙酸乙烯酯催化剂(二次浸渍法)

乙酸乙烯酯是一种重要的基本有机化工原料，大量用于制造聚乙酸乙烯酯、聚乙烯醇、维纶、涂料、黏结剂及乙烯基共聚树脂等。生产乙酸乙烯酯的工艺路线有乙烯气相法、乙炔气相法及乙醛乙酐法，而乙烯气相法由于技术经济合理而占主导地位。下面介绍乙烯气相法生产乙烯乙酸酯的催化剂制备方法。

乙烯气相氧化法生产乙酸乙烯酯主要采用负载在硅胶上的贵金属钯和金为催化剂，并添加一些乙酸钾(或乙酸钠)为助催化剂，原料乙烯、乙酸及氧气一步合成乙酸乙烯酯的主反应式为：

$$C_2H_4 + CH_3COOH + 1/2O_2 \longrightarrow CH_3COOCH{=}CH_2 + H_2O$$

主要副反应是原料乙烯的深度氧化。

催化剂所用载体首先是须耐乙酸腐蚀的材料。$SiO_2$、$Al_2O_3$均为两性物质，而在水悬浮液中，$SiO_2$的等电点为1.0～2.0，$Al_2O_3$为7.0～9.0，故选用$SiO_2$更为适宜。

催化剂的活性与Pd含量有关，也与Pd在载体表面上的分布形态及分散度有关。催化剂中加入一定量的Au可防止Pd的氧化凝聚，使Pd在载体上有良好的分散度，从而提高催化剂的活性及使用寿命。助催化剂乙酸钾能抑制生成二氧化碳的深度氧化，提高反应的选择性。

在高活性Pd-Au催化剂上，乙烯合成乙酸乙烯酯的反应主要发生于催化剂的表面，因此，如选用均匀型分布时，大部分活性组分未参与反应，使单位质量活性组分的利用率降低，此外，分布在颗粒内部的贵金属也难以回收再利用，在经济上也很不利。另一种分布型式是Pd及Au基本上未浸入载体内部，而大部分负载在载体表面，即具有"蛋壳"型分布。这种催化剂的使用寿命较短，反应选择性差，难以获得高收率的乙酸乙烯酯。实验表明，活性组分具有"蛋白"型分布的催化剂具有较高的催化活性及选择性。

具有Pd、Au"蛋白"型分布的一种制法是采用两次浸渍工艺，第一次浸渍是使Pd(或Pd、Au)的负载量为载体质量分数的0.01%～0.1%，但占总Pd负载量的10%以下。浸渍结束后需先将金属盐类还原后才能进行第二次浸渍；第二次浸渍是将剩余的大部分Pd及Au负载在载体上。在将Pd、Au负载在载体表面所定位置后，再负载助催化剂乙酸钾。下面为其具体制备方法：

活性组分溶液：$PdCl_2$及$HAuCl_4$溶液。载体：$\phi$3.5 mm$SiO_2$或$Al_2O_3$，比表面积大于100 $m^2/g$，孔容大于0.85 mL/g，孔径主要集中于21～63 nm的范围。

制备方法：先将35份载体浸于含0.03份浓盐酸、0.06份$PdCl_2$和0.04份$HAuCl_4$的50份水溶液中，然后在蒸汽浴中将溶液蒸发至干，再用联氨水合物还原后，经水洗、干燥制得含0.1%Pd及0.067%Au的催化剂前体。分析结果有97.5%Pd和95.5%Au集中于深度为0.2 mm以内的载体颗粒表面上。

将上述催化剂前体第二次浸于含有1.2份$PdCl_2$、0.86份$HAuCl_4$及0.3份浓盐酸的水溶液中，干燥后用联氨水合物还原，再经水洗、干燥，即制得含Pd2.2%、Au1.5%的催化剂。分析结果，97.5%Pd和95.5%Au集中分布在相当于载体颗粒半径11.4%以内区域到0.2 mm深度的表面上，呈"蛋白"型分布，其后再浸渍乙酸钾(负载量为3%)溶液、干燥，即制得乙烯氧化制乙酸乙烯酯催化剂。经这样制得的催化剂，具有催化活性高、反应选择性好、贵金属用量少、机械强度高及使用寿命长等特点。

对于同一种载体，如采用一次浸渍法制备，Pd与Au的负载量分别为2.2%及1.5%，但分析结果表明，自载体表面至中心的0.2 mm内，Pd量只占总负载量的21.3%，Au为18.5%。这样制得的催化剂，在同样的反应条件下，其催化活性及使用寿命显著低于二次浸渍法制备的催化剂。

### 4.6.3 工业合成氨铁系催化剂的制备方法

目前，氨合成催化剂主要以金属铁为主要成分。金属用铁系氨合成催化剂一般都是用熔融法制取，所得产品也称为熔铁催化剂。熔融操作可在电阻炉、电弧炉及感应炉中进行，工业上采用电阻炉较为普遍。熔融温度一般为1 550～1 600 ℃。

工业合成氨催化剂由具有一定 $Fe^{2+}/Fe^{3+}$ 值的铁氧化物和少量助催化剂所组成。由铁氧化物还原得到的α-Fe是氨合成的助催化剂，但由纯铁氧化物还原而得的催化剂在合成氨过程中很易失活，而少量以助催化剂形式加入的 $Al_2O_3$、$K_2O$、MgO、$SiO_2$、CaO等难熔金属氧化物，虽然对氨合成不具催化活性，但对最终催化剂的性能有重大作用。他们可以改善α-Fe的催化活性，增强催化剂的耐热性及抗毒能力，防止活性铁的微晶在还原时及使用过程中长大，延长催化剂使用寿命。

制备经典 $Fe_3O_4$ 基催化剂时，原料磁铁矿在高温熔融条件下与还原剂发生下述反应：

$$Fe_2O_3 + \text{还原剂} \longrightarrow Fe_3O_4 \tag{4-5}$$

$$Fe_3O_4 + \text{还原剂} \longrightarrow FeO \tag{4-6}$$

反应式(4-5)是制备 $Fe_3O_4$ 基催化剂的主要反应。由于磁铁矿中 $Fe_2O_3$ 的含量很低，因此 $Fe_3O_4$ 基催化剂的制备主要是物理熔融过程。一般工业用 $Fe_3O_4$ 基催化剂要求 $Fe^{2+}/Fe^{3+}$ 在0.5～0.7之间，但在精制的磁铁矿中要求 $Fe^{2+}/Fe^{3+}$ 在0.5以下，加上 $Fe^{2+}$ 极易被空气中的氧进一步氧化为 $Fe^{3+}$ 而使铁比进一步下降：

$$2Fe_3O_4 + 1/2O_2 \longrightarrow 3Fe_2O_3 \tag{4-7}$$

因此在熔炼过程中，必须加入还原剂来调节 $Fe^{2+}/Fe^{3+}$，所用还原剂可以是铁条、铁粉等纯铁，也可以是碳物质，其反应有：

$$4Fe_2O_3 + Fe \longrightarrow 3Fe_3O_4 \tag{4-8}$$

$$Fe_2O_3 + Fe \longrightarrow 3FeO \tag{4-9}$$

$$6Fe_2O_3 + C \longrightarrow 4Fe_3O_4 + CO_2\uparrow \tag{4-10}$$

$$2Fe_2O_3 + C \longrightarrow 4FeO + CO_2\uparrow \tag{4-11}$$

生产熔铁催化剂的原料主要为天然磁铁矿，经球磨、分级、磁选及干燥等处理制成的精制磁铁矿，在催化剂含量中占90%～95%。用作催化剂的原料有 $KNO_3$、$K_2CO_3$、$Al_2O_3$、$CaCO_3$、MgO、$Ce(NO_3)_3$ 等及调节 $Fe^{2+}/Fe^{3+}$ 用的纯铁等。

虽然不同型号的熔铁催化剂的化学组成及物化性质有所不同，但其制造过程大致分为以下步骤：

① 原料精制；

② 各种原料按比例混合；

③ 混合物料高温熔融；

④ 熔料排出及冷却；

⑤ 冷却物料破碎并筛分；

⑥ 还原(制备预还原催化剂)。

# 第 5 章 催化剂的失活和再生

按催化剂的定义，其存在虽然改变了反应的动力学性质，但自身并不消耗和变化。这是从不包含时间变量的热力学角度考虑的结果。然而，物质总是在不断运动变化之中，催化剂也不例外。如果从动力学角度来考察催化剂本质，实际上由于诸多因素的影响，任何一种催化剂在参与化学反应之后，它的某些物理和化学性质已经发生了变化。催化剂的活性或选择性的改变就是明显的证据。对大多数工业催化剂来说，它的物理化学性质的变化在一次反应完成之后是微不足道，很难察觉。然而长期运转的结果：使这些微不足道的变化累积起来就造成了催化剂活性或选择性的显著下降，这就是催化剂的失活过程。因此，催化刑的失活不仅指催化剂活性完全丧失，更普遍的是指催化剂的活性或选择性在使用过程中逐渐下降的现象。催化剂性质可分为量和质两方面的恶化。所谓量的恶化是指活性中心数目减少，质的恶化是指活性结构改变。失活可分为可逆失活与不可逆失活，即失活后能再生和不能再生。

影响催化剂失活的原因是多种多样的，归纳有物理变化、化学变化和体相变化，例如结焦、中毒、烧结、粉化等。本章将重点介绍中毒、结焦和堵塞、烧结和热失活三大类失活。对催化剂因破裂、粉化或磨损等机械原因造成催化剂床层压力降上升和活性下降的情况比较容易检查，也比较好理解，因此本书不作介绍。

由于工业生产上使用的大多数是固体催化剂，因此在讨论催化剂失活问题时，常以固体催化剂为主。但其中某些原则也可适用于均相催化剂。

## 5.1 中毒

催化剂的活性由于某些有害杂质的影响而下降的称为催化剂中毒，这些有害物质称为毒物。其主要特点是毒物的量很少，浓度很低时就足以使催化剂活性显著降低。这种现象本质上是由于某些吸附质优先吸附在催化剂的活性部位上，或者形成特别强的化学吸附键，或者与活性中心发生化学反应生成别的物质，引起催化剂的性质发生变化，使催化剂不能再自由地参与对反应物的吸附和催化作用。这必将导致催化剂活性降低，甚至完全丧失。由于毒物能选择性地与不同的活性中心作用，有时催化剂的中毒也引起反应选择性下降。

使催化剂中毒的物质常常是一些随反应原料带入反应系统的外来杂质。此外也有在催化剂制备过程中由于化学药品或载体不纯而带进的有害物质。反应系统污染引进的毒物（例如不合格的润滑油，反应设备的材料不合适），反应生成产物中含有对催化剂有毒的物质等。一般说来只有那些以很低浓度存在就明显抑制催化作用效力的物质才被看作是毒物。

大多数情况下，毒物和催化剂活性部位形成的强吸附键具有特定的性质，其主要取决于催化剂和毒物二者的电子构型和化学活性。因此，对不同类型催化剂来说毒物是不同的。对同一催化剂而言，也只有联系到它所催化的反应才能清楚地指明什么物质是毒物。也就是毒物不仅是针对催化剂，而且是针对这个催化剂所催化的反应来说的。反应不同，毒物也有所不同。表 5-1 中列出了对某些催化剂上进行的一些反应有毒性的物质。

表 5-1　　某些催化剂的毒物

| 催化剂 | 反应 | 毒物 |
| --- | --- | --- |
| Pt　Pd | 加氢和脱氢 | 氮、吡啶、硫化物、$O_2$、CO、S、Se、Te、P、As、Sb、Bi、Hg、Pb、Cd、Zn、卤化物 |
| Ni　Cu | 氧化 | S、$CH_4$、砷化物、碲化物、铁的化合物 |
| Ag | 氧化 | S、$CH_4$、$C_2H_4Cl_2$ |
| V 的氧化物 | 氧化 | 砷化物 |
| Co | 加氢催化 | $NH_3$、S、Se、Te 和 P 的化合物 |
| Fe | 合成氨 | $PH_3$、$O_2$、$H_2O$、CO、$C_2H_2$、硫化物 |
|  | 加氢 | Bi、Se、Te、$H_2O$、磷的化合物 |
|  | 氧化 | Bi、Pb |
|  | 合成汽油 | 硫化物 |
| 活性白土、硅酸铝、分子筛 | 烃类裂解、异构化 | 喹啉、有机碱、碱金属化合物、水、重金属化合物 |
| $Cr_2O_3$-$Al_2O_3$ | 烃类芳构化 | $H_2O$ |

### 5.1.1　催化剂中毒的几种类型

催化剂的中毒根据相互作用的性质和强弱程度将毒物分为可逆中毒、不可逆中毒和选择中毒等。

#### 5.1.1.1　可逆中毒和不可逆中毒

既然中毒是由于毒物和催化剂活性组分之间发生了某种相互作用，那么可以根据这种相互作用的性质和强弱程度将毒物分成两类：一类是毒物在活性中心上吸附或化合时，生成的键强度相对较弱，可以采用适当的方法除去毒物，使催化剂活性恢复，而不会影响催化剂的性质，这种中毒叫作可逆中毒或暂时中毒；另一类是毒物与催化剂活性组分相互作用，形成很强的化学键，难以用一般的方法将毒物除去，使催化剂活性恢复，这种中毒叫作不可逆中毒或永久中毒。

以合成氨用的铁催化剂为例。由氧和水蒸气引起的中毒，可用加热还原的方法，或者用精制的干燥合成气处理，使催化剂活性恢复，这是可逆中毒。然而由硫化物引起的中毒，用一般方法不能解除，这是不可逆中毒。图5-1 所示活性变化曲线，表示在 450 ℃、10 MPa 压力下，Fe-$Al_2O_3$-$K_2O$ 合成氨催化剂被 0.32% 水蒸气毒化后，再用干燥的合成气处理，活性又重新恢复的情况。

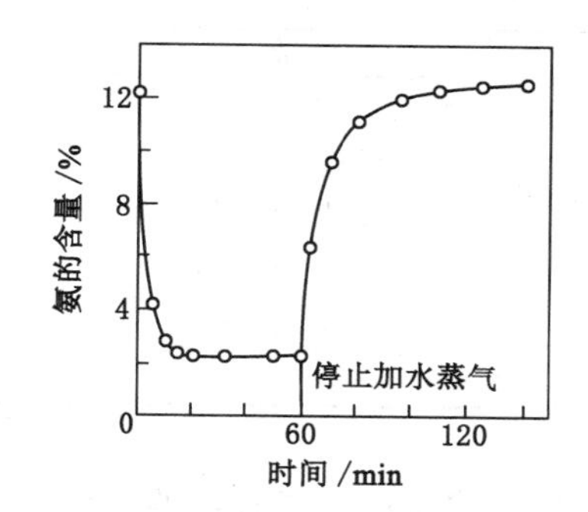


图 5-1　合成氨催化剂被水蒸气中毒后恢复情况

5.1.1.2　选择中毒

催化反应过程中有时可以观察到，一个催化剂中毒之后可能失去对某一反应的催化能力，但对别的反应仍具有催化活性，这种现象称为选择中毒。在串联反应中，如果毒物仅导致后续反应的活性部位中毒，则可使反应停留在中间阶段，获得所希望的高产率中间产物。对有的催化剂的引入来说，少量毒物的引入可提高催化剂的活性或使催化剂的活性变得稳定。这种部分中毒，给催化剂的活性或选择性带来了有益的影响。例如：用银催化剂使乙烯催化氧化生成环氧乙烷时，常有副产物 $CO_2$ 和 $H_2O$ 生成，造成原料的浪费。如果向反应物乙烯中加入微量的二氯乙烷会使催化剂上促进副反应的活性中心中毒，这就抑制了 CO 的生成。这样，环氧乙烷的生成速度既不受影响，选择性又可从 60%提高到 70%。这就是利用选择性中毒带来的好处。

### 5.1.2　金属催化剂的中毒

常用的金属催化剂，主要是周期表第Ⅷ族和紧邻的ⅠB族元素组成的催化剂。这些元素及其外层电子构型列于表 5-2 中。

表 5-2　　对毒物敏感的金属催化剂及其外层电子构型

| Ⅷ族 | IB族 |
|---|---|
| Fe $3d^6 4s^2$，Co $3d^7 4s^2$，Ni $3d^8 4s^2$ | Cu $3d^{10} 4s^1$ |
| Ru $4d^7 5s^1$，Rh4 $d^8 5s^1$，Pd $4d^{10} 6s^0$ | Ag $4d^{10} 5s^1$ |
| Os $5d^5 6s^2$，Ir $5d^7 6s^2$，Pt $5d^9 6s^2$ | Au $5d^{10} 6s^1$ |

这些催化剂大多数是用在加氢、脱氢和重整反应中；也有少数金属催化剂，如 Pt、Pd、Ag 等用在氧化反应中。

金属催化剂的主要毒物大致可分为三类，周期表中ⅤA族、ⅥA族和ⅦA族非金属元素及其化合物，金属元素及其化合物和含不饱和键的分子。

5.1.2.1　非金属元素及其化合物

含非金属元素的毒物主要是指周期表ⅤA、ⅥA和ⅦA族元素，以及含有这些元素的化合物，即带有孤对电子的化合物质。它们中的一些例子列于表 5-3 中。

表 5-3　　一些含ⅤA～ⅦA族元素的毒物

| VA族 | | ⅥA族 | | ⅦA族 | |
|---|---|---|---|---|---|
| 元素 | 毒物 | 元素 | 毒物 | 元素 | 毒物 |
| N | 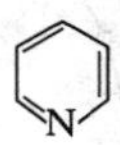 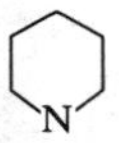 | O | $O_2$、CO | F | NaF |
| | | | $H_2S$、RsH | Cl | $CHCl_3$，$C_6H_5Cl$ |
| P | $PH_3$、$PR_3$ | S | $CS_2$、$SO_3^{2-}$ | Br | $C_2H_5Br$ |
| As | $AsH_3$、$AsR_3$ | Se | $H_2Se$、$SeO_3^{2-}$ | | $CH_2=CH_2CH_2Br$ |
| Sb | $SbH_3$ | Te | $H_2Te$、$TeO_3^{2-}$ | I | $C_2H_5I$、NaI |

含非金属元素毒物的毒性是由于该元素的原子在和其他原子结合时，它的价电子层中还保留有孤对电子。当这种毒物吸附在催化剂表面金属中心上时，毒物成为电子给体，和金属原子形成给电子键。例如，二甲基硫醚吸附在 Pd 上，通过磁化率测定说明，电子从二甲

基硫醚转移到金属的 $d$ 带，形成了强配位键。

需要指出的是，并非所有这些元素的化合物都是毒物。它们有无毒性，取决于这些化合物分子中含有潜在毒性元素的电子构型。

表 5-4 中列出了ⅤA 和ⅥA 族元素的典型毒物和相应的无毒物质的电子构型。在含有

表 5-4 电子构型与毒物关系

| 毒物型 | 非毒物型 |
| --- | --- |
| H:S:H　H:P:H（P 上连 H） | $[O:P:O]^{2-}$（P 上、下各连 O） |
| $[O:S:O]^{2-}$（S 上连 O） | $[O:S:O]^{2-}$（S 上、下各连 O） |
| (R)C:S:H | (R)C:S:OH（S 上、下各连 O） |
| H:As:H（As 下连 H）　H:Sb:H（Sb 下连 H） | $[O:As:O]^{2-}$（As 上、下各连 O） |
| H:S:$CH_2$:CH[$NH_3$]COOH | HO:S:$CH_2$:CH[$NH_3$]COOH（S 上、下各连 O） |
| :S:C:S:　H:S:C:S:H（C 上、下各连 H） | HO:S:C:S:OH（S 上、下各连 O，C 上、下各连 H） |
| 噻吩环：S 环中 HC=CH、HC—CH；$H_3C$、$CH_3$ 取代的 S 环：$H_3C$—S—$CH_3$，$H_2C$—$CH_2$ | 开链：$H_3C$—:S:—$CH_3$，$H_2C$　$CH_2$ |
| 含 :S: 的苯环结构及含 :S: 的环己基结构（$CH_3$、$CH_2$ 取代） | 含 $O_2S$（O..O / :S:）的环己基结构：$H_2C$、CH、$CH_3$、$CH_2$ |
| 吡啶环：HC=C(H)—CH、HC—CH=CH，环中 :N:—H | 苯环：HC=C(H)—CH、HC—CH=C，连 O:S:O，下接 O—H |
| HC=C(H)—CH、$H_2C$、$CH_3$ 与 N 成环（N 上有孤对电子） | $[$HC=C(H)—CH、$H_2C$、$CH_3$ 与 N 成环，N—H$]^{+}$ |
| H:N:H（N 上连 H） | $[H:N:H]^{+}$（N 上、下各连 H） |

潜在毒性的非金属元素的化合物中，如果该元素的价电子层有未共享的电子对，或者未使用的价键轨道，当它们和过渡金属元素相作用时，容易形成强化学吸附键，使金属组分失去催化活性，这种物质就是有毒的。然而假如潜在的毒性元素在化合物中以屏蔽状态存在，那么它的毒性就消失了。所谓屏蔽状态，是指潜在毒性元素的原子已经和其他元素的原子形成了稳定的价键，使它的正常价键轨道处于饱和状态。对毒性元素来说，这时它的外层电子结构达到了最稳定的八电子偶，而且不存在孤对电子，因此不容易和金属原子形成强化学吸附键。

对同一种含潜在毒性元素的化合物来说，由于电子构型随条件而变，因此它是否具有毒性还与反应条件有关。如砷和锑的化合物在加氢条件下容易转变为非屏蔽的具有毒性的砷化氢($AsH_8$)和锑化氢($SbH_8$)，因此砷和锑的大多数化合物在催化加氢中都是毒物。然而砷酸钠这类化合物，在过氧化氢分解反应中，对铂和类似的催化剂又是非毒性的，这是因为在这种强氧化条件下，砷化物保持屏蔽结构状态$[A_SO_4]^{8-}$，甚至进一步被氢化为过砷酸根离子。但是在某些氧化还原体系中，或者在不太剧烈的氧化条件下，例如在二氧化硫氧化为三氧化硫的氧化反应中，砷化物对铂催化剂是有毒的，因为在这些条件下，砷原子不能达到完全的屏蔽状态。

ⅤA 和ⅥA 族的第一个元素氧和氮的毒性并不像该族中其他元素的毒性那样大。例如用铂黑做催化剂使环己烷溶液中的环己烯催化加氢时，干燥的纯吡啶有很强的毒性，但是它的毒性也仅是噻吩的十分之一。

5.1.2.2　金属元素及其化合物

这类毒物大多数是重金属和重金属离子，包括 Hg、Bi、Pb、Cd、Cu、Sn、Ti、Zr 等。它们的毒性与 $d$ 轨道上的电子结构有内在联系。表 5-5 中列出了对 Pt 催化剂有毒和无毒的各种金属离子。

**表 5-5　　金属离子对 Pt 的毒性**

| 金属离子 | | | | | 外层轨道电子分布 | | 对 Pt 毒性 |
|---|---|---|---|---|---|---|---|
| $Li^+$ | $Be^{2+}$ | | | | 没有 $d$ 轨道 | | 无毒 |
| $Na^+$ | $Mg^{2+}$ | $Al^{3+}$ | | | 没有 $d$ 轨道 | | 无毒 |
| $K^+$ | $Ca^{2+}$ | | | | 3$d$○○○○○ | 4$s$○ | 无毒 |
| $Rb^+$ | $Sr^{2+}$ | | $Zr^{4+}$ | | 4$d$○○○○○ | 5$s$○ | 无毒 |
| $Cs^+$ | $Ba^{2+}$ | $La^{3+}$、$Ce^{3+}$ | | | 5$d$○○○○○ | 6$s$○ | 无毒 |
| | | | $Th^{4+}$ | | 6$d$○○○○○ | 7$s$○ | 无毒 |
| $Cu^+$ | $Zn^{2+}$ | | | | 3$d$ ⇅⇅⇅⇅⇅ | 4$s$○ | 有毒 |
| $Cu^{2+}$ | | | | | 3$d$ ⇅⇅⇅⇅⇅ | 4$s$○ | 有毒 |
| $Ag^+$ | $Cd^{2+}$ | $In^{3+}$ | | | 4$d$ ⇅⇅⇅⇅⇅ | 5$s$○ | 有毒 |
| | | | $Sn^{2+}$ | | 4$d$ ⇅⇅⇅⇅⇅ | 5$s$ ⇅ | 有毒 |
| $Au^+$ | $Hg^{2+}$ | | | | 5 ⇅⇅⇅⇅⇅ | 6$s$○ | 有毒 |
| | $Hg^+$ | | | | 5$d$ ⇅⇅⇅⇅⇅ | 6$s$1 | 有毒 |
| | | $Tl^+$ | $Pb^{2+}$ | $Bi^{3+}$ | 5$d$ ⇅⇅⇅⇅⇅ | 6$s$ ⇅ | 有毒 |
| $Cr^{3+}$ | | | | | 3$d$1111○ | 4$s$○ | 无毒 |
| $Cr^{2+}$ | | | | | 3$d$111○○ | 4$s$○ | 无毒 |
| $Mn^{2+}$ | | | | | 3$d$11111 | 4$s$○ | 有毒 |
| $Fe^{2+}$ | | | | | 3$d$ ⇅1111 | 4$s$○ | 有毒 |
| $Co^{2+}$ | | | | | 3$d$ ⇅⇅111 | 4$s$○ | 有毒 |
| $Bi^{2+}$ | | | | | 3$d$ ⇅⇅⇅11 | 4$s$○ | 有毒 |

由表 5-5 可以看出，当金属离子没有 $d$ 轨道、$d$ 轨道全空或者 $d$ 轨道未达到半充满时，

金属离子无毒；金属离子的 $d$ 轨道从半充满直到全充满者，即从 $d^5$ 至 $d^{10}$，都是有毒的。这种关系还可推广到金属化合物中。在这些化合物中，金属原子的外层 $s$ 和 $p$ 的价电子已和其他元素的原子形成稳定的化学键。例如，四乙基铅中，铅原子最外层的 $s$ 和 $p$ 轨道已和碳原子成键，铅的外层电子结构变为：

Pb　↑↓ ↑↓ ↑↓ ↑↓ ↑↓　‖　↑ ↑ ↑ ↑

$5d$（未参与成键）　　杂化的 $6sp^3$（和碳原子成键）

很明显，这时铅的充满电子的 $d$ 带在铅和铂形成的强化学吸附的键中起着重要作用。这时铅是作为给电子体和铂结合，它的成键关系类似于给电子的具有潜在毒性的非金属元素。

含毒性金属元素的物质，有的是在催化剂制备过程中，由于使用的化学药品不纯带入的，有的是反应原料中含有的；有的是因选用的设备材料不合适引入的。例如，$\gamma$-$Al_2O_3$ 负载的 Pt 催化剂，如果载体中 Ti、Sc、Zr 等金属杂质的浓度达 0.002%时，就会导致环已烷脱氢制苯的比活性降低 2/3～5/6，其中 Ti 的毒化作用最大。又如同用 Pt 和 Pd 催化剂进行催化加氢反应时，如果用含有 Hg、Pb、Bi、Sn、Cd、Cu、Fe 等的物质做载体，这些金属杂质会和 Pt 或 Pd 结合，使它们失去催化活性，其中 Hg 和 Pb 的毒性特别强。此外，加铅汽油中的铅化合物对汽车尾气净化催化剂的毒化已是众所周知的。

#### 5.1.2.3　含不饱和键的毒物

这类毒物的毒性和它的价键不饱和度有关。由于这类毒物分子中含的不饱和键能提供电子和Ⅷ族金属原子的 $d$ 轨道结合成较牢固的键，使催化剂中毒。一部分含有不饱和键的毒物和它们所毒化的催化剂及其催化反应列于表 5-6 中。

表 5-6　某些含不饱和键的毒物所毒化的催化剂

| 反应 | 反应物 | 催化剂 | 毒物 |
| --- | --- | --- | --- |
| 加氢 | 环乙烯 | Ni、Pt | 苯、氰化物 |
| 加氢 | 乙烯 | Ni | CO |
| 合成氨 | $N_2+H_2$ | Fe | CO |
| 分解 | 过氧化氢 | Pt | CO、HCN |
| 氧化 | 氨 | Pt | $C_2H_2$ |

由于不饱和化合物的毒性与键的不饱和度有关，如果将这些化合物的不饱和度降低，毒性就可以消失。例如 CO 对于许多金属催化剂是毒物，但是将它氧化为 $CO_2$，加氢转化为 $CH_4$，它的毒性即消失了。在合成氨生产过程中，利用甲烷催化剂消除原料气中的 CO，就是利用的这一原理。

### 5.1.3　半导体催化剂的中毒

这里所说的半导体催化剂是指非化学计量的金属氧化物催化剂，大多数用于氧化反应。对这类催化剂中毒失活的原因了解不多。一半认为这类催化剂参与的催化氧化反应，常常涉及电子转移过程，发生催化剂的氧化-还原循环，所以任何倾向于稳定催化剂离子价态的物质都会阻碍活性组分的氧化-还原循环，这些物质就可能是这类催化剂的毒物。根据毒物和催化剂的氧化-还原电位的相对大小，可以估计金属离子的毒性。一般说来，对金属催化剂是毒性的物质，对金属氧化物催化剂也是有毒性的。但是，在金属氧化物催化剂上进行的反应要比在负载型金属催化剂上进行的反应受无机杂质的影响小得多。

### 5.1.4 固体酸催化剂的中毒

固体酸催化剂的活性中心是 Lewis 酸和 B 酸（以下简称 L 酸和 B 酸），有机含氮化合物和碱金属化合物容易和这些酸中心相互作用，使它们丧失催化活性。

（1）有机含氮化合物毒物

有机含氮化合物使催化剂中毒的机理，一般认为是毒物被化学吸附在催化剂的配位不饱和的铝或硅离子（L 酸中心）上，封闭了 L 酸中心，同时还应考虑它可能和 B 酸中心作用，使质子酸中心数目减少。

—O—Al—O— + N ——→ —O—Al(←N)—O—

Mills 等对异丙苯裂化的硅酸铝催化剂的中毒研究表明，有机含氮化合物的毒性大小顺序为：

2-甲基喹啉($C_2H_6N—CH_2$)＞喹啉($C_2H_7N$)

＞吡咯[(＞$CH_2CH_2$)$_2$NH]＞哌啶[$CH_2(CH_2)_2NH$]

＞癸胺[$CH_5(CH_2)_2NH_2$]＞苯胺($C_6H_2NH_2$)

如果按照酸碱中和的概念，有机氮化合物的碱性愈强，毒性应愈大，但是上面这个顺序和这些有机碱的强度顺序并不符合。哌啶是其中最强的碱，但是它并不是最强的毒物。然而，有的含氮化合物（如吡咯）不是碱性的，它的毒性却比哌啶还强。这说明，不能单纯用酸碱作用的观点来解释这类化合物的中毒问题，还需要考虑分子中氮原子的供电子能力、分子大小和在反应过程中的变化等因素。通常随着有机氮化物分子量的增大毒性增强，而杂环化合物又比同碳数的胺的毒性强得多，这是因为环状化合物吸附在催化剂表面上比较稳定。

（2）碱金属化合物毒物

碱金属化合物，如 NaOH、KOH 和 NaCl 等，也是酸性催化剂的毒物。例如，纯的氧化铝对烃类异构化反应有很高的催化活性，当它用 NaOH 或 NaCl 溶液浸渍后，异构化活性就大幅度下降。

### 5.1.5 毒物的结构和性质对毒性的影响

毒物分子的毒性大小一般与两个因素有关：一是被吸附毒物的每一个原子或分子覆盖的催化剂活性组分原子或集团的数目，把它称为覆盖因子($s$)；二是毒物分子在催化剂表面上的平均停留时间，把它称为吸附寿命因子($t$)。于是，毒物的有效毒性可表示为这二者的函数式：

$$\text{有效毒性} = f(s,t)$$

覆盖因子 $s$ 与毒物分子的性质、结构和它在空间运动占有的有效体积大小有关；吸附寿

命因子 $t$，主要取决于毒性元素的性质和分子结构。由于毒物的吸附寿命一般比反应分子的吸附寿命长得多，所以毒物浓度即使非常低，它累计于催化剂表面上仍可以有效地阻碍反应物分子的吸附，使催化剂失活。

要准确测定毒物分子的吸附寿命是很困难的，所以在考察毒物的毒性时，一般是以原料中毒物的浓度与它所引起的催化剂活性下降关联作图和计算，求出毒物分子有效毒性的大小。实验表明，当毒物浓度很低时，催化剂活性随毒物含量增加很快地成直线下降，进一步增大毒物浓度时，活性下降明显减缓。例如，用铂黑为催化剂时，丁烯酸加氢反应过程中 $AsH_3$ 的中毒曲线如图 5-2 所示。这些中毒曲线的直线部分可用下式描述：

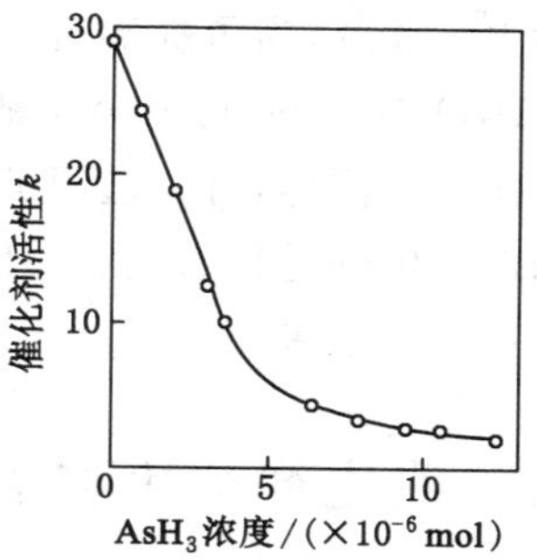

$$r_c = r_o(1-\alpha c)$$

式中　$r_c$——毒物浓度为 $c$ 时的催化活性(即反应速率)；

$r_o$——没有毒物时的活性；

$\alpha$——比例常数，称为毒性系数。

图 5-2　$AsH_3$ 中毒曲线

对不同毒物，$\alpha$ 有不同的值，它的大小反映了毒物毒性的强弱。表 5-7 列出了用铂黑催化剂使丁烯酸加氢和用载于硅藻土上的 Ni 催化剂使橄榄油加氢时，几种含硫化合物的毒性系数。

表 5-7　几种硫化物对 Pt、Ni 催化剂的毒性系数

| 毒物 | 相对分子质量 | Pt 催化剂 | | Ni 催化剂 | |
|---|---|---|---|---|---|
| | | $\alpha \times 10^{-5}$ | 相对毒性 | $\alpha \times 10^{-5}$ | 相对毒性 |
| 硫化氢 | 34 | 3.4 | 1 | 7.5 | 1 |
| 二硫化碳 | 76 | 6.4 | 1.9 | 18.2 | 2.4 |
| 噻吩 | 84 | 14.8 | 4.4 | 33.3 | 4.5 |
| 半胱氨酸 | 121 | 16.7 | 5.0 | 40.0 | 5.4 |

### 5.1.6　预防中毒失活的工艺对策

中毒失活一般是由于原料中杂质在催化剂表面吸附或化合所致，有些场合难于通过再生恢复活性，因此，应在流程中增加原料脱除杂质的步骤或采取其他措施来解决。例如，在甲烷化和费-托合成工艺中均采用金属催化剂，要求在合成反应器之前安排一个脱硫工段，将原料中硫含量降至 0.1 ppm 以下，以保证催化剂寿命为 1～2 年。重整过程使用 $Pt/Al_2O_3$ 催化剂，为保护催化剂活性，对进料物中的铅、铁、砷、硫、一氧化碳、碱金属、氮、氟、氯、氧化合物及水含量都有严格规定。为了脱除这些杂质就要增加好多个工序，例如预脱硫工序、预脱砷工序、预加氢工艺、预脱水工序等。在裂化和加氢裂化反应中，应除去氨、胺类化合物和吡啶，以防止所用催化剂的酸功能失效。对于轻质烷烃脱氢异构化的钯/丝光沸石催化剂，水分和硫化物导致的催化剂中毒属于可逆中毒。由于操作失误引入这些杂质而使催化剂中毒时，当更换清洁原料以后，经适当处理可恢复催化剂的活性。

如果由于金属杂质而导致催化剂失活，有时可以通过使前者中毒的方法来降低其毒性。例如用于催化裂化的含镍原料油中，镍在催化剂上沉积使催化剂选择性变差，产生大量焦炭

和氢气。这时，如果在原料中注入锑化合物使镍选择性中毒，就可以减缓镍的有害影响。

还有，焦炭沉积有时也可能具有延缓中毒的作用。例如在加氢精制装置中生成的焦炭，可以保护催化剂减少镍和钒盐造成的中毒危害；在再生过程中，金属也可以随焦炭而大部分被除去。此外，为了提高催化剂的抗毒性能，还可引用蛋白型催化剂。例如，加氢精制的 $Pd/Al_2O_3$ 催化剂，可使金属钯处于中间层，其外层为 $Al_2O_3$，这种催化剂能很好防止毒物的有害作用。同样，可以选用扩散阻力较大的催化剂，以便达到在外面壳层的中毒不会波及催化剂颗粒内部进行的化学反应，也不会改变催化剂活性组分在载体上的分配状态，因而可以收到良好的效果。

## 5.2 催化剂结焦和堵塞

催化剂表面结焦和孔被堵塞是导致催化剂失活的又一重要原因。催化剂表面上含碳物质的沉积称为结焦。由于含碳物质和/或其他物质在催化剂孔中沉积，造成孔径减小（或孔口缩小），使反应物分子不能扩散进入孔中，这种现象称为堵塞。因为结焦会引起堵塞，所以也有人把结焦归并到堵塞中。

与催化剂中毒相比，引起催化剂结焦和堵塞的物质要比催化剂毒物多得多。以有机物为原料的催化反应过程几乎都可能发生结焦，它使催化剂表面被一层含碳化合物覆盖。严重的结焦甚至会使催化剂的孔隙完全被堵塞。另一类堵塞是金属化合物的沉积。如金属硫化物，它们来自石油中或由煤生产的液体燃料中的有机金属组分和含硫化合物的反应产物，在加氢处理或加氢裂化中它们沉积在催化剂孔中。这种情况可称为杂质堵塞。尘埃造成的催化剂堵塞也属于杂质堵塞。

结焦按反应性质不同，可以分为非催化结焦和催化结焦两类。由于结焦产物是很复杂的，而且大多数沉积物是很相似的，所以要由形成的产物来确定结焦是由什么东西生成的是一个困难的问题。结焦产物中可能含有：① 气相生成的烟炱；② 在惰性表面上生成的有序或无序的炭；③ 在对结焦反应具有催化活性的表面上形成的有序或无序的炭（催化结焦）；④ 液态或固态（焦油）物质缩合形成的高分子量芳环化合物。各种类型结焦反应之间的关系表示在图 5-3 中。

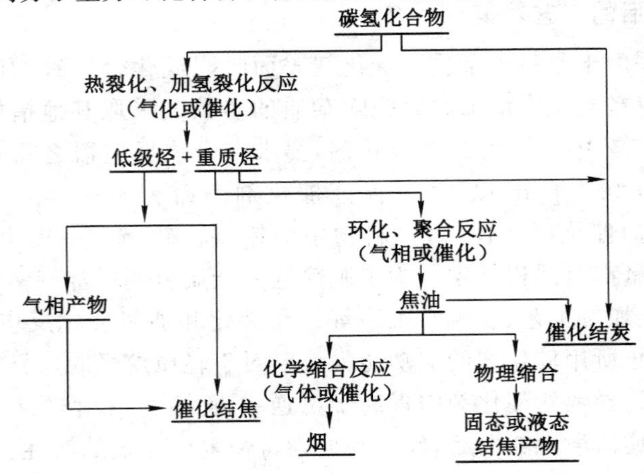


图 5-3 结焦反应途径

### 5.2.1 非催化结焦

非催化结焦是指在气相或非催化表面上生成焦油和炭的过程。焦油是一些高沸点的多环芳烃,有的是液体物质,有的是固体物质,它们有的还含有杂原子。

非催化结焦中生成的炭以不同结构形态存在,从几乎无定形的炭到结晶良好的炭都可在结焦产物中找到。气相生成的炭称为烟炱,是由小晶体组成球状颗粒的,这些颗粒又以链状结构连接在一起。这类炭的构造似乎与母体烃无关。表面上生成的炭具有较大的晶粒,层间距离较小,密度较高,它们成薄片状沉积在固体表面上。

气相结焦一般认为是按自由基聚合反应或缩合反应机理进行的,类似于 Diels-Alder 反应,生成高分子量产物。

+H

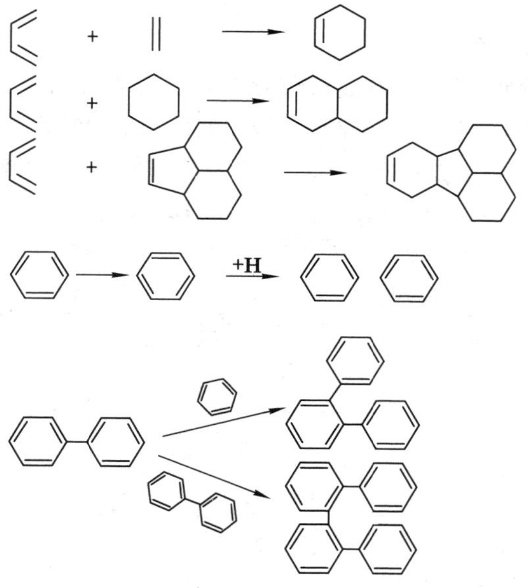

或经自由基加成反应,生成高分子量产物:

+H·

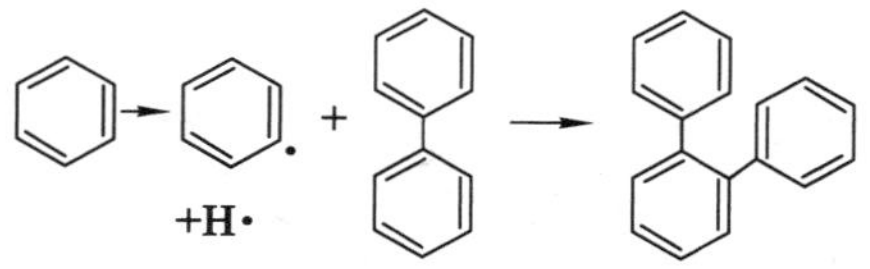

带烷基的芳烃还可经自由基反应闭环,形成多环产物:

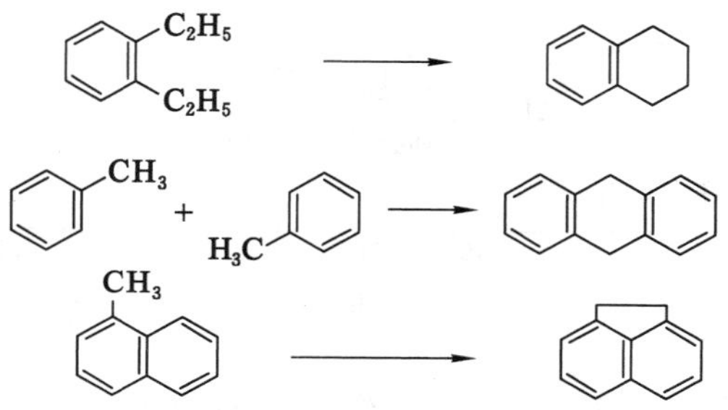

$C_2H_5$

$C_2H_5$

$CH_3$

$H_3C$

$CH_3$

表面上的非催化结焦是气相生成焦油和烟炱的延伸,它是在无催化活性的表面上形成焦炭的过程。非催化表面起着收集凝固焦油和烟炱的作用,促使这些物质浓缩,从而发生进一步的非催化反应。由于高温下高分子量中间物(不管是由原料带入的或由气相反应生成的)在任何表面上都会缩合,因此,通过控制气相焦油和烟炱的生成,可使非催化结焦减少。

### 5.2.2 催化结焦

如果将气相烟炱生成、焦油生成以及催化结焦对催化剂失活的影响进行比较,那么它们造成催化剂失活的可能性大小顺序为:烟炱生成<焦油生成<催化结焦。因为发生气相结焦的反应温度比催化反应温度要高得多,所以在正常催化反应条件下,催化结焦是导致催化剂失活的主要因素。催化结焦指的是在反应进行的活性中心上,主反应进行的同时出现生成炭的副反应。由反应物生成的称为平行积炭,由产物生成的称为连串积炭。催化积炭与催化剂性质密切相关。催化结焦可发生在酸碱催化剂上,也可发生在金属催化剂上,它们的反应机理是不同的。

#### 5.2.2.1 酸碱催化剂上结焦

对固体酸碱催化剂来说,主要是通过酸催化聚合反应生成结焦产物。结焦速度与催化剂表面的酸碱性有关。例如,一系列芳烃原料在酸性催化剂上的结焦速度(用催化剂的结焦量表示)与原料碱度常数 $K_b$ 的关系如图 5-4 所示。这些芳烃在结焦中所涉及的反应类型如下:

$$C_6H_5CH{=}CH_2 \underset{A^-}{\overset{H^+A^-}{\rightleftharpoons}} C_6H_5\overset{+}{C}H{-}CH_3$$

$$C_6H_5\overset{+}{C}H{-}CH_3 + C_6H_6 \underset{H^+A^-}{\overset{A^-}{\rightleftharpoons}} (C_6H_5)_2CH{-}CH_3$$

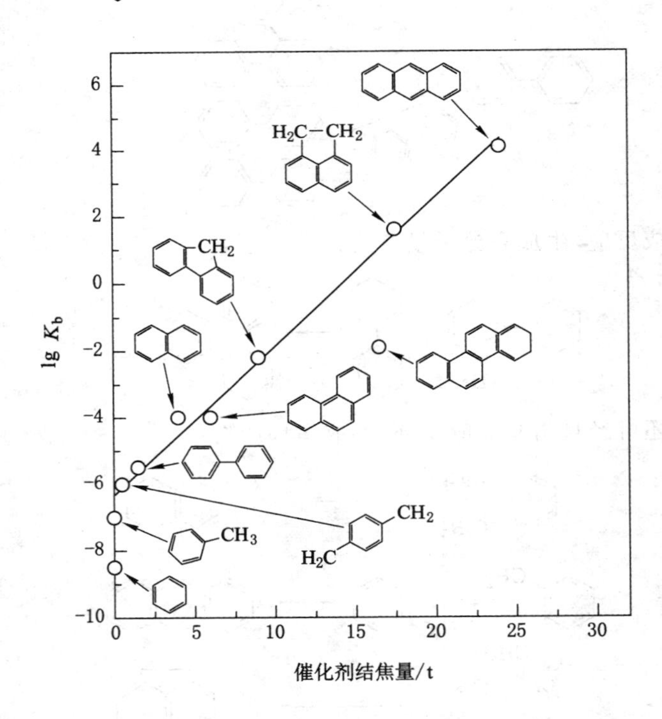


图 5-4 催化裂化中结焦量与原料碱性关系

5.2.2.2 金属催化剂上结焦

金属催化剂上的结焦是通过烃类深度脱氢和脱氢环化聚合反应产生的，简称脱氢结焦。为减少积炭生成，可采用临氢操作，或用少量预先处理金属或金属氧化物催化剂使脱氢部位中毒。通过调节催化剂的组成，减少有利于积炭的晶相结构，也可降低积炭的生成速率。经研究表明，在催化剂重整反应中，$Pt\text{-}Re/Al_2O_3$ 和 $Pt\text{-}Ir/Al_2O_3$ 双金属催化剂的积炭速率明显低于 $Pt/Al_2O_3$ 催化剂的，而 $Pt\text{-}Ir\text{-}Al\text{-}Ce/Al_2O_3$ 多金属催化剂的积炭速率只有 $Pt\text{-}Re/Al_2O_3$ 催化剂的一半。解离部位上发生的结焦，简称解离结焦。例如在烃的水汽转化反应中在镍催化剂上一氧化碳和二氧化碳生成的结焦。在一氧化碳加氢用的氧化铁催化剂中加入氧化钾，有助于抑制因一氧化碳在催化剂表面离解而导致的结焦，可能由于形成了一种 $K_2CO_3$ 中间物，该中间物而后分解为 $CO_2$ 和 $K_2O$。

金属颗粒大小、分散度、晶体结构、合金化等都会对结焦过程产生影响。

对多孔性催化剂进行的大量研究说明，结焦使催化剂严重失活，并不一定要求结焦量达到充满孔隙，只要部分结焦而造成催化剂的孔口直径减小致使反应物分子在孔中的有效扩散系数大为下降，就会导致催化剂粒子内表面利用率显著降低，这必将引起催化剂活性大幅度下降。例如，异丙苯在H-丝光沸石上裂解40%的结焦沉积物就使有效扩散系数下降约50%。显然当孔口直径减小到小于分子扩散所要求的尺寸时，催化剂将完全失活。因此从孔堵塞的平均结焦量来衡量催化剂的意义不大，重要的是结焦的分布。如果结焦主要是在孔口，它比整个催化剂上均匀结焦对催化活性的影响要大得多。这也说明，催化剂的孔结构与结焦引起失活有密切关系。假如催化剂的孔是墨水瓶形的，入口小、内部空间大，在表面层有少量结焦就会使催化剂严重失活。

### 5.2.3 催化剂上金属沉积

许多原油和从煤液化获得的液体产物中，都含有有机金属化合物。原油中的主要金属杂质是钒和镍，煤液化产物中主要含镍和铁。

当这些石油残留物或各种煤液化的产品进行加氢脱硫时，有机金属组分从油中分离出，并和硫化氢反应形成金属硫化物沉积。金属硫化物沉积如发生在催化剂颗粒的孔中，颗粒内孔会被封闭，如发生在催化剂床层的颗粒之间，催化剂床层就会被堵塞。

催化剂的堵塞，还会由于尘埃在催化剂表面沉积，或者由于催化剂的粉碎而引起，不在本节详细描述。

### 5.2.4 防治和再生方法

研究指出：在金属上生成焦炭应要求合适的表面原子总体结构，或者能使炭在金属体相中溶解。因此，如果加入能够改变表面结构或降低炭的溶解度的物质，就可以防止结焦失活；如把铜或硫加入镍或钌催化剂中，由于表面原子结构的改变而避免了结焦失活；又如铂加入镍催化剂中，由于降低了炭在镍中的溶解度，从而防止了结焦失活。至于在固体酸催化剂上，结焦主要在强酸中心进行，因此应减少载体酸度。在蒸汽重整反应中，由于催化剂中的某些添加剂有利于水的吸附，因而能够促进炭的气化反应，从而使结焦失活的危害性降低。ZSM(AF类)分子筛催化剂，因对原料有择形反应能力，可使某些潜在结焦物质难于进入孔道反应，从而避免结焦。反应器床层和催化剂几何尺寸也会影响结焦。例如，某些膜传质和孔扩散状态能影响催化剂颗粒内外的炭沉积、大孔载体能减轻孔口堵塞，而直径较大的催化剂颗粒却能防止反应器因结焦堵塞等。

已经结焦失活的催化剂一般采用烧炭的方法再生。烧炭时炭氧化为$CO_2$和CO。在催化裂化催化剂烧炭再生时，大约生成一半$CO_2$和一半CO。由于结焦物质至少由碳氢两种元素组成，氢被氧化后生成水，以水蒸气形式和碳氧化合物一同离开催化剂。

重整催化剂烧炭反应历程可能为：

$$[O_2]_{(气相或表面)}+C\longrightarrow C_yO_x\longrightarrow CO_2+H_2O$$

需要注意的是，在烧炭之前需将反应器降温，停止进料，用氮气吹扫系统中的氢气和油气，直到爆炸试验合格，再通氧气和氮气的混合物循环烧炭。烧炭时要尽量缩短烧炭时间并严格控制烧炭温度。

采用烧炭处理后的催化剂，在含氧的气氛下，注入一定量的氯化物不仅可以补充损失的氯组分，而且通过高温氧化能再一次分散催化剂表面聚结长大的铂粒子。图5-5为$Pt/Al_2O_3$催化剂氯化氧化再分散的示意图。工业上常用的氯化剂为二氯化烷和四氯化碳。对氯化更新处理后的催化剂进行还原后即可恢复其催化活性。

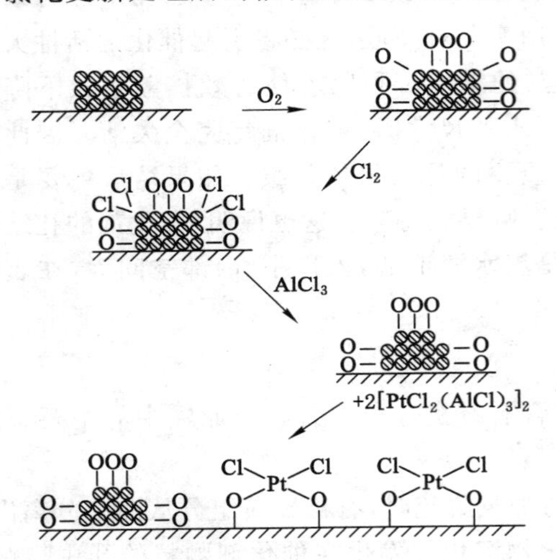


图5-5 $Pt/Al_2O_3$催化剂氯化再分散的示意图

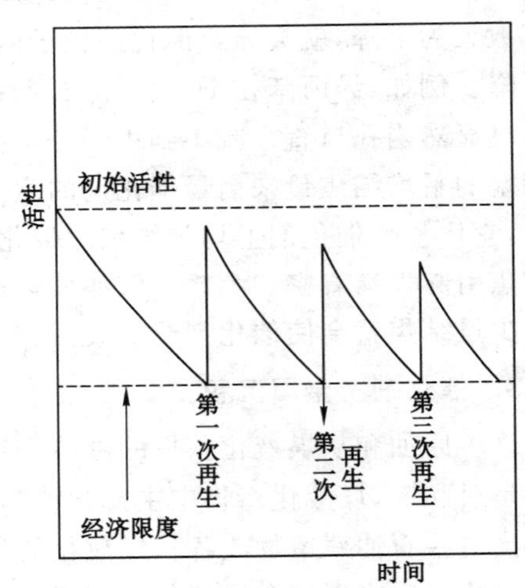


图5-6 催化剂活性在运转和再生过程中的变化

实际上，再生后的催化剂往往不能恢复到它的初始活性，因为催化剂本身发生了一些永久性的变化。当催化剂再生后，其活性不能恢复到生产中所规定的应有指标时，则须将其更换。图5-6是常见的催化剂活性在运转过程中的变化。

当催化剂再生后，活性不能达到图中虚线所规定的经济限度时，应给予更换。

更换下来的催化剂一般作为废渣处理，若其中有贵重组分(例如贵金属)，则将其回放再利用。

## 5.3 烧结和热失活

催化剂的烧结和热失活都是由高温引起的催化剂结构和性能的变化。二者之间的区别在于，高温除了引起催化剂的烧结以外，还会引起其他变化，主要有：化学组成和相组成的变化；活性组分被载体包埋；活性组分由于生成挥发性物质或可升华的物质而损失等。这些变化称为热失活。在某些情况下，由烧结引起的催化剂结构状态和性能变化是复杂的，其中也包含热失活的因素，因此二者之间有时难以明确区分。

至今，虽然对热失活的了解很少，但是对催化剂的烧结已进行了广泛研究。本节将着重讨论催化剂烧结引起的失活，因为这是工业催化剂，特别是负载型金属催化剂失活的重要原因。

### 5.3.1　催化剂的烧结

工业催化剂，无论是氧化物、硫化物或金属催化剂，大多数都是多孔性物质。尤其是负载型金属催化剂的活性组分，在载体表面上呈高分散状态。这些催化剂有发达的表面，包含多种结构缺陷的微晶，因此它们是具有许多性质偏离热力学平衡的体系。在低温下，这种不平衡状态能保持很长时间。当温度升高时，固体结构单元流动性增加，体系倾向于转变为更稳定的状态。在高温下，实际上所有的催化剂都将逐渐发生不可逆的结构变化，只是这种变化的快慢程度随催化剂不同而异。遗憾的是，至今还不能预料在给定的操作条件下各种结构参数（例如表面积、孔隙率、孔分布、金属晶粒大小等）变化的速度。大多数情况下，所观察到的变化是催化剂表面积减小，孔容和孔径重新分布，平均孔径增大，总孔隙率降低。这就是高表面积的催化剂的烧结现象。对于载于氧化物载体上的金属催化剂（例如载于氧化铝或硅胶上的镍和铂）来说，高温不仅引起载体表面积下降，还会导致负载的金属晶粒长大，金属分散度降低，活性金属表面积减小。

（1）金属催化剂的烧结

对金属催化剂的烧结过程机理，提出了不同的解释，下面列举的是较常采用的几种机理。

① 凝结过程。金属原子从具有较高蒸气压的小粒子向具有较低蒸气压的大粒子转移，它类似于液滴的蒸发和凝结。

② 晶粒迁移的聚集。假定金属原子和载体表面之间的相互作用比金属原子间相互作用弱，金属粒子较小（不大于 1 nm 的粒径）时，当温度高于该金属的 Tammann 温度后，晶粒处于准液态，它可以在载体表面迁移，并聚集成较大晶粒。

③ 金属原子由表面从一个晶粒转移到另一个晶粒包括三步：(a) 金属原子从晶粒转移到载体表面；(b) 金属原子在载体表面上迁移；(c) 迁移的原子和别的晶粒相遇而被俘获，或者由于温度下降，或者由于达到表面能量陷阱部位而定居下来。

（2）氧化物的烧结

氧化物除了可以单独作为催化剂使用而外，它还可做催化剂载体，特别是一些高表面积氧化物，如 $Al_2O_3$ 和 $SiO_2$ 等，在工业上广泛地用来担载活性金属组分。

Dowden 将文献中报道的许多金属氧化物（也包括一些硫化物和卤化物）的烧结机理，大致归类如表 5-8 所示。

从所举例子中可以看出，同一种化合物，有可能经由不同机理发生烧结，这取决于它所处的条件和状态。对大多数氧化物而言，扩散和迁移是主要的烧结机理。在晶体温度 $T$(K) 与其熔点 $T_m$(K) 处在不同的比值时，晶格迁移或扩散的不同情况如下：

当 $T/T_m$ 在 0.25～0.40 时，表面晶格发生迁移；

当 $T/T_m$ 在 0.40～0.60 时，体内扩散；

表 5-8　　金属氧化物的烧结机理

| 烧结处理 | 化合物举例 |
|---|---|
| 1）蒸发—凝结 | $BeO$,$ZnO$,$Al_2O_3$,$SiO_2 \cdot xH_2O$ |
| 2）溶解作用 | $NaCl \cdot xH_2O$ |
| 3）体相扩散 | $CaF$(1～5 μm,～900 ℃),$CaO$,$ZnS$(>600 ℃) |
| 4）颗粒边界扩散 | $MgO$,$TiO_2$,$ThO_2$(>900 ℃),$\alpha$-$Cr_2O_3$(～1 000 ℃) |
| 5）表面扩散 | $BeO$,$ZnS$(,600 ℃),$Al_2O_3$,$ThO_2$(<900 ℃),$Fe_3O_4$(500～570 ℃),在 $MgO$ 和 $MgO+H_2O$ 中是次要的 |
| 6）塑性流动(例如迁移) | $NaCl$,$CaF_2$ 细粉末,$Al_2O_3$, $CaF_2$(在受力状态下) |

当 $T/T_m$ 在 0.60 以上时，晶粒黏结长大。

在表面迁移阶段，表面原子、分子或离子活跃移动，表面构造变化剧烈，可产生新的介稳态表面，或者不稳定表面消失；在体内扩散阶段，发生晶型转变，晶格缺陷有的消失，有的又新产生；温度更高则结晶长大，排列整齐，结构趋向稳定化。

高表面积氧化物在高温下的烧结过程，一般认为可概括为三步：首先，小晶粒之间接触面增加，形成相互连接的“颈部”；其次，这些“颈部”相互交错，形成封闭的孔；最后，经过足够长的时间后，封闭的孔渐渐消失。这种烧结过程示意在图 5-7 中。

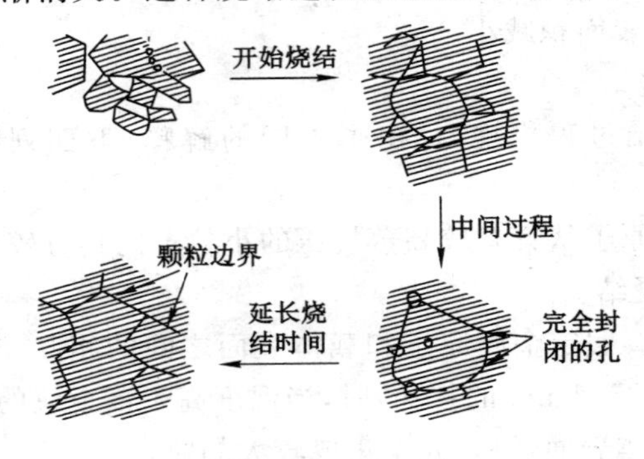


图 5-7　氧化物烧结过程

(3) 烧结对催化反应的影响

催化剂烧结的主要后果是微晶长大、孔消失或者孔径分布发生变化，从而使比表面积减小，活性位数减少。这会导致催化剂活性下降，有时还使选择性发生变化。表 5-9 的数据表明，随着 $Pt/Al_2O_3$ 催化剂中 Pt 微晶的长大，正庚烷重整反应中各种反应所占百分比的变化。

表 5-9　　正庚烷重整反应的选择性随 Pt 微晶增大的变化(0.3%质量分数 $Pt/Al_2O_3$,780 ℃)

| 比表面积/[$m^2$/g] | 微晶直径 $d$/nm | 产率/% | | |
|---|---|---|---|---|
| | | 异构化 | 脱氢环化 | 加氢裂化 |
| 233 | 1.0 | 9.0 | 37.4 | 50.6 |
| 202 | 1.2 | 10.6 | 32.8 | 53.1 |
| 72 | 3.3 | 14.2 | 26.6 | 54.4 |
| 32 | 7.3 | 21.7 | 21.6 | 49.7 |
| 15 | 15.8 | 24.3 | 17.7 | 48.2 |

由表 5-9 的数据可以看出，随着 Pt 微晶的直径 $d$ 的增大，由脱氢环化而得的芳烃产量减少，异构化反应增加，加氢裂化几乎保持不变，因此生成高辛烷产物的选择性随催化剂烧结而降低。

### 5.3.2　固相间化学反应和相组成的变化

催化剂由于受到高温作用，各组分之间会发生固相化学反应，或者发生相变和相分离。这些变化将使催化剂的活性中心组成、结构和性质改变，多数情况下是引起催化剂活性和选择性下降。这是催化剂热失活的一种表现。

#### 5.3.2.1　固相间化学反应

固相间的化学反应大致可分为两类：一是负载物质和载体之间的反应，例如，负载的金属组分与载体或助剂之间的反应；二是分散相之间的反应，例如，共沉淀催化剂两相之间的反应。假如两种固体之间的反应在热力学上是可能的话，反应速率主要决定于两个因素：一是它们之间的接触面积；二是反应离子的扩散系数。

活性物质和载体之间相互作用的各种类型如图 5-8 所示。

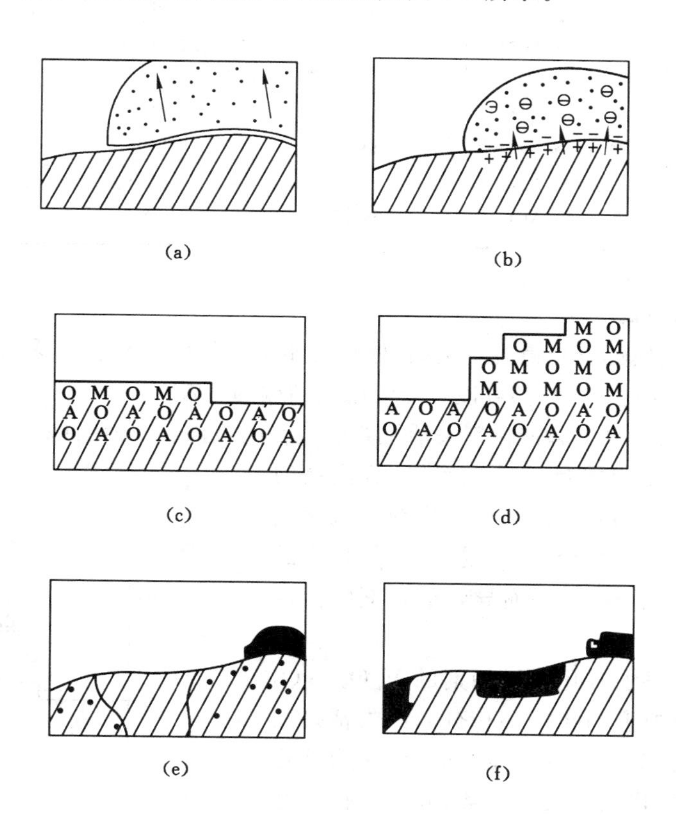


图 5-8　活性物质和载体之间相互作用的几种类型

图 5-8 中从 a→b→c→d→e→f 的顺序与活性物质同载体之间相互作用强度增加的顺序大体相符。从自由的活性相物质减少来看，它相当于催化剂老化和失活的顺序。

例如：烃类氧化时，镍催化剂需要在严格控制的条件下操作，每天要经受多次急剧的温度变化，经过 5 000～10 000 h 操作后，催化剂逐渐失去活性。失活原因是，在 800 ℃以上的高温下，催化剂活性组分与载体形成了化合物。以 $\alpha$-$Al_2O_3$ 为载体的镍催化剂，在反应条件下生成了尖晶石 $NiAl_2O_4$ 新相。用 X-射线方法研究以氧化镁为载体的镍催化剂表明，催化剂失活的原因是镍与氧化镁作用生成了混合氧化物 $(Mg、Ni)O_2$，使催化剂活性下降约 40%。如果向载体中加入 $TiO_2$、$Fe_2O_3$、ZnO 等类型氧化物，就会使载体对活性金属几乎是惰性的，阻碍了固溶体生成，这时催化剂的稳定性显著提高。

表 5-10 中列出了 Cu、Fe、Ni、Zn、Mg、Ca、Al 的二元氧化物在 700 ℃温度以下的相互溶解和化合，这对于判别催化剂组分间是否容易形成固体溶液是有帮助的。表中结果表明，铝的氧化物最容易和其他元素的氧化物形成固溶体。

**表 5-10　　某些二元氧化物的相互溶解度（低于 700 ℃）**

| | Al | Mg | Ca | Zn |
|---|---|---|---|---|
| Cu | 很小 | 很小 | 很小 | 小 |
| Fe | 生成 $FeO \cdot Al_2O_3$<br>$Fe_2O_3 \cdot Al_2O_3$ | 完全互溶 | 生成 $CaO \cdot FeO$<br>或 $CaO \cdot Fe_2O_3$ | 生成 $ZnO \cdot Al_2O_3$ |
| Ni | 生成 $NiO \cdot Al_2O_3$ | 完全互溶 | 很小 | 小 |
| Zn | 生成 $ZnO \cdot Al_2O_3$ | 很小 | 很小 | X |
| Mg | 生成 $MgO \cdot Al_2O_3$ | X | 很小 | 很小 |
| Ca | 生成 $CaO \cdot Al_2O_3$ | 很小 | X | 很小 |

5.3.2.2　相变和相分离

催化剂中很多物质处于介稳态。例如，催化工业中使用的氧化铝大多数都是过渡态 $\eta$-$Al_2O_3$ 或 $\gamma$-$Al_2O_3$。原则上它们都可以转变为稳定结构的 $\alpha$-$Al_2O_3$。

相变和相分离的结果引起催化剂失活主要表现在两方面：一是活性和选择性改变；二是使催化剂强度下降，变得容易破碎。例如，氧化铝的酸性与它的结构有密切关系，在重整催化剂中氧化铝的酸性对整个催化剂的性能有着重要影响，氧化铝的结构变化将引起酸性的改变，从而导致催化剂的活性和选择性变化。

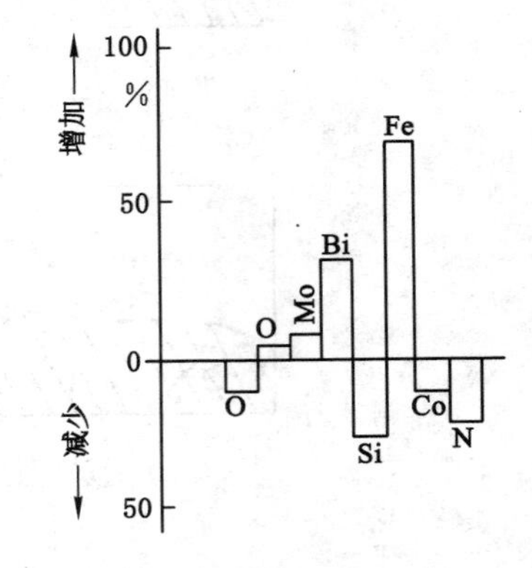

图 5-9　用过的多组分钼酸盐催化剂组成的变化

如图 5-9 所示，添加氧化钾做助剂的 $V_2O_6/SiO_2$ 催化剂，其热失活是典型的相变和相分离的失活。其失活原因可能是：① $SiO_2$ 载体和钾反应，使作为催化剂活性组分的熔融硫代焦钒酸钾分离，并析出低活性的 $V_2O_6$ 相；② 相当于低于五价的钒的复合氧化物生成（增加 $K_2O$ 含量，可减少这些非活性物质的生成）；③ $SiO_2$ 转变为白硅石。这三种原因并不互相排斥，它们可能同时导致催化剂活性下降。

促进剂和活性组分相互作用，使催化剂的化学组成和相组成变化，导致催化剂失活，可以合成氨催化剂为例。含三元促进剂的合成氨催化剂，在 700 ℃过热 96 h 以后，反应速率常数降低到原来的 1/7，催化剂总表面积从 7.6 $m^2/g$ 下降到 5.3 $m^2/g$。含四元促进剂的催化剂，在 800 ℃过热 25 h 以后，反应速率常数降到原来的 11.8%，总表面积从 9.9 $m^2/g$ 下降到 6.1 $m^2/g$。这是由于催化剂过热，导致含铁相的化学组成变化，形成含氧化物促进剂的无定行相。新相的生成，改变了催化剂表面的化学组成和结构，使催化剂活性下降。

### 5.3.3　活性组分被包埋

氧化物负载的金属催化剂，当加热到高温时，金属晶粒会部分"陷入"氧化物载体中，形成活性金属组分四周被包埋的状态。这也是一种热失活现象。

Powell 等利用扫描电镜对 $Pt/SiO_2$ 催化剂进行观察发现，当此催化剂在空气中于 1 200 K 和 1 375 K 进行退火处理时，100 nm 的铂晶粒部分陷入 $SiO_2$ 表面中，同时周围的 $SiO_2$ 隆起，将铂晶粒部分包埋。这个变化过程如图 5-10 所示。

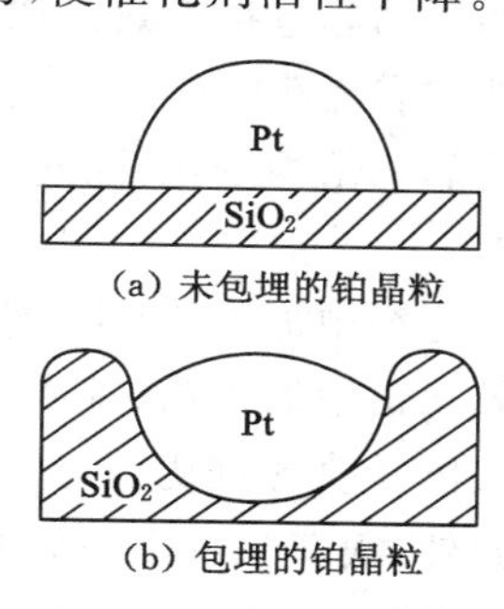


图 5-10　铂晶粒包埋于 $SiO_2$ 中示意图

图 5-10(b)中，包埋的铂晶粒的暴露表面积远比图 5-10(a)中半球形铂晶粒表面积小。显然铂晶粒陷入 $SiO_2$ 表面愈深，它的暴露表面积就愈小。

铂晶粒被包埋和催化剂失活之间的关系是双重性的。一方面由于包埋使暴露铂原子数目减小，引起催化剂活性下降；另一方面，晶粒被包埋后，它就不容易在表面上迁移，从而抑制了晶粒长大。Ahn 等也发现，在 $Al_2O_3$ 表面的凹入部位上的铂晶粒不大可能从这些部位迁移出，因为迁移过程将引起铂晶粒化学位增加。因此，被包埋的铂晶粒要通过表面迁移聚集长大，在热力学和动力学上都是不利的，它只有通过铂原子或 PtO 分子以晶粒间扩散的方式才可能实现。从这个角度看，包埋可以稳定金属晶粒大小的分布。

包埋发生的原因可能如下，如果铂晶粒的表面能大于铂和 $SiO_2$ 或 $Al_2O_3$ 之间的界面能，就存在热力学上的推动力，促进铂晶粒部分陷入载体表面。

### 5.3.4　催化剂活性组分的流失

催化剂上金属组分的直接挥发损失，一般不是催化活性下降的重要原因(催化燃烧是例外)，因为金属的蒸发温度，除汞外，都在 1 000 ℃以上，这比通常的催化反应温度高得多。催化剂金属组分的损失主要是因为生成挥发性或可升华的化合物，例如，金属羰基化合物、金属氧化物、硫化物和卤化物等，随反应物气流被带走。一些典型的挥发性化合物的生成条件列举如下：

反应环境中 CO 存在时，在 0～300 ℃都可生成羰基化合物，例如 $Ni(CO)_4$，$Fe(CO)_3$ 等；

反应气氛中 $O_2$ 存在时，25 ℃就可生成 $RuO_3$，850 ℃和更高温度下生成 PbO；

反应物料中有 $H_2S$ 存在时，在 550 ℃以上有 $MoS_2$ 生成；

反应体系中有卤素存在时，可生成 $PdBr_2$、$PtCl_4$ 和 $PtF_6$ 等。

金属组分生成挥发性化合物流失的过程可归纳为如下几步：① 金属与挥发性试剂(如 CO)反应，可逆地形成挥发性化合物(如羰基化合物)；② 这种化合物以一定的速度蒸发；③ 部分蒸气被反应物气流带走，使金属流失；④ 部分蒸气分解，金属再沉积出。因此，金属流失的速度是蒸发速度与蒸气分解速度之差。

### 5.3.5 防治和再生办法

通过以上介绍，可知烧结和热变化一般不具有可逆性，因此为了防止烧结和热变化带来的失活现象，应注意反应条件的调节。其中，温度是关键因素。如果保持反应温度在该金属的 Tammann 温度以下，将显著减少其烧结速率。这一措施对于避免金属氧化物、硫化物和载体的重结晶也很有效。如果随温度的降低造成主要反应速率太慢，可以通过提高催化剂的活性或表面积来弥补。反应气氛也会影响烧结，对于氧化物载体当有水蒸气存在时会加速重结晶和结构变化，因此在表面积比较大的载体上进行的高温反应，须尽量减少水蒸气的浓度。

催化剂中加入热稳定剂，可减少烧结的发生。例如，在金属镍中加入高熔点的铑或钌以及在氧化铝中加入钡、锌或锰助催化剂，均能增加它们的抗烧结能力。而金属催化剂采用良好的载体是改善抗烧结能力的重要措施。

此外，很多学者也在研究烧结后的大晶粒再分散以实现催化剂再生。烧结使小晶粒成长为大晶粒，降低了其催化活性。使它再生的方法就是将大晶粒再次分散为小晶粒。因此，再分散是烧结的逆过程。实验发现，在高于 600～650 ℃时，氧的存在有利于烧结，低于 600 ℃时，$O_2$ 或 $Cl_2$ 的存在有利于再分散。

从化学键角度看，金属内部以较强的金属键结合，与载体表面结合力较弱，所以金属组分在载体上总是以微晶粒状态存在。但当金属氧化或氯化之后变为氧化物或盐类，与载体表面的作用力变强，存在着自发倾向。杨骏英等根据谢有畅提出“自发分散”理论对 $PtO_2$ 在 $Al_2O_3$ 表面上的自发分散阈值作了测定，认为大晶粒的 Pt 被氧气氧化为 $PtO_2$，在氧化铝表面上因自发分散倾向而自动分散，经 $H_2$ 还原后可以变为分散度较大的铂。

## 5.4 催化剂失活研究实例

### 5.4.1 汽车尾气催化剂的失活

用于汽车尾气治理的催化剂的失活原因主要表现在以下三个方面：

(1) 因热失活

汽车尾气治理催化剂在因反应热可达到 800～1 000 ℃高温的状况下，会产生以下结果：

① 催化剂的组分挥发。如 $WO_3$-$MoO_3$ 中 $MoO_3$ 升华，又如 $RuO_x$($RuO_3$ 及 $RuO_4$)升华(1 000 ℃时可达 19.14 μg/g)。

② 催化剂组分间发生固相反应，使各组分的物性都发生变化。

③ 催化剂组分烧结，结晶长大(活性位变化、分散度变小等)，如 $Pt/Al_2O_3$ 中 Pt 晶粒长大，活泼部位数量和晶体缺陷数目减少，孔径分布发生变化。

④ 催化剂组分晶相结构变化，如 $\gamma$-$Al_2O_3$转变为 $\alpha$-$Al_2O_3$。

⑤ 高分子量副产物聚集。

(2) 因化学原因失活

① 中毒。燃料中掺有的金属，润滑油中的 Si、C 等覆盖催化剂表面，使之中毒。

② 催化剂的氧化-还原平衡状态被破坏。以氧化物催化剂为例，催化剂与被氧化物之

间有氧授受的氧化还原机理，而金属离子处于不同的氧化态时其活性不同，例如 $V_2O_5$ 和 $V_2O$ 对邻二甲苯氧化有活性，而 $V_2O_3$ 和 $V_2O_4$ 则无活性。又如，反应条件不能保证催化剂处于适当的氧化态就会使其失活。另外，催化剂经历反复的氧化-还原循环会使其表面反复膨胀收缩，致使表面组织松散。

③ 在高温下，水蒸气促使无定形金属氧化物烧结。

(3) 因机械原因失活

物理磨耗造成催化剂组分剥落和粉化，使催化剂床层阻力加大。

针对以上三个方面的失活原因，可采取一些措施来延长催化剂寿命：

• 解决催化剂的挥发、烧结等问题。如将 Te 与 Mo 制成复合氧化物可防止 Te 的飞散；将 Ru 制成含 Ru 的合金可防止 Ru 的升华。

• 选择最适宜的载体。若选择导热性好的载体，可防止局部过热及机械损耗。

• 对负载金属催化剂，在制备过程中注意金属组分的分散度。若过分分散，则耐毒性差，且易失活。

• 反应器传热要好。用多段催化剂床层使各段催化剂床层负荷均匀，减少局部过热现象的发生。

• 燃料纯化。

### 5.4.2　铂催化重整催化剂的失活

催化重整是将低辛烷值(40～60)的石脑油转化为高辛烷值(90～100)的汽油掺和燃料，主要是通过将直链烷烃或环烷烃转化成芳烃来实现的。在重整反应中，部分反应如脱氢和脱甲基化反应在催化剂金属活性中心上进行，部分反应如五元环烷烃脱氢异构化、烷烃异构化、加氢裂化及正构烷烃的脱氢环化等需要在金属和酸两类活性中心的共同作用下进行。因此，催化重整催化剂通常具有双功能，金属功能由分布在载体上的金属组分提供，而酸性功能则由含卤素的氧化铝载体提供。研究显示，铂是重要催化剂最好的脱氢活性组分，在重整催化剂中的含量一般在 0.25%～0.6%(质量分数)。铂重整催化剂失活的原因有以下几个方面：

(1) 积炭失活

积炭是重整催化剂失活的主要原因。积炭既可产生于金属活性中心，也可产生于酸活性中心。在金属活性上的积炭分为可逆性的(H/C 比为 1.5～2)和不可逆性的(H/C 比为 0.2 的石墨炭)。在酸活性中心上的积炭由金属活性中心上的积炭进一步在酸活性中心聚合而成，结构上是多环化合物，H/C 比为 0.05～0.1，用 $H_2$ 吹扫很难消除掉，是整个催化剂积炭的主要组成部分。

重整催化剂的积炭除了与催化剂的组成有较大关系外，还与重整原料油的质量有关。研究结果表明，原料油干点和含硫量越高，催化剂上积炭越严重；原料油中所含甲基环戊烷越高，积炭反应就越快。重整反应的中间物和产物，都是反应活性很高的物质。例如烷烃脱氢环化的中间物种同时具有双键和碳正离子，如果它们在催化剂表面上的密度过大，就会使产物的相对分子质量不断增加，所生成炭吸附在催化剂上难以脱附下来，最终导致催化剂的失活。

(2) 中毒失活

通常砷化物、硫化物及重金属杂质使铂金属活性组分中毒，而碱金属化合物、氨、含氮有机物、水和含卤原子有机物则会使酸活性中心中毒。催化剂中毒后，不仅其活性降低，产物的选择性也会明显下降。表 5-10 列出了各种毒物对铂重整催化剂性能的影响。

表 5-10 毒物对铂重整催化剂性能的影响

| 毒物 | 来源 | 与催化剂反应 | 对催化剂性能的影响 |
| --- | --- | --- | --- |
| 烷基铅 | 加工或运输过程中带入 | 以金属状态沉积于催化剂上 | 破坏催化剂的加氢-脱氢功能 |
| 硫化铁 | 高温腐蚀 | 先与氧作用生成 $SO_2$ 和 $SO_3$，然后转化成(亚)硫酸盐强烈吸附在铂及载体上 | 促使金属晶粒长大，抑制金属的再分散，干扰再生 |
| 有机砷化物 $(C_6H_5)_3As$，$As_2O_3$ | 原料油、油井处理 | 形成 $PtAs_2$ | 永久性地破坏催化剂的加氢-脱氢功能 |
| 有机硫化物(噻吩，硫酚，硫醚)，$H_2S$ | 原料油 | 形成 $PtS_2$，$Pt_2S$ 等 | 暂时性地破坏催化剂的加氢-脱氢功能，促进催化剂的裂化作用 |
| CO | 开工介质气体 | 形成羰基铂 | 造成铂的流失 |
| 氨、有机氮化物 | 原料油 | 有机氮化物加氢分解成氨和烃类，氨与载体中酸中心中和，与氯形成氯化铵 | 使载体酸性暂时性下降 |
| 烷基化合物 | 原料油、烷基化废油 | 与氧化铝结合 | 永久性增强酸性 |
| 有机氯化物 | 原料油、直接注入 | 与氧化铝形成弱键 | 暂时性增强酸性，改变催化剂的选择性，促进加氢裂化反应 |
| 碱金属化合物($Na_2CO_3$、$NaHCO_3$) | 碱处理 | 生成稳定的铝酸钠 | 造成酸性的不可逆损失 |
| $H_2O$，含氧化合物 | 原料油、开工介质 | 含氧化合物先与氢气反应生成水，水与含氯的载体反应生成 HCl | 造成酸性组分流失，使催化剂烧结速度加快 |

(3) 烧结失活

重整催化剂的典型操作温度为 475～525 ℃，在此条件下金属组分和载体的烧结程度较轻。然而在烧炭再生时，由于烧炭温度高且在含氧气氛下进行，加上烧炭反应又是强放热反应并有水产生，容易导致铂晶粒烧结长大、载体氧化铝孔结构发生改变以及酸活性位损失。

### 5.4.3 $SO_2$ 氧化用钒催化剂的失活

尽管工业生产硫酸所用的钒催化剂的寿命在正常情况下可达数年，但是在某些条件下仍然失活。造成钒催化剂失活的原因主要有以下几个方面：

(1) 结污失活

在工业生产所采用的温度条件下，钒催化剂呈熔融态，炉气中的矿尘容易被催化剂液膜黏附聚集并覆盖在表面使催化剂活性表面减少；或进入载体细孔，导致机械堵塞，并增加催化剂床层的气流阻力。矿尘中的氧化铁、锌和铜等会与催化剂毛细孔口冷凝的酸雾形成硫酸盐固体，在催化剂表面形成壳层或黏结成团，导致床层阻力增大，缩短了催化剂的使用寿命。

(2) 中毒失活

氯化氢气体、氯气、砷和氟都是钒催化剂的毒物。

氯中毒可能是氯与催化剂生成挥发性钒化合物致使钒流失而导致失活。

砷中毒是因为钒催化剂的载体(硅藻土及部分硅铝化合物、氧化镁和氧化钙等)能吸附砷氧化物,使孔隙堵塞,增加了内扩散阻力;或覆盖在催化剂表面上,减少了活性表面,从而使活性下降。当温度高于550 ℃时,氧化砷会与钒催化剂中的五氧化二钒生成易挥发的$V_2O_5 \cdot As_2O_3$,并随气流逸出,导致钒活性组分损耗而降低催化剂的活性。此外,冷凝下来的$V_2O_5 \cdot As_2O_3$会覆盖在催化剂表面上,不仅减少了催化剂活性表面,而且使催化剂与反应气隔开,进一步降低了$SO_2$的转化率。

氟能与载体和反应器设备中的氧化硅反应生成四氟化硅,使催化剂颗粒粉化而失活。当体系中水汽含量较高时,随着温度升高,四氟化硅会分解生成氧化硅覆盖在催化剂表面,形成灰白色的硬壳,甚至使催化剂结成块,造成活性下降。此外,四氟化硅与水汽反应所形成的氢氟酸可与五氧化二钒反应生成具有挥发性的钒酰氟而导致钒的流失。

(3) 烧结失活

在过高的温度下,载体中的$SiO_2$与$K_2O$反应生成玻璃状物质($K_2SiO_3$)并析出低活性的$V_2O_5$相,破坏催化剂的结构,降低催化剂的比表面积,从而使催化剂的活性下降。

此外,在低温下,反应体系中存在的水蒸气进入催化剂毛细孔中冷凝后,会溶解$K_2S_2O_7$、$K_2SO_4$和部分的$V_2O_5$并渗透到催化剂表面,导致催化剂的操作温度升高,催化反应区后移,总转化率下降。

# 第 6 章

# 工业催化剂的评价

在估测一种催化剂的价值时，通常认为有四个重要的指标：活性、选择性、寿命和价格。实验室中，检验催化剂的目的在于确定前三个指标中的一个或多个，其中活性是催化剂最重要的性质。根据研制新催化剂、对现有催化剂的改进、催化剂的生产控制和动力学数据的测定、催化基础研究等任务的不同，可以采取不同的活性测定方法。测定方法也可因反应及其所要求的条件不同而不同。例如，强烈的放热和吸热反应、高温和低温、高压和低压等反应条件，要区别对待。

理论上测定催化剂活性的条件应该与催化剂实际使用时的条件完全相同，因为催化剂最终要用在生产规模的反应器内。由于经济的和方便的原因，活性评价往往是在实验室内小规模地进行。但是小规模装置上评价的活性常常不可能用来准确估计大规模装置内的催化剂性能，必须将两种规模下获得的数据加以关联，因此，评价催化剂的活性是必须弄清楚催化反应器的性能，以便能够准确判断所测数据的意义。

工业反应器一般总是在原料气线速较大的条件下操作，因此外扩散效应基本上可以消除。固定床所用的固体催化剂颗粒较大，微孔中的扩散距离相应增加，粒内各点的浓度和温度分布不均匀，这就导致催化剂内各点的反应速率不同，因而影响催化反应的活性和选择性。因此，了解催化剂的宏观结构与催化作用间的关系对指导催化研究和工业生产有着十分重要的实际意义。

## 6.1 催化剂的评价指标

### 6.1.1 活性

催化剂的活性是判断其性能好坏的重要指标，一般可用在某指定条件（压力、温度）下一定量催化剂上的反应速率来衡量。

对于化学反应：

$$0 = \sum_i \nu_i \mathrm{B}_i$$

式中，$\nu_i$ 是组分 $\mathrm{B}_i$ 的化学计量系数，对产物为正值，对反应物为负值。反应进度（extent of reaction）$\zeta$ 定义为：

$$\zeta = \nu_i^{-1} \mathrm{d}n_{\mathrm{B}i}$$

这里的 $dn_{B_i}$ 是组分 $B_i$ 的变化量，用摩尔数表示。

反应速率（rate of reaction）定义为反应进度增加的速率：

$$r = d\zeta/dt = \nu_i^{-1} dn_{B_i}/dt$$

若 $B_i$ 为产物，$dn_{B_i}/dt$ 也称为 $B_i$ 的生成速率。

在催化反应体系中，如果非催化反应的速率可忽略，催化反应速率可定义为：

$$r = \frac{1}{Q}\frac{d\zeta}{dt}$$

其中 $Q$ 为催化剂的量，反应速率可称为在规定条件下的比活性（specific rate of reaction）。

若 $Q$ 以催化剂的质量 $m$ 计，则反应速率为：

$$r_m = \frac{1}{m}\frac{d\zeta}{dt}$$

若 $Q$ 以催化剂的堆体积 $V$ 计，则反应速率为：

$$r_V = \frac{1}{v}\frac{d\zeta}{dt}$$

若 $Q$ 以催化剂表面积 $A$ 计，则反应速率为：

$$r_A = \frac{1}{A}\frac{d\zeta}{dt}$$

依质量、体积和表面积之间的关系，反应速率之间有以下关系：

$$r_V = \rho r_m = \alpha_V r_A$$

其中，$\rho$ 为催化剂堆密度（$kg/m^3$）；$\alpha_V$ 为催化剂比表面积（$m^2/m^3$）。

如果用催化剂的总比表面积，那应该用 BET 法测算比表面积。也可以用别的方法计算比表面积，例如，负载金属催化剂的暴露的金属面积可以用适当的吸附物（例如氢或一氧化碳）做选择化学吸附来计算。

上述各种催化反应速率的表示法是为了便于比较不同研究者的结果（当然在进行比较时，对催化反应进行的条件应该规定得足够详细），因为一般来说催化剂的活性不仅取决于催化剂的化学本性，而且取决于催化剂的结构和纹理组织等，而催化剂的制备方法不同对它们会有很大的影响。表 6-1 列出了不同制法的各种铂催化剂对二氧化硫催化氧化的活性。

**表 6-1** 铂催化剂的活性

| 催化剂样品 | 比表面积 $A$ /($cm^2/g$) | 速率常数 $k$ | |
|---|---|---|---|
| | | $k$/g | $k/cm^2$ |
| 铂黑 | $1.7\times10^3$ | 3.9 | $0.23\times10^{-2}$ |
| 铂丝 | 22.6 | 0.054 | $0.24\times10^{-2}$ |
| 铂箔 | 6.9 | 0.12 | $1.74\times10^{-2}$ |

从表 6-1 中数据可见，不同制法的同一物质的催化剂，按单位质量计算的活性可以相差很大，按单位比表面积计算的活性则很接近。

但是催化剂中真正起作用的是活性位，而不是其全部表面。

两个催化剂可能有相同的比表面积，但活性位浓度并不相同，因而在给定温度、压力、反应物浓度以及一定的反应进度下，单位时间内单位活性位上发生的过程（基本步骤反应）次数来表示活性似乎更为可取，这个数值称为转换频率（turnover frequency）。

但是活性位的结构常常不能够完全了解或不了解，也不能统计活性位的数目，这就使得难以正常测定转换频率。例如，对于负载金属催化剂，所能做到的是计算出暴露在表面上的金属原子数；然而，一个活性聚集的表面原子数究竟是几个呢？表面上又有多少个这样的活性位呢？这些都是比较困难的问题。但是引入转换频率这个概念可以认为是使催化科学深入发展的一个标志。

转换频率随不同的活性位而异，平均来说，一个酶分子 1 s 内可催化 1 000 个分子，有的更多（注意：一个酶分子可不止一个活性位）；而对合成的催化剂，最多为 100 $s^{-1}$，通常为 1 $s^{-1}$，最小的仅为 $10^{-2}$ $s^{-1}$。

工业上常用单程转化率（one-pass conversion）来表示催化剂的活性，即某一反应物通过催化反应器后物质量发生转化的百分比。

$$\text{转化率}=\frac{\text{某一反应物转化量}}{\text{该反应物初始量}}\times 100\%$$

$$\text{产率}(Y)=\frac{\text{生成目的产物所消耗的某反应物的量}}{\text{该反应物初始量}} \tag{6-1}$$

也有用空-时产量（space time yield）来表示活性的，即单位时间单位体积催化剂所生产的目的产物量。这种表示方法比较直观、简单，但不确切，因为它不仅与反应速率有关，还与操作条件有关。例如，增加空速，使反应物在催化剂床层的平均停留时间缩短，转化率下降，但空-时产量却不一定下降，有时还会上升，而此时催化剂的活性并没有变化。

### 6.1.2 选择性

催化剂的作用不仅在于能加速热力学上可行但速率较慢的反应，更在于它使反应定向进行的作用。即当某反应物在一定条件下可以按照热力学上几个可能的方向进行反应时，使用一定的催化剂就可以使其中的某一个方向反生强烈的加速作用，这种专门对某一个化学反应起加速作用的性能称为催化剂的选择性。

有一个容易混淆的问题，即当反应物在热力学上可以向几个反应进行时，自由能降低最大的反应是否最先进行？回答为否。

例如，乙烯氧化可能生成三种产物：

$$C_2H_4+\frac{1}{2}O_2 \longrightarrow H_2C\!-\!CH_2 \ (\text{环氧，O 桥连两个 C}) \quad K_p=1.6\times 10^6 \tag{a}$$

$$C_2H_4+\frac{1}{2}O_2 \xrightarrow{PdCl_2\text{-}CuCl_2} CH_3CHO \quad K_p=6.3\times 10^{13} \tag{b}$$

$$C_2H_4+3O_2 \longrightarrow 2CO_2+2H_2O \quad K_p=4.0\times 10^{120} \tag{c}$$

从平衡常数 $K_p$ 来看，反应（c）进行的可能性最大，但若用银催化剂，则反应（a）的速率大为提高，而其他反应的速率仍然很慢，只要控制好反应时间，主要得到环氧乙烷；而若用氯化钯-氯化铜催化剂，则主要按反应（b）的方向进行，得到的主要产物是乙醛。用不同催化剂从同一反应物可以得到不同的产物，比较典型的例子是乙醇的转化。

表 6-2　在不同催化剂上乙醇的反应

| 催化剂 | 温度/℃ | 反　应 |
| --- | --- | --- |
| Cu | 200～250 | $C_2H_5OH \rightarrow CH_3CHO + H_2$ |
| $\gamma$-$Al_2O_3$ | 350～380 | $C_2H_5OH \rightarrow C_2H_4 + H_2O$ |
| $\gamma$-$Al_2O_3$ | 250 | $2C_2H_5OH \rightarrow (C_2H_5)_2O + H_2O$ |
| $MgO$-$SiO_2$ | 360～370 | $2C_2H_5OH \rightarrow CH_2=CH-CH=CH_2 + 2H_2O + H_2$ |

工业上，常用的选择性计算方法为：

$$选择性 = \frac{生成目的产物所消耗的某反应物的量}{某反应物转化的总量} \tag{6-2}$$

产物中常用产率(yield)来衡量催化剂的优劣。

有时为了简便，也可用下式表示产率：

$$Y = \frac{生成目的产物量所消耗的某反应物的量}{某反应物的初始量} \tag{6-3}$$

产率常常按质量计算，所以有可能超过百分之百。例如，烃类的部分氧化，在产物分子中引入氧原子，当反应的选择性很高时，产率就可能超过100%(按质量计算)。在燃料工业中，产率又常常按体积计算，若产物的密度比反应物的密度低，则产率也会超过100%。但在更多的情况下，产率是按摩尔计算的。

### 6.1.3　寿命

催化剂的寿命是指催化剂从开始使用至它的活性下降到在生产中不能再用的程度(这个程度取决于生产的具体技术经济条件)所经历的时间。

催化剂在长期使用过程中，由于加入或失去某些物质导致其组成的改变，或由于它的结构和纹理组织发生变化，这些都会使其活性随时间的改变逐渐变化。这可以用所谓"寿命"曲线来表示。图6-1是常见的一种寿命曲线。

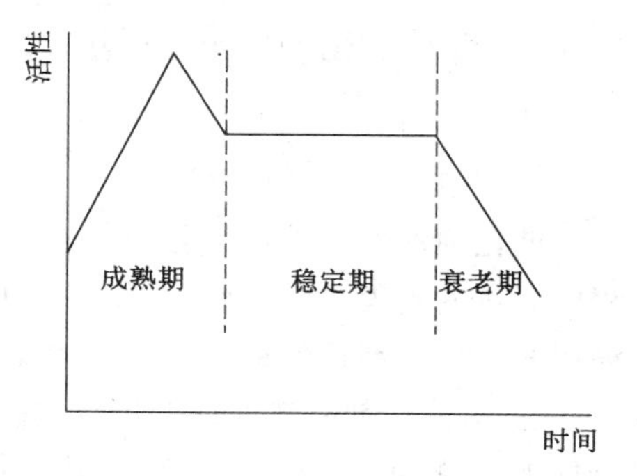


图 6-1　催化剂的寿命曲线

寿命曲线一般可分为三个部分：

① 成熟期。从制造商那里买来的催化剂或自己制备的催化剂通常要按照严格的操作程序进行预处理，有时也称为活化，才能使之转化为催化剂或非常有效的催化剂。预处理可在反应体系之外进行，譬如，将催化剂在真空中加热以除去吸附的或溶解的气体(此步骤通常称为脱气)也是预处理的一种形式。也可在反应体系中进行，使催化剂在反应介质和一定的反应条件下经受一定的"锻炼"而成熟。

上述预处理的和"成熟"的阶段统称为成熟期。经过成熟期后，催化剂活性趋于稳定。

② 稳定期。在一定时间内活性维持不变，这就是活性稳定期。

③ 衰老期。随着使用时间的延长，催化剂活性下降，以至于不能再用，这就是衰老期。

对于不同的催化剂，这几个阶段无论在性质上和时间长短上[从几分钟(如催化裂化)到几年(如催化重整)]都极不相同。

表 6-3 列举了一些工业催化剂的寿命。

表 6-3 工业催化剂的寿命

| 反应 | 公司 | 组成 | 寿命/年 |
| --- | --- | --- | --- |
| 甲醇空气氧化制甲醛 | IFP | Fe-Mo 氧化物 | 1 |
| 乙烯氧化环氧乙烯 | Shell | Ag/载体 | 12 |
| 丙烯氨氧化制丙烯腈 | Sohio | Bi-Mo 氧化物/$SiO_2$ | 1～1.5 |
| 萘空气氧化制苯酐 | B. A. S. F | V-P-Ti 氧化物 | 1.5 |
| 乙烯、氧、乙酸制乙酸乙烯酯 | U. S. Ind. Chem. Co |  $P_d$/载体 | 3 |
| 二氧化硫氧化制硫酸 |  | $V_2O_5/K_2SO_4$ | 10 |
| 重整 | Standard Oil | Pt-Re/$Al_2O_3$ | 12 |
| 正丁烷异构化为异丁烷 | B. P | Pt/载体 | 2 |
| 乙苯脱氢制苯乙烯 | Monsanto | Fe 氧化物＋$K^+$ | 2 |
| $NO_x$用 $NH_3$还原 | Monsanto | Fe 氧化物 | 1 |

从经济上看，催化剂的使用寿命往往比活性还重要。因为如果催化剂寿命短，就要经常停产拆装设备，这既费时又费钱。在长期运转中，用一个贵的但能用得久的催化剂要比一个便宜的但需要经常更换的催化剂往往更经济。

总产量＝单位时间产量×运转时间

选择性好的催化剂可以减少生产中用于产物分离提纯和副产物处理的费用。

## 6.2 催化剂的评价方法

### 6.2.1 催化剂的评价目标

催化剂活性测试包括各种各样的试验，这些试验就其所采用的实验装置和解释的完善程度而言差别很大。因此，首先必须十分明确地区别所需的是什么信息，以及它用于何种最终用途。催化剂评价最常见的目的如下：

① 由催化剂制造商或者用户进行的常规质量控制实验。这种检验可能包括在标准化条件下，在特定类型催化剂的个别批量或试样上进行的反应。

② 快速筛选大量的催化剂，以便于通过特定的反应确定一个催化剂以评价其优劣。这种试验通常是在比较简单的装置和实验室条件下进行的，根据单个反应参数的测定来做解释。

③ 更详尽地比较几种催化剂。这可能涉及在最接近于工业应用的条件下进行测试，以确定各种催化剂的最佳操作区域。可以根据若干判断，对已知毒物的抗毒性能以及所测的反应气氛来加以评价。

④ 测定特定反应的机理。这可能涉及标记分子和高级分析设备的使用。这种信息有助于列出适合的动力学模型，或在探索改进催化剂性能时提供有价值的线索。

⑤ 测定在特定催化剂上反应的动力学，包括失活或再生的动力学都是有价值的。这种

信息是设计工业装置或演示装置所必需的。

⑥ 模拟工业反应条件下催化剂的连续长期运转。通常这是在与工业体系结构相同的反应器中进行的，可能采用一个单独的模件（例如一根与反应器管长相同的单管），或者采用按实际尺寸缩小的反应器。

上述试验项目，有些可以构成新型催化剂开发的条件，有些构成特定过程寻找最佳催化剂的条件。显而易见，催化剂测试可能是很昂贵的。因此，事先仔细考虑试验的程序和实验室反应器的选择是很重要的。

### 6.2.2　实验室催化剂测试反应器的类型及应用

正确选择反应器是任何催化活性测试的决定性步骤。任何一个体系不可能总是理想的。选择实验室反应器最适合的类型，主要取决于反应体系的物理性质、反应速率、热性质、过程条件、所需信息的种类和可得到的资金。

实验室反应器的分类方法有许多种，为方便讨论，这里提出如图 6-2 所示的分类法。

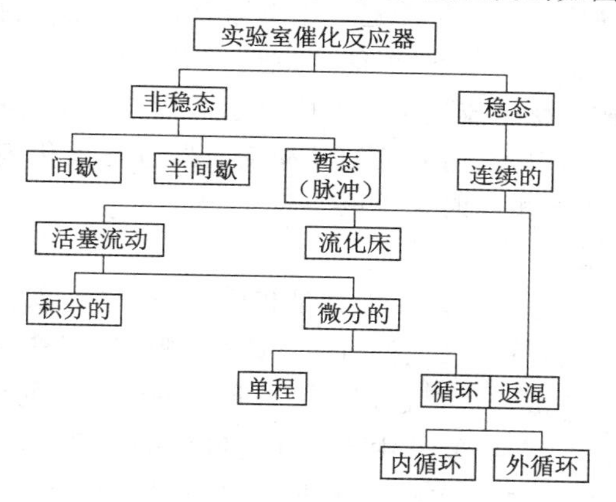


图 6-2　实验室反应器的类型

#### 6.2.2.1　间歇式反应器

实验室各种反应器最本质的差别是间歇式与连续式之间的差异。目前，在催化研究中应用最多的是连续式反应器。间歇式反应器现在采用较少，这些体系大多用于必须使用压力釜的高压反应，作为初步筛选试验之用。在这种场合下，催化剂的活性通常直接按给定的反应条件和反应时间下的转化率来评价。间歇式反应器的结构如图 6-3 所示。

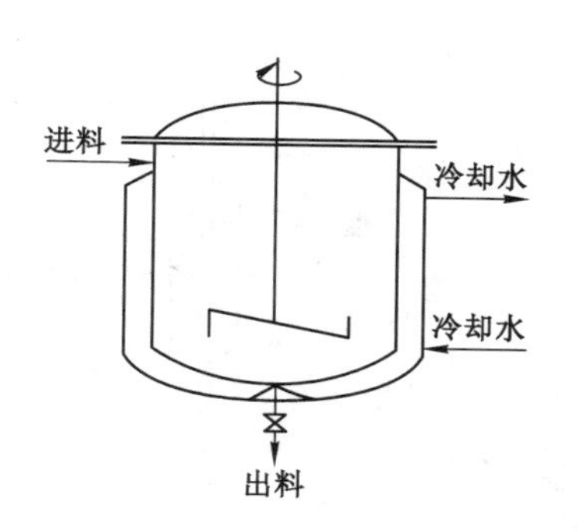


图 6-3　间歇式高压反应釜示意图

间歇式高压反应釜主要用于需要进行若干次试验的场合。例如，为高压/高温过程粗选大量可能使用的催化剂，以建立活性的顺序。这时只求实验之间简单的对比，但每次运转的实验条件（如温度、压力、升/降温时间）必须相同。采用间歇式高压反应釜鉴定催化剂性能上的微小差别是不大可能的。假如将间歇式高压反应釜用于动力学研究，无论是在一定温度下改变反应时间，或者是在运转过程中抽取试样，都可以得到一系列浓度对时间的数据。由于上述降温时间的限制，后一方法更为可取，但是必须注意确保催化剂与反应物的分离，以及抽样的体积只是总装料量的一小部分。

6.2.2.2 暂态反应器

这类反应器最简单的形式如图 6-4 所示。

脉冲反应器的操作原理：载气在反应器中连续流动，每隔一定时间向反应器中加入反应物，在催化剂层中发生化学反应，然后由色谱仪进行分析。反应是周期性的，以脉冲形式进行。

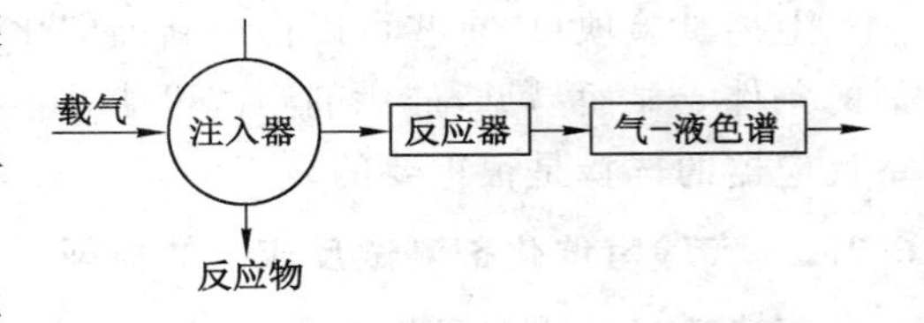


图 6-4 脉冲反应器示意图

脉冲法的优点是：体系相当简单，只需要很少量的反应物和催化剂，可以快速测试；可在同一恒温箱内平行地运行许多个反应器，使许多催化剂得以同时测试；改变载气的速率可获得一批转化率的数据。

其主要的缺点是在催化剂表面不能建立平衡条件。表面反应物的浓度在改变，从反应器所观察到的选择性有一定的局限性，可能造成研究者的误解。还有，在许多情况下，催化剂表面的真实性质和组成在稳定流动条件下取决于与周围环境之间的平衡，在非平衡条件下可能得到错误的信息。所以，采用简单的脉冲反应器进行催化剂的筛选和测试时必须要谨慎，特别是当选择性是重要指标时更应该如此。

6.2.2.3 连续流动反应器

实验室管式反应器的一般形式基本上都是相同的，不论其尺寸如何，也不论其是用于积分、微分或暂态的操作方式。管式反应器可由 Pyrex（硼硅酸耐热玻璃）构成，具有实际上惰性的优点。也可由不锈钢构成，具有机械强度高、加工安装方便的优点。图 6-5 为最简单的典型管式催化反应器装置的示意图，其中由 Pyrex 制作的管式反应器具有装置简单、制作便宜，并且能够迅速填装催化剂进行实验的优点，U 型管的空臂作为气体的预热区。它们最适合那些需要在条件比较温和且有大量催化剂要考察时的筛选试验。

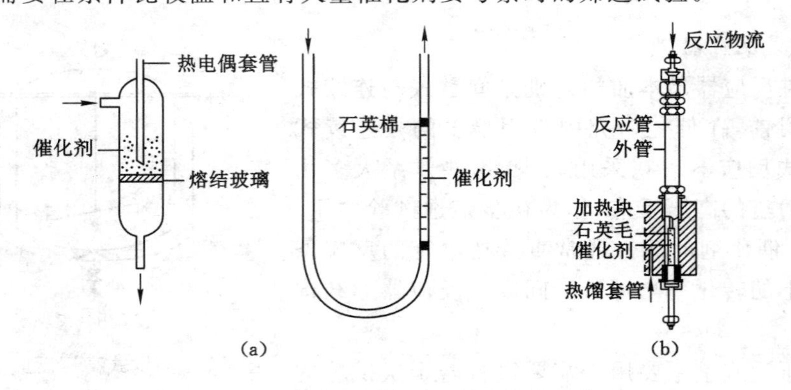


图 6-5 典型的实验室管式催化反应器

(a) 由 Pyrex（硼硅酸耐热材料）制作的简单管式反应器；(b) 由不锈钢制作的简单管式反应器

微分反应器能够在固定的浓度下直接算得速率而获得有用的动力学数据。使用微分反应器还具有以下优越性。

① 低的转化率和低的热量释放，这意味着一般情况下没有质量和热量传递的影响。

② 床层均匀，对大多数感兴趣的参数（如温度、浓度和压力）都可以分别加以研究。

③ 床层中流体的性质均匀，易于达到真正的活塞流，径向速率分布的存在不会引起显著偏离活塞流。

然而，使用单程微分反应器受到下述缺点的干扰：

① 所需的低转化率（$<5\%$）导致分析上的困难，有可能产生很大的误差。

② 测量作为组成函数的速率数据需要配合含有产物和反应物的定制组成进料，以模拟不同转化率下的组成。在复杂反应的场合，或者副反应比主反应慢且进行得不显著的情况下测量就特别困难。克服这个困难的唯一办法就是采用积分反应器来给微分反应器提供不同组成的进料。

③ 因为需要做多次试验来得到宽阔组成范围内的数据，这种技术是很费时的。

④ 尽管如优点③所述，但极短床层的均匀装填是困难的，会导致流动的严重分布不均。

⑤ 为保持微分条件可能需要较高的气流速度。

微分反应器是使反应物料循环（图6-6），既可以保持单程转化率在微分水平，又可以使总转化率得以提高，并且高的再循环速率造成高质量流速经过催化剂床层，更接近工业操作的情况。在这种情况下，大大消除了浓度和温度梯度，故称此种反应器为“无梯度反应器”。实践证明，要获得这种情况，再循环比 $q/Q_0$ 应该略大于25。

如果反应器以微分形式操作，则 $c_1$ 必须略大于 $c_f$。

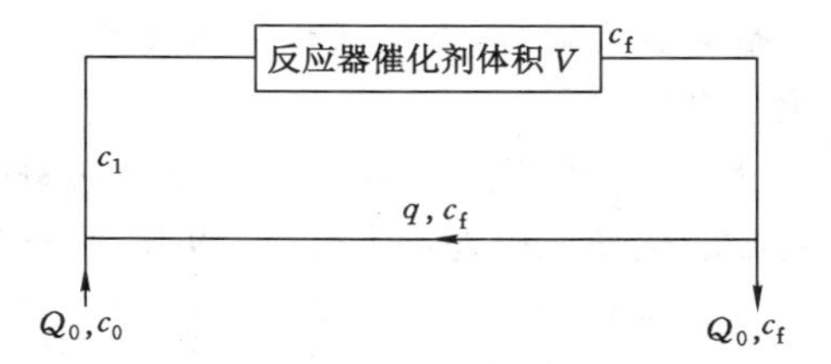


图6-6 再循环反应器的示意图

$Q_0$——体积进料速率；$q$——再循环速率；$c_0$——进料中反应物浓度；$c_1$——反应器入口处反应物浓度；$c_f$——反应器出口处反应物浓度；$V$——反应器填装时的催化剂体积

再循环反应器有外部再循环和内部再循环两类。外部再循环反应器是由外部的泵提供再循环，泵必须能够在高温下运转。内部再循环反应器是借助一叶轮，使反应混合物回流通过催化剂床层以达到内部循环。由于所有组件都置于一个容器内，故该反应器适用于高压系统。

积分反应器具有许多优点，成为通常使用的反应体系。它的高转化率减少了数据分析上存在的问题，并使数据更准确，这在将统计分析用于动力学模型的判别时是很重要的。同时，与再循环反应器相比，建立积分反应器方便且成本低，而前者则较为复杂。

当然，积分反应器也有相应的缺点，最大的困难在于等温操作条件的保持。另外，高转化率导致浓度梯度增大，存在显著的传质阻力或轴向分数的可能性；而且数据分析中所需的积分或微分也可能遇到数学分析上的困难，经常需要求助于数值方法，这在微分的场合可能引起较大的误差。

### 6.2.3 催化剂的测试方法

催化剂的测定方法很多，既可根据研究的目的不同采用不同的测定方法，也可根据反应的不同或反应条件的不同而采用不同的测定方法。

#### 6.2.3.1 流动法

流动法在测定活性时，将反应物以一定空速通过充填催化剂的反应器，然后分析反应后产物的组成，或者在某些情况下，分析一种反应物或一种反应产物。

由于反应物料在反应器中运动状态比较复杂，且依赖于反应器及催化剂的几何特征，人们从经验中得出一些流动法测催化剂活性的原则和方法，试图使宏观因素对活性测定和动力学研究的影响减到最小。为消除气流的效应和床层过热的影响，反应管直径 $d_t$ 和催化剂颗粒直径 $d_g$ 之比一般为 $6<d_t/d_g<12$。当管径与粒径之比($d_t/d_g$)过小时，反应物分子与管壁频频相撞，严重影响了扩散速度；若 $d_t/d_g$ 过大时，将给床层散热带来困难。

催化剂床层的高度和床层直径也要有适当的比例，一般要求床高超过直径的2.5～3倍。究竟多大的 $d_t/d_g$ 和高径比 $H/d_t$ 合适，要视具体情况而定。此外，还要根据测试目的，考虑内外扩散的影响，即在排除内外扩散影响的基础上来测试催化剂的活性。

6.2.3.2 微量催化色谱法

色谱分析方法具有高效、高灵敏度、快速和易于自动化的优点，现已成为石油与化工生产和科研工作中采用最广泛的分析方法。气-液色谱法(GLC)的迅速发展，使得由很少量样品制备的气体和液体产物得以正确分析，这就为发展微量催化色谱法(催化剂的装量可以从几十毫克到几克)创造了条件。常用的方法有两种，即脉冲微量催化色谱法和稳定流动微量催化色谱法。

脉冲微量催化色谱法——在实验时每隔一定时间向反应器中加入反应物，因而催化剂床层中的化学反应是周期性的，以脉冲形式形成的，然后连接色谱仪进行分析。

稳定流动微量催化色谱法——和一般的流动法相似，其差别仅在于实验装置与色谱仪相联结、周期取样在线分析。

(1) 单载气流脉冲微量催化色谱法(图6-7)

单载气流脉冲微量催化色谱法亦即通过反应器和色谱柱的载气为同一载气流。

实验时将少量反应物(气体或液体)用注射器注射到气化室，与载气混合后被带进反应器。反应后的产物经输出管保持气相状态，进入色谱在线分析。这样就完成一次脉冲实验。

单载气流法的装置和操作比较简单，为许多工作者所采用。但此法存在着比较严重的缺点，即同一载气流经反应器和色谱柱，反应器中浓度梯度变化不能控制，这样不便于用改变载气流速的办法来改变反应的接触时间，而又不破坏色谱柱的最佳操作条件，也不可能利用流经反应器和色谱柱的不同性质的载气流。

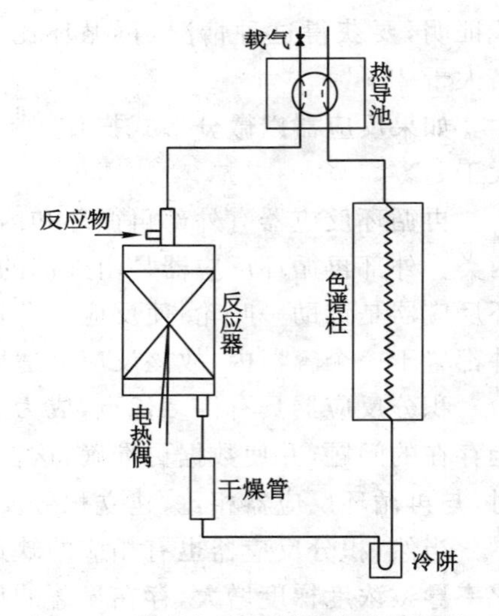

图6-7 单载气流法测定催化剂活性

(2) 双载气流脉冲微量催化色谱法

双载气流脉冲微量催化色谱法实质是反应器和分析系统的载气互相独立，互不干扰。它的基本原理如图6-8所示。

载气通过六通阀1、反应器和六通阀2进入热导池的参考臂，转动六通阀1，载气带着反应混合物由校正了体积的定量管流入反应器，反应产物经六通阀2、热导池的参考臂进入色谱柱，然后进入热导池的工作臂，给出分析信号。

上述的流程中经过分析系统的载气的流速不变，而在分析系统中，条件的标准化和分析

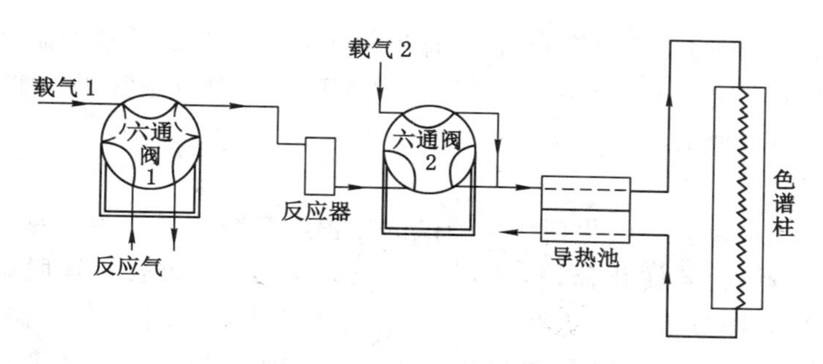


图 6-8　双载气流法测定催化剂活性

样品的富集，都有助于提高测定的精确度。这样就有可能在反应的低转化率(10%)下操作，因为在低转化率下反应放出的热量少，使得催化剂层中几乎不存在温度梯度。

(3) 稳定流动微量催化色谱法

该法的实质是采用了微型反应器的一般流动法的反应系统。反应器隔着取样器与色谱分析系统相连(图 6-9)，反应物以恒定流速进入微型反应器 R，反应后的混合物经取样器 S 流出。载气经鉴定器 D，在取样器中将一定量的反应后混合物送至色谱柱 C，分离后再经鉴定器流出。这样即可对稳定的反应进行周期取样分析。该方法对催化剂活性、稳定性和寿命有很大的实用意义，具有快速、准确的优点，用于动力学数据的测定也比一般流动法优越，目前在实验室被广泛采用。

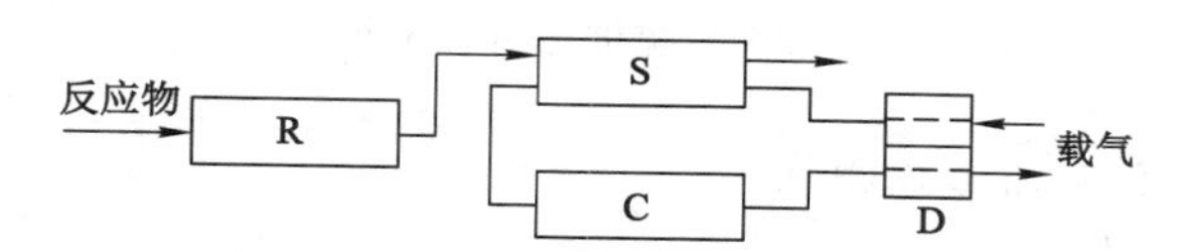


图 6-9　稳定流动微量催化色谱法

R——微型反应器；S——取样器；C——色谱柱；D——检测器

### 6.2.4　催化剂测试实例

6.2.4.1　钴钼加氢脱硫催化剂的活性测试(一般流动法)

(1) 测试原理和方法

① 原理。加氢脱硫催化剂主要用于脱除烃类中的有机硫。原料液态烃(轻油)所含的 $CS_2$、COS、$C_2H_5SH$、$C_4H_4S$ 等有机硫化物，在一定条件下，能被加氢脱硫催化剂转化为无机硫($H_2S$)，从烃类中清除净化。这些有机硫中以噻吩($C_4H_4S$)最难转化，因此，往往以噻吩的转化率作为衡量催化剂的活性。

② 方法。鉴定加氢脱硫催化剂活性的方法有两种：一是以轻油为原料，配以一定量的噻吩(约 200 mg/L)，在一定工艺条件下测定噻吩的转化率；另一种是直接以轻油为原料，在一定工艺条件下直接测定经催化转化后轻油的净化度，要求轻油中有机硫含量(换算成全硫)在 0.3 mg/L 以下。

以第二种方法为例，先将催化剂粉碎至 1～2.5 mm 粒度，消除扩散因素及避免原粒度催化剂在床层中引起的勾流现象。催化剂填装量为 50 mL，反应温度为 350 ℃(温度过高会引起裂解结炭)，整个床层基本上处于等温区域。为了转化有机硫，需加一定量 $H_2$。轻油中含有不饱和烃和芳香烃也由于加氢作用而消耗一部分氢。所以通常控制轻油比为100,即按体积100份氢、1份油。压力可以是加氢(3.92 MPa),也可以是常压。加压时液体空速为15～30 $h^{-1}$,常压时就要低些。

(2) 测试过程

图6-10所示为加氢脱硫催化剂活性测试的流程示意图。轻油由微型注油泵通过转子流量计,压入汽化器,再到转化器,转化后经无机硫吸收器(如氧化锌脱硫),然后冷却分离,对冷凝油进行取样分析。汽化器、反应器及无机硫吸收器各安装一温度测量点,用精密温度控制仪控制。加氢脱硫后,油经冷却分离,将剩余 $H_2$ 放空,收集冷凝下来的油并取样分析。

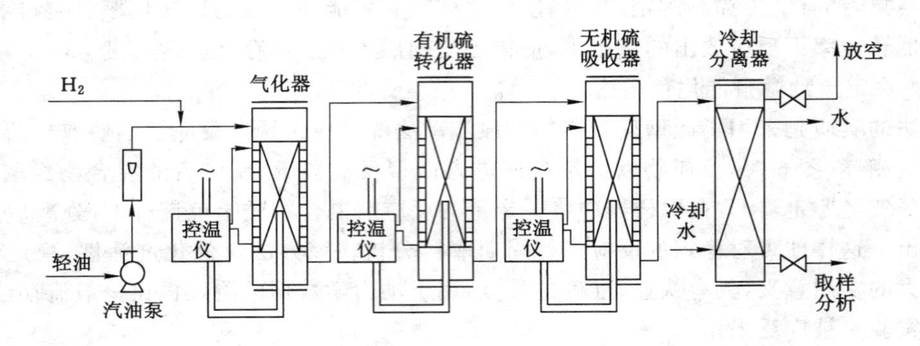


图6-10 加氢脱硫催化剂活性测试流程

6.2.4.2 氨合成用催化剂的活性测试

(1) 测试原理和方法

① 原理。氮气和氢气在一定压力、温度下,经熔铁催化剂生产氨。氨合成是一放热反应。从反应式可看出,增加压力有利于反应向生成氨的方向进行。在催化反应中,大粒度熔铁催化剂属于内扩散控制,故在活性测试时须将催化剂破碎至1.5～2.5 mm。

氨合成所用的合成塔为内部换热式,催化床的温差较大,特别是在轴向塔中。即使用径向塔,由于气流分布方面的原因,有时候同平面的温差也较大,因此不但要测定氨合成催化剂在某一温度下的活性,而且要测定它的热稳定性。

② 方法。氨合成催化剂的活性检验,目前都在高压下进行。由于 $O_2$、CO、$CO_2$、$H_2O$ 等杂质对催化剂有毒害作用,测试前需进行气体精制。一般通过 $Cu_2O$-$SiO_2$ 催化剂除氧,Ni-$Al_2O_3$ 催化剂除 CO,KOH 除水分及 $CO_2$,并用活性炭干燥。

国内 $A_6$ 型催化剂的活性指标为:催化剂粒度1～1.4 mm,压力为30 MPa,温度为450 ℃,空速为10 000 $h^{-1}$,采用新鲜原料气,要求出口氨含量大于23%;在550 ℃耐热20 h,再降至450 ℃,活性保持不变。

国外KM型催化剂的活性指标为:压力22 MPa,温度410 ℃,空速15 000 $h^{-1}$,催化剂填装量4.5 g,要求合成气中 $NH_3$ 含量大于23%。

(2) 测试过程

测试流程如图6-11所示。

新鲜气经除油器除去油污,进入第一精制炉(内装 $Cu_2O$-$SiO_2$ 催化剂)以除去 $O_2$,进入

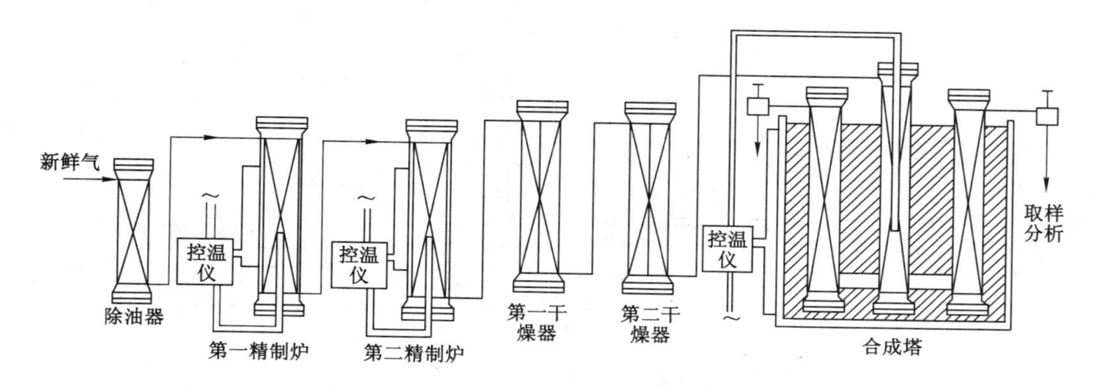


图 6-11　氨合成用催化剂的活性测试流程

第二精制炉(内装 $Ni\text{-}Al_2O_3$ 催化剂)使 CO 及 $CO_2$ 甲烷化,再进入第一干燥器(内装 KOH 固体)、第二干燥器(内装活性炭),最后进入合成塔。本测试采用多槽塔(五槽塔),即在一个实心的合金元钢上钻 5 个孔,中心为气体预热分配总管,旁边对称钻 4 个孔。精制气体先经过中心管,然后分配到各个塔,合成气由各个塔放出进行分析。整个塔组采用外部加热,温度比较均匀一致。出塔气中所含氨量采用容量法测定,即在一定量的 $H_2SO_4$ 溶液中通入出塔气,硫酸溶液由于吸收了氨而中和变色,记录气体量,进而算出氨含量。

前面两个例子是在模拟工业生产条件下的催化剂活性测定法,采用的是一般流动法。这种方法的优点是装置比较简单,连续操作可以得到较多的反应产物,便于分析。但由于从反应到取样分析的过程较长,加上操作的原因,有时难以做到物料平衡,使所得结果有一定的误差。为此,可采用稳定流动微量催化色谱法。

该法的实质是采用微型反应器的一般流动法系统,中间通过取样器与色谱分析系统连接,如图 6-9 所示。反应混合物以恒定流速进入微型反应器 R,反应后的混合物经取样器 S 流出。载气经检测器 D,在取样器中将一定量的反应后的混合物送至色谱柱 C,分离后再经检测器 D 流出。这样即可对稳定的反应进行周期性的分析。

这种方法对评价催化剂的活性、稳定性和寿命有很大的实用意义。它具有快速、准确的优点,用于动力学数据的测定也比一般流动法优越。

6.2.4.3　丙烯选择性氧化催化剂的活性级反应动力学的测试(微型反应器-色谱联用法)

目前丙烯氧化制丙烯醛的高选择性催化剂中,以 Bi-Mo 氧化物催化剂研究的最为深入。有关这种催化剂的活性和动力学测试流程如图 6-12 所示。

聚合级精丙烯由钢瓶经减压计量后进入混合器,与由空气钢瓶来的精制空气混合,经六通阀再进入反应器,反应后混合气也经六通阀进入 $CO_2$ 红外气体分析仪后流出。色谱载气经检测器通过六通阀流入色谱柱,并经检测器后放空。六通阀上装有取样定量管。这样便可利用两个六通阀切换,方便地使系统处于取样或分析状态,并可分析反应前或反应后的组分浓度,从而可计算得到催化反应的转化率、选择性等数据。流程中还通过连续检测反应后混合物中 $CO_2$ 的浓度(用 $CO_2$ 红外气体分析仪检测)和反应过程中催化剂表面的温度变化(用热电偶检测),来考察反应系统的动态变化过程。

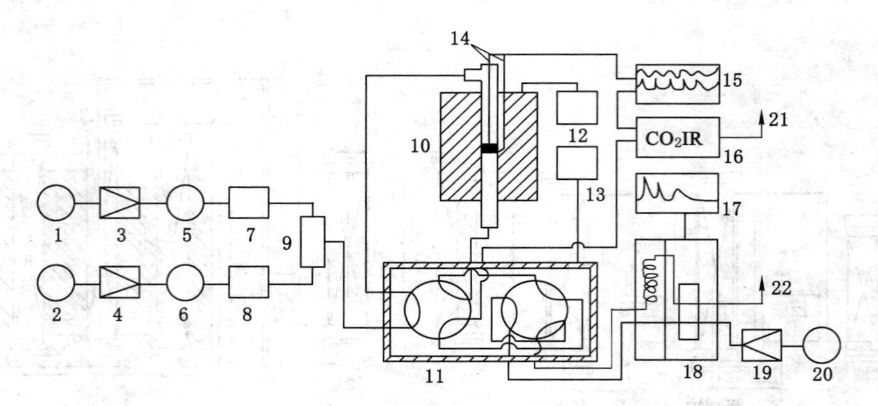


图 6-12 丙烯氧化催化剂的活性和反应动力学测试流程

1——$C_3H_6$气体钢瓶；2——空气钢瓶；3，4——减压阀；5，6——稳压阀；7，8——流量计量；9——混合器；10——反应器；11——六通阀组；12，13——精密温度控制仪；14——热电偶；15——双笔记录仪；16——$CO_2$气体红外分析仪；17——色谱记录仪；18——气相色谱仪；19——减压阀；20——氢气钢瓶；21——反应尾气放空；22——色谱尾气放空

# 第 7 章

# 工业催化剂宏观物性的测定

催化剂的宏观物性，是指由组成各粒子或粒子聚集体的大小、形状与孔隙结构所构成的表面积、孔体积、形状及大小分布的特点，以及与此有关的传递特性及机械强度等。这些性质不仅对降低催化剂装运过程中的损耗、满足分类反应器操作中流体动力学因素的要求是十分重要的，而且直接影响催化反应的动力学过程。

本节讨论催化剂宏观物性(比表面积、孔结构、颗粒性质、机械强度、热性质、本体性质等)及其测定原理和方法。

## 7.1　比表面积的测定

催化剂的活性与它的比表面积有着直接的关系，在比较不同催化剂的活性或不同制备和处理方法对催化剂活性的影响时，必须弄清催化剂活性不同是因为其固有的化学禀性不同还是因为催化剂比表面积的变化。所以在评选催化剂时，比表面积的测量就成为一个经常要进行的工作。

测量多孔固体的总比表面积的主要方法是在液体或气体中，使特定的由分子组成的物质吸附到多孔固体表面上。如果选择好一定的条件，在这个条件下，固体表面完全被吸附物质所覆盖，而且层厚为一分子厚，假如知道每个分子所遮盖的面积，则由吸附量就可直接求出样品的总比表面积。

$$S_g = \frac{V_m}{V_{mol}} N \alpha_m \tag{7-1}$$

式中　$S_g$——每克吸附剂的总比表面积；

$V_m$——整个固体表面铺满单分子层所需吸附质体积；

$V_{mol}$——吸附质的摩尔体积；

$N$——阿伏伽德罗常数；

$\alpha_m$——每一个被吸附分子在吸附剂表面上所占有的面积。

常用的吸附物是较小分子的气体或蒸气，它们连小到十分之几的空隙都能渗入。若用脂肪酸或燃料作为吸附剂，由于它们不能进入很细的微孔，根据它们的吸附量计算得到的比表面积往往不能反映全部的情况。

### 7.1.1　物理吸附等温线

吸附等温线是在恒定温度下平衡吸附量与被吸附气体压力的关系曲线。如果知道非专一性的单层吸附量就可以计算总比表面积。

在不同的多孔物质上，在接近吸附物的沸点的温度进行不同吸附物的吸附，可以得到 5 种类型的吸附等温线(图 7-1)。它将吸附等温线的形状与吸附剂的平均孔径和吸附质相互作用强度关联起来现在已被国际所公认。

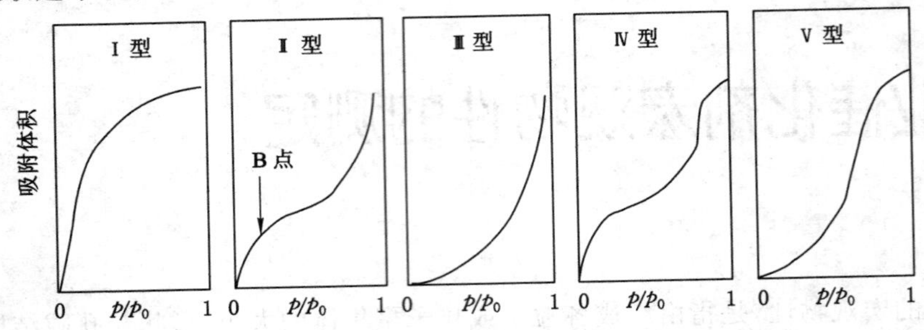


图 7-1　吸附等温线的五种类型(BDDT 分类)

这五种类型中，第Ⅰ型是符合朗缪尔吸附等温线的，因而也被称为朗缪尔型，但要说明的是，吸附等温线符合朗缪尔型(Ⅰ型)的，其吸附情况不见得一定符合朗缪尔的假定。实际上，在非孔性物质上却很少见到这种类型的吸附等温线，仅对只含有非常细的孔的物质(孔径为 2～3 nm)，例如活性炭、硅胶、沸石等。这种类型的吸附等温线却是相当罕见的。Ⅰ型等温线是微孔吸附剂的特征。它的孔径和吸附质分子的大小属同一数量级，故对形成的吸附层的数目给予了严格的限制。现在一般认为，在这种场合下，当相对压力远远小于 1 时，渐近线的值并不是表示单层吸附而是表示微孔被完全充满，因而吸附量不再随压力($p/p_0$)的增加而增加，而根据朗缪尔方程的推论，渐近线的值原是表示单层吸附的。在活性炭上，在 $N_2$ 的沸点(－195 ℃)进行的 $N_2$ 吸附，或在氧的沸点(－183 ℃)进行 $O_2$ 的吸附，它们的吸附等温线即属第Ⅰ型。可逆的化学吸附也应是这种类型的等温线。

第Ⅱ型等温线，有时称反 S 型吸附等温线，曲线的前半段上升缓慢，呈向上凸的形状，后半段发生了急剧的上升，并一直接近饱和蒸气压也未呈现出吸附饱和现象。在非孔固体(自由表面)或大孔固体(孔宽度大于 50 nm)上(内表面不太发达)一般会见到这种类型的等温线。这类吸附剂孔径大，而且没有上限，因而由毛细凝结引起的吸附量的急剧增加也就没有尽头，吸附等温线向上翘而不呈现饱和状态。拐点 B 表示其时已完成单分子层的遮盖。例如，非孔性硅胶或 $TiO_2$ 上，在－195 ℃氮的吸附，它的吸附等温线就属于Ⅱ型。

第Ⅲ型，在整个范围内吸附等温线都是向下凹的，并且没有拐点。发生这种类型吸附的吸附剂，其表面和孔分布情况与第Ⅱ型的相同，只是吸附质与吸附剂的相互作用性质与第Ⅱ型的不同。它们之间的作用力很弱，比吸附质分子之间的作用力还小，譬如，吸附剂不被吸附质润湿。因此在吸附质等温线的起始部分，随相对压力的增加吸附量变化甚微；这种类型的吸附等温线较少见，在硅胶 79 ℃时溴的吸附，水蒸气在石墨上的吸附都属于第Ⅲ型。

第Ⅳ型吸附等温线可与第Ⅱ型对照，相对压力低时，与第Ⅱ型相似；相对压力稍高时发生孔中凝结，吸附量急剧增加，但由于吸附剂的孔径有一上限(例如 50 nm)，因此在相对压力高时出现吸附饱和现象，吸附等温线又平缓起来。Ⅳ型等温线是在介孔吸附剂(孔径为 2～50 nm)上观察到的。例如，在氧化铁凝胶上 50 ℃时苯的吸附属于Ⅳ型。工业上催化剂经常会有这种类型的吸附等温线。

第Ⅴ型吸附等温线可与第Ⅱ型对照，相对压力低时，与第Ⅱ型相似；相对压力稍高时发生孔中凝结，相对压力再高时出现吸附饱和现象。由于它的形状，可将其称为S型吸附等温线。它也是在介孔吸附剂上观察到的，例如，900 ℃加热过的硅胶上水蒸气的吸附等温线属于Ⅴ型。Ⅴ型与Ⅲ型一样，也是很少见的。

在日常实践中，等温线的形状通常是人们对于固体中存在的孔的半径有一很好的了解。但是有时候某一等温线不能归于上述分类中某一确定的类型，因为在吸附剂中有不同类型的孔。这些“混合的”等温线也是固体的总的孔隙性的表征。

实际工作中，Ⅱ型和Ⅳ型等温线最为常见，而且它们是能够获得合理可信的比表面积数据的仅有的两类等温线。

### 7.1.2 BET方程

BET理论接受了朗缪尔的一些假定，即认为固体表面是均匀的，分子在吸附和脱附时不受周围分子的影响。它的改进之处是认为固体表面已经吸附了一层分子之后，由于气体本身的范德瓦耳斯力，还可以再吸附分子，形成第二层，在第二层上又形成第三层……形成多层吸附，并且认为不一定第一层吸附满后才开始进行多层吸附。

采用一些简化假设，根据无穷极数公式，可以推导出：

$$\frac{V}{V_m}=\frac{C_p}{(p_0-p)\left[1+(C-1)\left(\frac{p}{p_0}\right)\right]} \tag{7-2}$$

这就是BET方程，式中$V$是在平衡压力下$p$时的吸附量，$p_0$为实验温度时的气体饱和蒸气压，$V_m$是第一层盖满时的吸附量，$C$是常数。因该方程中包含$V_m$和$C$两个常数，也称BET二常数方程。

将上式进行变换，就可得到通用的BET方程：

$$\frac{p}{V(p_0-p)}=\frac{1}{V_mC}+\frac{C-1}{V_mC}\frac{p}{p_0} \tag{7-3}$$

由关于吸附等温方程的讨论可以知道，当经过实验测量出一系列不同的$p/p_0$对应的吸附量后，以$p/V(p_0-p)$对$p/p_0$作图，利用BET吸附等温方程可以得到直线的斜率$(C-1)/(V_mC)$和直线在纵轴上的截距$1/(V_mC)$，由此通过下式求出单层饱和吸附量$V_m$。

$$V_m=\frac{1}{\text{斜率}+\text{截距}} \tag{7-4}$$

设每一吸附分子的平均横截面积为$A_m$(nm$^2$)，此$A_m$就是该吸附质分子在吸附剂表面上占据的表面积，当$V_m$取mL/g为单位时，有：

$$S_g=A_mN_A\frac{V_m}{22\ 400m}\times 10^{-18}(\mathrm{m^2/g}) \tag{7-5}$$

实验结果表明，多数催化剂的吸附实验数据按BET作图时的直线范围一般是$p/p_0$，在0.05～0.35之间。

一些气体分子的横截面积见表7-1。

表 7-1　　　　一些气体分子的横截面积

| 气体 | 固体 | | | 液体 | | |
|---|---|---|---|---|---|---|
| | *d* | 温度/℃ | 横截面积/$nm^2$ | *d* | 温度/℃ | 横截面积/$nm^2$ |
| $N_2$ | 1.026 | −252.5 | 0.138 | 0.571 | −183 | 0.17 |
| | | | | 0.808 | −195.8 | 0.162 |
| $O_2$ | 1.426 | −252.5 | 0.121 | 1.14 | −183 | 0.141 |
| Ar | 1.65 | −233 | 0.128 | 1.374 | −183 | 0.144 |
| CO | | −253 | 0.137 | 0.763 | −183 | 0.168 |
| $CO_2$ | 1.565 | −80 | 0.141 | 1.179 | −56.6 | 0.7 |
| $CH_4$ | | −253 | 0.15 | 0.392 | −140 | 0.181 |
| $n$-$C_4H_{10}$ | | | | 0.601 | 0 | 0.321 |
| $NH_3$ | | −80 | 0.117 | 0.688 | 36 | 0.129 |
| $SO_2$ | | | | | 0 | 0.192 |

一般最好避免采用明显非球形的吸附质分子(例如 $CO_2$、正丁烷等),并尝试性地调节温度,以便使吸附的分子具有较高程度的可动性。氮是容易得到的较好的吸附质,然而若待测样品中有金属相,则选用氮是不明智的,因为它会被某些金属化学吸附。至于稀有气体,就所需要的温度和压力范围而言,氩和氪最合适。

在相对压力为 0.05～0.30 范围内,BET 图往往有较好的直线关系,这是推导 BET 方程的基本假定所决定的。推导 BET 方程的基本假定是多层物理吸附。相对压力太小时($<$0.05)建立不起多层物理吸附平衡,甚至连单分子层物理吸附也远未形成,表面的不均匀性就显得突出(推导 BET 方程的一条假定是固体表面是均匀的)。但是当相对压力大于 0.30 时,毛细孔凝结变得显著起来,因而破坏了多层物理吸附平衡。

尽管对 BET 模型曾提出各种批评(例如模型中假定固体表面能量均匀,忽略同一吸附层中吸附质分子之间的"横向相互作用",第一层以后的各吸附层中,达到什么程度可视为吸附处于完全平衡等),也曾做过修正,但并没有影响 BET 方程迄今仍是一个有效的测算比表面积的方法,别的一些方程亦可以用,但并不比 BET 方程有多大的优点。

表 7-2 是一些典型的工业催化剂的比表面积。

表 7-2　　　　一些典型的工业催化剂的比表面积

| 催化剂 | 用途 | 比表面积/($m^2$/g) | 催化剂 | 用途 | 比表面积/($m^2$/g) |
|---|---|---|---|---|---|
| REHY 沸石 | 裂化 | 1 000 | $Ni/Al_2O_3$ | 加氢 | 250 |
| 活性炭 | 载体 | 500～1 000 | $Fe$-$Al_2O_3$-$K_2O$ | 氨合成 | 10 |
| $SiO_2$-$Al_2O_3$ | 裂化 | 200～500 | $V_2O_5$ | 部分氧化 | 1 |
| $CoMo$-$Al_2O_3$ | 加氢处理 | 200～300 | Pt | 氨氧化 | 0.01 |

### 7.1.3 测定方法

测定物理吸附等温线就是在一定的平衡温度下，对于给定的吸附剂和吸附物的一定相对压力对应的吸附量。当采用物理吸附法测定比表面积时，气体吸附量的测量有两种方法，即容量法和重量法。

(1) 静态容量吸附法

对一定量吸附质进行温度、压力、体积测量后，计算吸附质气体的量；在恒温、恒压下使吸附剂-吸附质系统达到平衡，再计算吸附质气体的量。终态气体量的差别则表示吸附质由气相转变为吸附相的部分，即吸附量。吸附量的精确测定取决于死空间的精确测定。当将盛有样品的样品管浸入液氮到固定标记刻度处，在液氮温度和吸附平衡压力下，样品管中为吸附的(氮)气体体积(标准态)，称为死空间或死体积。

静态 $N_2$吸附容量法一直是公认的测定比表面大于 1 $m^2/g$ 样品的标准方法，如果样品比表面小于 1 $m^2/g$，最好采用低温吸附法。

图 7-2 为 $N_2$吸附容量装置。这个仪器可一次装四个样品，这样可提高效率，因为可以同时进行四个样品的脱气，而脱气往往是最费时间的。进行测量时只有一个样品瓶与系统相通，另三个则隔离。脱气后将连接样品瓶的阀关上，将待测样品瓶浸没在液氮浴中，然后将氦气通入直至系统达到一定压力。将通氦气的阀关上，打开样品瓶的阀，氦气即充入“死体积”，系统压力有所下降，由此可算出“死体积”。死体积应尽可能小。然后将待测样品瓶连同系统一起抽真空，再用 $N_2$重复上述同样的步骤，即可测出在一定 $N_2$压力下的吸附量。逐次改变系统中 $N_2$的压力，即可测得与它们相应的吸附量。

(2) 静态重量吸附法

容量法的缺点是仪器复杂，必须测定死体积及可靠地校正仪器中大部分空间的体积，而且还必须用差减法间接计算吸附量。这些缺点在使用静态重量法时就可避免。重量法是用石英弹簧秤(或其他材质的弹簧)或真空微量天平直接测出吸附、脱附时重量的改变。

图 7-3 所示装置中，样品放在吊篮 A 中，悬于石英弹簧上。先把样品加热并抽真空脱气(一般与容量法中的条件相同)，再通入吸附质蒸气装置，使之达到吸附平衡，由压力计测出平衡压力。盛样品弹簧的伸长量与吸附后的伸长量两者之比就是每克样品吸附的增气量(克)。

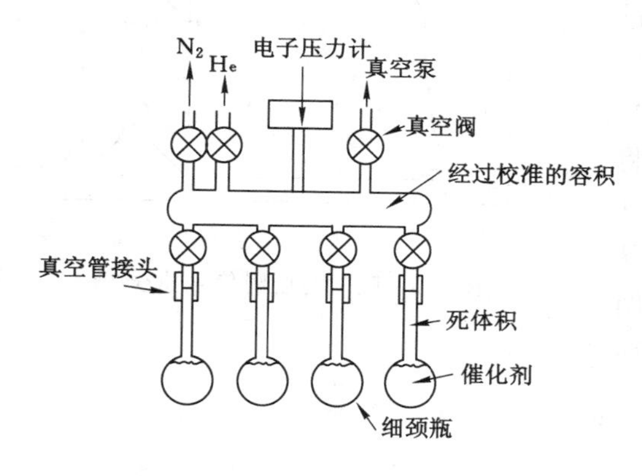


图 7-2　容量法吸附测定仪器

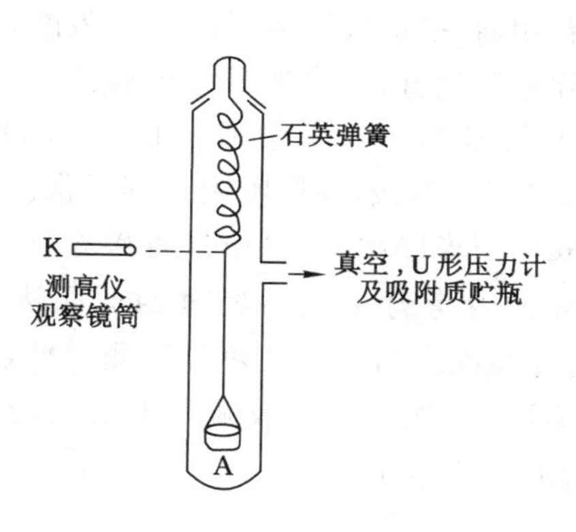


图 7-3　重量吸附法装置示意图

重量法在样品篮与液氮浴之间有可察觉的温差，不如容量法准确，但其没有“死体积”校正的问题，这是它的方便之处。当用较重的吸附物(例如烃)时，常选用重量法，这时无须液氮，可在室温进行实验，也方便不少。近年来非常灵敏和精密的微天平的使用使重量法的准确度超过了容量法。

(3) 流动色谱法

流动色谱测试方法如图 7-4 所示，图中 $N_2$ 为吸附质，$H_2$ 或 He 为稀释气，两者按一定比例混合后称为平衡气。平衡气首先经过热导池的参考臂，然后进入样品管，管中底部有准确称量过的样品颗粒；气体由样品管出来后进入热导池的测量臂，最后由皂沫流量计计量后放空。通过调节 $N_2$ 和平衡气的流量，可以得到 $N_2$ 的不同相对压力。

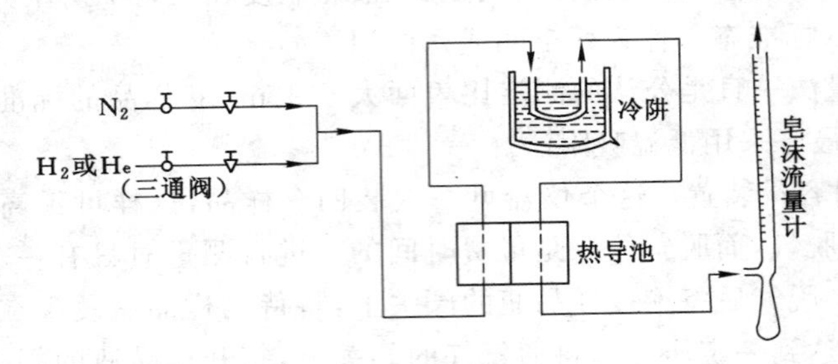


图 7-4 连续流动色谱法示意图

(4) 迎头色谱法

在气相色谱分离和气-固间能瞬时建立起吸附平衡的基础上，当以待测样品作为固定相，惰性气体作为流动相时，可以在室温-液氮温度下，借助色谱多路阀(如四通阀)通过切换流经样品的流动相组分，实现吸附质对样品的吸附与脱附，而不是基于温度变化。利用这种现象研究特定的吸附质在某一固体样品上吸附量变化的方法，称为迎头色谱法。其吸附质常为有机蒸气，如苯、乙醇、戊烷等。该法可在常温常压下测定平衡吸附量。

由钢瓶来的 $N_2$ 分成三路，中间一路到饱和器将苯的饱和蒸气带出，并与最上面一路 $N_2$ 混合稀释成平衡气。吸附时，四通阀以实际相连的两孔相通，平衡气进入样品管被吸附，然后进入热导池测量臂，而参考臂为纯载气，所以热导池产生信号如图 7-5 中所示的 *ABCD* 曲线。*CD* 线平行于基线，说明吸附达到平衡。此后将四通阀旋至虚线相通，平衡气直接放空，纯载气由热导池参考臂出来后经过四通阀进入样品管，将样品脱附的苯带入热导池测量臂，信号图中的 *DEF* 曲线。计算吸附量多采用脱附峰面积(图中阴影部分)。

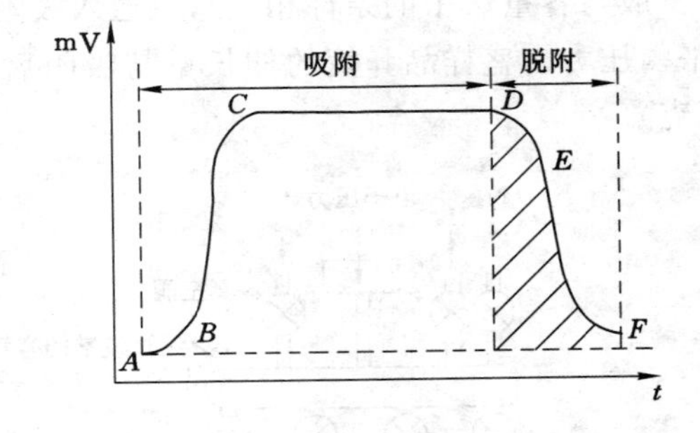


图 7-5 吸附与脱附信号曲线

## 7.2 孔结构的测定

催化剂对某种反应要具有好的活性和选择性就要有合适的孔隙结构。孔径越小，孔数目越多，内表面积越大，但若小到反应物分子不容易进入，则内表面积利用率不高，因而活性也不会提高。另外，若孔很小，产物分子从孔中出来得很慢，在这个过程中非常有可能发生进一步的反应，从选择性考虑，若我们希望的是中间产物而不是它的进一步反应的产物，则太细的孔就不符合我们的要求了。另外，催化剂的机械强度、稳定性、寿命等也与其孔隙组织有关。只有对全部孔隙的孔径大小和形状有较详细的了解才能解答有关孔扩散阻力、孔口中毒、失活控制等问题。所以对催化剂的孔结构进行测定和分析是研究催化剂的性能所不可或缺的。

### 7.2.1 比孔容积的测定

测定比孔容积比较准确的方法是汞-氦法。在已知体积 $V$ 的容器中装满已知质量 $m$ 的催化剂丸片或粉末，抽真空后，加入氦。在室温时，氦的吸附是微不足道的，但是氦的有效原子半径仅为 0.2 nm，容易渗入非常细小的孔内。所以由充入的氦气的体积计算出容器内除去催化剂固体骨架本身所占的体积外所有空间的体积，以 $V_{He}$ 表示。然后将氦气抽出，并在常压下加入汞。由于汞对大多数表面不润湿，因此在常压下不渗入孔（更确切地说，是直径小于 14 μm 的孔），所以由加入的汞的体积可以计算出容器中未被催化剂颗粒所占的体积，即扣除催化剂骨架和颗粒中的孔隙以后容器中剩余的体积，以 $V_{Hg}$ 表示。由 $V_{He}$ 减去 $V_{Hg}$ 即得孔容 $V_{孔}$：

$$V_{孔}=V_{He}-V_{Hg}$$

而由 $V_{孔}$ 和催化剂质量 $m$ 就可以算出比孔容积 $V_P$：

$$V_P=\frac{V_{孔}}{m}$$

同时，由 $V$ 和 $V_{Hg}$ 可以求出催化剂的颗粒密度 $\rho_P$：

$$\rho_P=\frac{m}{V-V_{Hg}}$$

由 $V$、$m$ 和 $V_{He}$ 可以算出固体骨架本身的密度，称之为真密度或骨架密度：

$$\rho_{骨架}=\frac{m}{V-V_{He}}$$

另外，由 $V$、$V_{He}$ 和 $V_{Hg}$ 也可求出孔隙率 $\theta$：

$$\theta=\frac{V_{He}-V_{Hg}}{V-V_{Hg}} \tag{7-6}$$

### 7.2.2 孔径分布的测定

#### 7.2.2.1 大孔结构的测定——压汞法

（1）压汞法的原理

压汞法是利用了不浸润液体在毛细管中所表现出来的性质。由于汞不浸润，所以要使它进入孔中就必须施加外压。孔径越小，所需的外压就越大。设有一半径为 $r$ 的毛细孔如图 7-6 所示。

由于汞不浸润，它的液面是向上凸的，所以沿液面的表面张力有一指向液体内部的合力，也即表面张力是抵制液体进入孔中的，其值等于$-2\pi r\sigma\cos\varphi$（$\sigma$是汞的表面张力，$\varphi$是汞与固体表面的接触角）。要使汞克服阻力进入毛细孔所需施加的外压设为$p$，它作用于孔的整个截面，其作用力等于$\pi r^2 p$。平衡时，两力相等：

$$-2\pi r\sigma\cos\varphi=\pi r^2 p$$

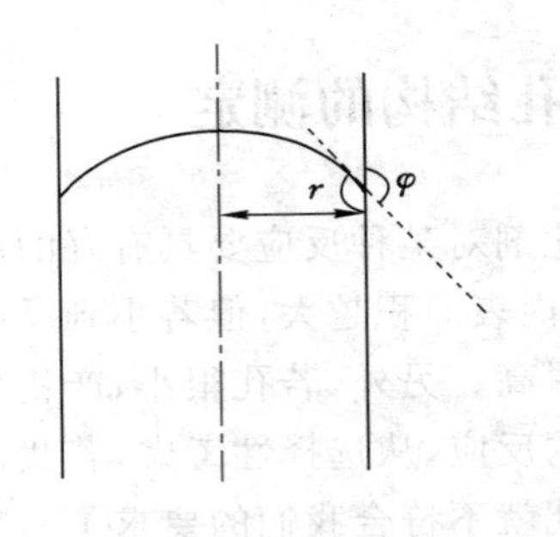

图 7-6 毛细管中的不浸润液体

由此式可见，对液体不浸润的固体，液体所能进达的孔的大小与对液体所施加的外压有关，要进达的孔越细，需施加的外压越大。此方程常称为 Washburn 方程。

1945 年 H. L. ritter 和 L. C. Drake 首先应用了这个原理来测量孔径分布。他们发现，汞和一大类物质（例如木炭和金属氧化物）之间的接触角在 135°～150°之间变化，因此建议一般用平均值 140°。汞的表面张力取 0.48 N/m。如果孔半径以 nm 表示，$p$以 kPa 表示，则：

$$r=\frac{7.355\times10^5}{p} \tag{7-7}$$

由此式可见，在常压下，汞只能进入半径为 7 355 nm 的孔，当汞孔率计施加的压力达 150 kPa 时，则汞能进入半径为 4.9 nm 的孔。

（2）压汞法测定

按 IUPAC 划分法，压汞法适宜测介孔和大孔的孔径分布和比表面积。但压力过高时，材料孔结构容易被破坏，所以压汞法更适宜测定大孔材料。

由压汞仪可测得相应于不同压力时的压入汞体积，由此画出汞压入曲线。

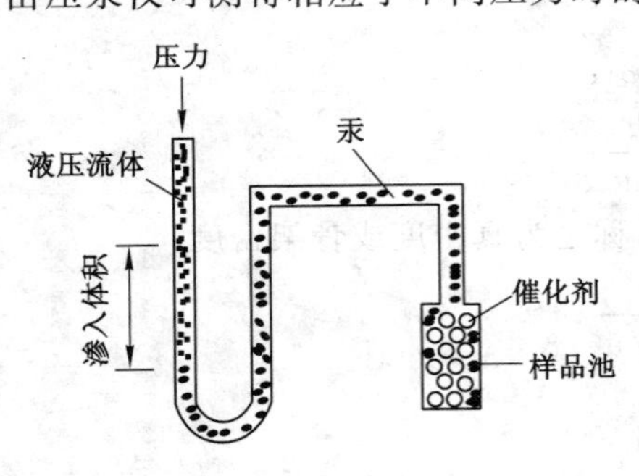

图 7-7 汞孔率计的核心部分

图 7-7 是压汞仪核心部分的示意图。实验室将样品池先抽真空，然后倒入汞至样品池被充满，过剩的汞使之返回储器（所用的汞必须经过酸洗、干燥和蒸馏以确保其高纯度，使接触角有重复性）。压力通过向液体（例如用异丙醇或变压器油）加压传递给汞。随着汞被压入多孔样品，汞液面下降，用与浸入汞内中心金属丝连接的电学测量仪器可测得液面的变化量。

对汞压入曲线取微分可得到孔容的微分分布，计算方法如下：

设半径介于$r$和$r+\mathrm{d}r$之间的孔体积$\mathrm{d}V$，孔径分布函数为$D(r)$，则：

$$\mathrm{d}V=D(r)\mathrm{d}r \tag{7-8}$$

由汞压入曲线可求得$\mathrm{d}V/\mathrm{d}p$，设法使待求的$D(r)$与$\mathrm{d}V/\mathrm{d}p$发生关系。

将$-2\pi r\sigma\cos\varphi=\pi r^2 p$全微分可得：

$$dr = -\frac{r}{p}dp \tag{7-9}$$

由此代入上面的 dV 式，得：

$$D(r) = -\frac{p}{r} \times \frac{dV}{dp}$$

将 $p/r$ 变换为

$$\frac{p}{r} = \frac{p^2}{pr} = \frac{p^2}{-2\sigma\cos\varphi} \tag{7-10}$$

代入上式得

$$D(r) = \frac{p^2}{2\sigma\cos\varphi} \times \frac{dV}{dp} \tag{7-11}$$

式(7-11)中 $dV/dp$ 可由汞压入曲线用图解微分法求得，而 $p$、$\sigma$、$\varphi$ 等皆已知，故 $D(r)$ 可求出。将 $D(r)$ 对 $r$ 作图可得到孔径分布曲线。图 7-8 为硅藻土和烧结玻璃的孔径分布。由图可见，这两种材料的孔基本都是大孔，在 400 nm 附近有峰值。

(2) 压汞法测比表面

压汞法的数据也可用来求算与汞接触的那部分表面的表面积，以圆柱形孔为统计模型，则

$$S = \frac{1}{-\sigma\cos\varphi}\int_0^{V_T} p\,dV \tag{7-12}$$

式(7-12)中，$V_T$ 为从孔率计测得的总的孔容积。

从汞孔率计测量可得到如图 7-9 所示的 $p$—$V$ 图，由测定曲线下的面积就可求出 $S$。

例如，对甲醇氧化制备甲醛的某催化剂，用压汞法得 $p$—$V$ 图，量出曲线下的面积，再根据上式求得其比表面积为 6 $cm^2/g$；而用 BET 法则结果为 5.5 $cm^2/g$。前者受统计模型的制约，故有此误差。

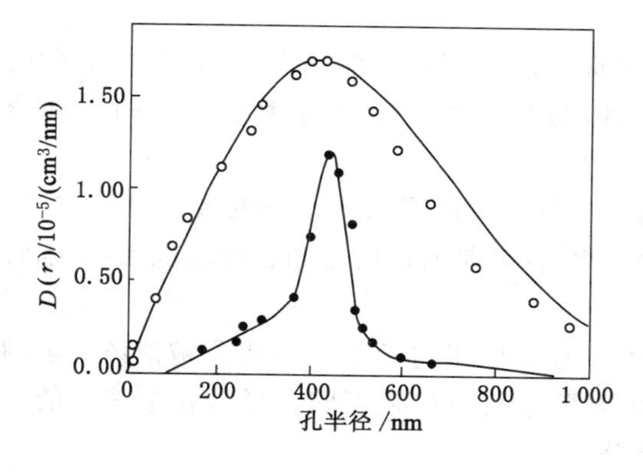


图 7-8 硅藻土和烧结玻璃的孔径分布

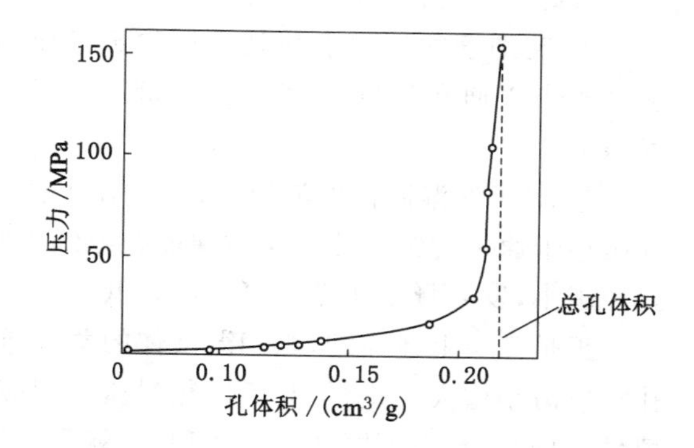


图 7-9 压汞法测定催化剂的比表面

在上述的汞孔率计方法中实际上包含着三重选择：

① 孔形状的选择——圆柱形孔；② 接触角值的选择——140°；③ 汞表面张力值的选择——0.48 n/m。

而实际上多孔固体中孔的形状和大小是多种多样的，它的一个更为逼真的模型是由窄

通道或“细颈”交叉联结而成的三维空腔列阵。而且在不同的固体表面上接触角值可以有10%的差异,它与固体表面的化学状态和物理状态有关,汞甚至可以和固体表面层作用形成汞齐。在高压时接触角可能变化。再者表面张力对污染是敏感的。这些都是可能的误差源。此外,当使用的压力很高时(例如100 MPa)还会使孔的结构发生改变。

尽管存在着上述各种问题,压汞法仍是定量研究孔结构必不可少的方法。但若要可靠地描述孔结构还需其他方法的补充。

7.2.2.2 介孔结构测定——气体物理吸附法

(1) 测定原理

① Kelvin 方程

气体物理吸附法所依据的原理是毛细管凝聚现象,在物理化学教程中曾推导过外压对液体蒸气压的影响的关系式。

$$\ln \frac{p_{气}}{p_{气}^{*}} = \frac{V_{液}}{RT}(p_{液} - p_{液}^{*})$$

式中 $p_{气}$——与液体所受压力$p_{液}$相应的蒸气压;

$p_{气}^{*}$——与液体所受压力$p_{液}^{*}$相应的蒸气压。

此式表明,当液体所受压力增加时,与其平衡的蒸气压也增加。

若液体润湿固体,则在固体的毛细孔中形成一向下凹的弯月面,但是弯月面液面弯曲的方向与上述液滴的液面弯曲方向相反,附加压力$p'$的值为负值。

$$RT\ln \frac{p_{气}}{p_{气}^{*}} = -V_{液}\frac{2\sigma}{r} \tag{7-13}$$

若把弯月面看成球面的一部分,则由曲率半径 $r$、接触角 $\varphi$ 与毛细管半径$r_k$之间关系得到毛细管半径$r_k$表示的 Kelvin 方程。

$$RT\ln \frac{p_{气}}{p_{气}^{*}} = \frac{2\sigma V_{液}\cos\varphi}{r_k} \tag{7-14}$$

由此式可得出一些结论:

① 毛细管的液面上与其平衡的蒸气压与液面的凹凸有关。液面向下凹,与其平衡的蒸气压小于通常的饱和蒸气压。液面向上凸时,与其平衡的蒸气压大于通常的饱和蒸气压。

② 对于润湿固体的液体来说,它在固体的毛细管中总能形成向下凹的液面,因而当蒸气压小于通常的饱和蒸气压时便能在毛细管中凝聚,这就是所谓的毛细管凝聚现象,毛细管孔径越小,发生凝聚所需的蒸气压越低。

正是基于上述原理,当润湿液体的蒸气压由小增大时,由于毛细管凝聚而被液体充填的孔径也由小增大。这样,与不同相对压力相应的吸附量可看作在不同孔径的孔中液体的充填量,由此计算出不同孔径的体积,也就是孔径分布。

A. G. Foster 和 L. H. Cohan 设想孔是两端开口的圆柱形孔或是平行板形孔。吸附时先在毛细孔的壁上形成吸附层,随着吸附的进行吸附层逐渐增厚直至在某一点或整个都连上,接着孔中继续充填凝结液直至充满,脱附时则从充满孔的液体的弯月面上开始,图 7-10 和图 7-11 表示了上述现象。

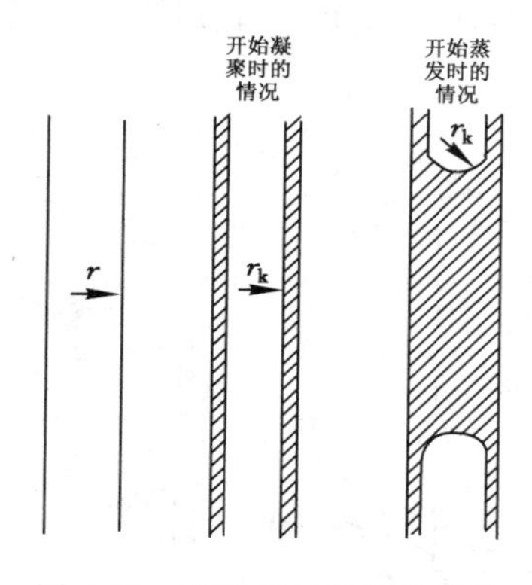


图 7-10　两端开口的圆柱形孔

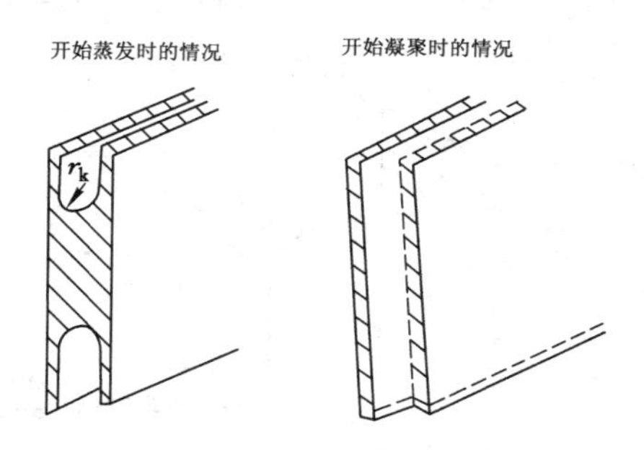


图 7-11　四边开口的平行的吸附和脱附板形孔的吸附和脱附

按照 A. G. Foster 和 L. H. Cohan 的物理模型，在两端开口的圆柱形孔中发生凝聚前，孔壁已有一吸附膜，因而反生凝聚时，气液界面是一个圆柱面(而不是球面)。在这样的曲面上，弯液面内外的压力差与弯液面的曲率半径之间的关系就不再服从 Laplace 方程式，毛细管半径 $r_k$ 的表示方程变为 Cohan 方程。

相比 Kelvin 方程可知，在 $\sigma$ 与 $r$ 相同的情况下，与圆柱形弯液面平衡的蒸气压比与球形弯液面平衡的蒸气压大，Cohan 方程可表示为：

$$p_{气(圆柱形)} = p_{气}^{*}\exp\left(-\frac{\sigma V_{液}}{rRT}\right) \tag{7-15a}$$

$$p_{气(球形)} = p_{气}^{*}\exp\left(-\frac{2\sigma V_{液}}{rRT}\right) \tag{7-15b}$$

这就解释了在滞后环上吸附支的相对压力大于脱附支的相对压力，因为在两端开口的圆柱形孔中，脱附时弯液面是一球面，而吸附时弯液面时圆柱形面。

在四面开口的平行孔中，吸附过程中反生凝聚前，孔壁上有一平面的吸附膜，因而在蒸气压达到饱和蒸气压时才发生凝聚，可是脱附时气液界面是一个圆柱形曲面，这时的蒸气压可按式(7-15a)计算，其显然小于饱和蒸气压。

$$p_{气(圆柱形)} < p_{气}^{*} = p_{气(平面)}$$

这同样解释了在滞后环上吸附支的相对压力大于吸附支的相对压力。

Cohan 方程是对 Kelvin 方程是一个补充。在不少情况下，滞后环的数据都能和 Cohan 方程很好地吻合。这就对可逆的滞后环给予了比较普遍性的解释。

当毛细孔非常细，只要一层或两层分子就把孔填满了，即它涉及的是微孔而不是毛细凝聚，吸附和脱附涉及的立场相同，这时不表现吸附回线。

(3) Haslsey 方程——吸附层厚度

迄今，已明确了用气体的物理吸附等温线的脱附与供 Kelvin 方程计算孔半径的原则，但公式中忽视了吸附初期多分子层物理吸附对孔半径计算的影响。Wheeler 考虑了包括进吸附质液膜的毛细管凝聚，如图 7-12 所示，并对计算公式进行修订。

即当蒸气在孔内凝聚时，总地来说是厚度为 $t$ 的多分子层吸附和在孔核内毛细管凝聚两者的加合。

对于尚未反生毛细管凝聚的孔，它们并不是“空”的，而是臂上有着厚度为 $t$ 的液膜；为此圆筒形孔的孔半径 $r_p$ 和孔核半径 $r_k$ 之间有如下关系：

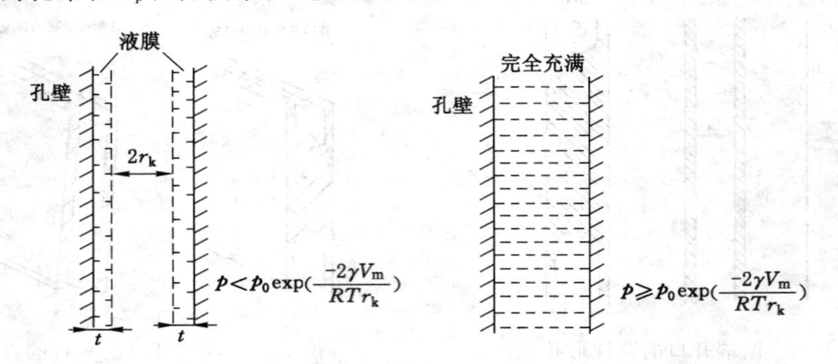


图 7-12 包括吸附质液膜的毛细管凝聚

$$r_k = r_p - t = -\frac{2\gamma V_m}{RT\ln(p/p_0)} \tag{7-16}$$

吸附层的厚度 $t$ 通常按 Halsey 公式计算，对于 $N_2$ 吸附：

$$t = 0.354\left[\frac{-5}{\ln(p/p_0)}\right]^{1/3} \tag{7-17}$$

根据式(7-17)就可以求出在某平衡压力 $p$ 时发生毛细管凝聚的临界孔半径 $r_p$。此时多孔物质中凡半径小于等于 $r_p$ 的孔都发生毛细管凝聚。然后再借助吸附等温线，即可求得样品的孔分布。

(4) 孔径分布的计算

①上限和下限

在计算孔径分布时，有一个首先必须明确的问题，即取吸附等温线上的哪一点作为上限，也就是取哪一点作为计算孔径分布的起算点？若吸附等温线如图 7-13 所示，则上限应取 $G$ 点。

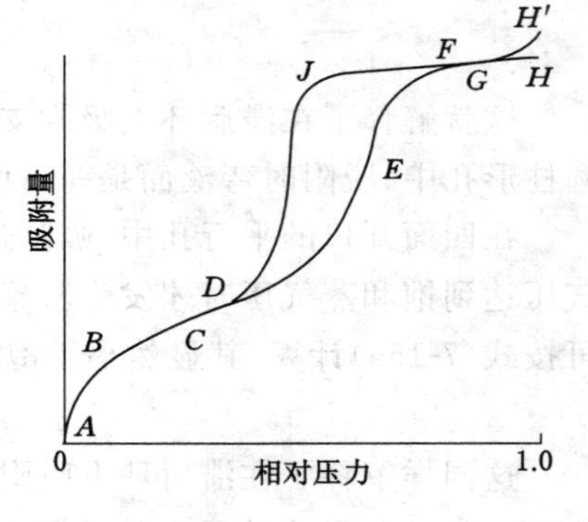


图 7-13 一种Ⅳ形吸附等温线

等温线的 $FGH$ 平台表示液体吸附质充满了所有的孔。

通常，上限取相对压力值 0.95，相应于孔径为 20 nm（圆柱形孔），有时采用较低的值 0.90，相应于孔径为 10 nm。这两个数值之间的差别也许并不那么重要，因为在许许多多的催化剂中，半径超过 10 nm 的孔体积是比较小的，一些比表面积大的材料，如氧化铝、硅胶就是这样。较大的孔的孔径分布必须用压汞法。

吸附等温线若沿着图 7-13 中 $FGH'$ 继续向前走，则意味着有大孔径的孔。

表 7-3 是对应与不同压力的层厚 $t$ 和孔径 $r_p$（$r_p = r_k + t$），以圆柱形孔为模型。

计算原则是沿着吸附等温线的脱附支，已合适的间距选一些点，由这些点相应的 $p/p^*$ 计算出 $r_k$，由这些点相应的吸附量计算出所有的孔径达到一定值 $r_c$，并且包括 $r_c$ 的孔的总体积，这样就可以作出孔体积 $V$ 对孔径 $r_k$ 的曲线，在 $V-r_k$ 曲线上以合适间距选定一些点，求算这些点上的曲线的斜率而得 $dV/dr_k$，以 $dV/dr_k$ 对 $r_k$ 作图即得孔径分布曲线。

**表 7-3 77.4 K 时对应于 $N_2$ 的不同 $p/p^*$ 的 $r_p$ 和 $t$**

| $p/p_0$ | $r_p$/nm | $t$/nm | $p/p_0$ | $r_p$/nm | $t$/nm |
|---|---|---|---|---|---|
| 0.40 | 1.56 | 0.535 | 0.70 | 3.37 | 0.735 |
| 0.45 | 1.74 | 0.560 | 0.75 | 4.05 | 0.785 |
| 0.50 | 1.95 | 0.585 | 0.80 | 5.07 | 0.860 |
| 0.55 | 2.19 | 0.615 | 0.85 | 6.75 | 0.965 |
| 0.60 | 2.49 | 0.650 | 0.90 | 10.19 | 1.275 |
| 0.65 | 2.87 | 0.685 | 0.95 | 19.9 | 1.60 |

图 7-14 是物理吸附法测氧化铝孔径分布，图(a)是吸附等温线，图(b)是由它计算得到的孔径分布图，纵坐标是孔体积增量与孔径增量的比，横坐标是孔径。

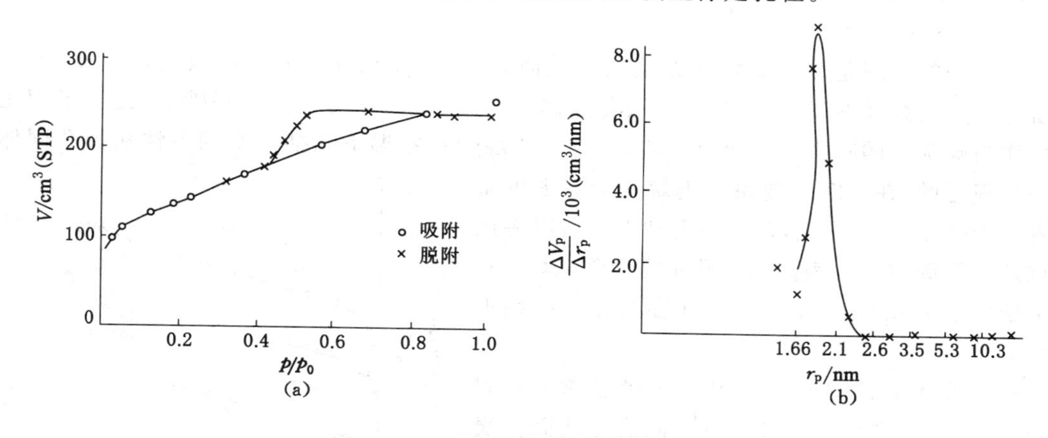


图 7-14 物理吸附法测氧化铝孔径分布

(a) 吸附等温线；(b) 孔径分布曲线

由此可见，这种氧化铝的吸附回线属于 E 型，孔径分布很窄，大部分孔的孔径约为 2 nm。

#### 7.2.2.3 微孔体积的测定

汞孔率计适用于孔半径大于 5 nm 的孔结构测定，气体吸附法适用于大于 1.5 nm 的孔，那么对基本上由小于 1.5 nm 的微孔构成的多孔固体或由大小不同的孔构成的多孔固体中的微孔部分又该如何表征呢？

1949 年，C. Pierce 等提出：在非常细的孔中，吸附机理不是在孔壁上的表面覆盖，而是与毛细管凝聚相似但又不一样的微孔充填(一种层挨层的筑膜)。

用 M. Polanyi 的吸附势能模型可以很好地说明微孔充填。M. Polanyi 认为固体表面吸附力的作用范围远超过单个分子的直径大小，而且它不会因为第一层吸附质存在而被完全屏蔽。因此可认为在固体吸附剂的表面外存在着一个吸附势能场，气体分子“落入”势能场内就被吸附，形成一个包括多层分子的吸附空间。微孔的孔径不超过几个分子的直径，相对孔壁的势能场相互叠加，增强了固体表面与气体分子间的相互作用能，因而使吸附加强。

如果多孔固体的物理吸附等温线有清晰的拐点和水平平台，那么在接近饱和蒸气压的一点（例如 $p/p_0=0.95$）的吸附量就是微孔体积的厚度；将此吸附量变换为液体体积（按照吸附质液态时的密度），就可作为实际的微孔体积。

① D-R 方程

以 M. Polanyi 的吸附势能模型为基础，M. M. Dubinin 和 L. V. Radushkevich 提出了从吸附等温线的低、中压部分计算微孔容积的理论，并导出了下述方程式：

$$\lg V_a = \lg V_0 - D[\lg(p_0/p)]^2 \tag{7-18}$$

式中 $V_a$——单位质量吸附剂吸附的吸附质体积；

$V_0$——单位质量吸附剂的微孔所能凝结的吸附质的最大体积；

$p_0/p$——饱和蒸气压与测定压力之比；

$D$——吸附质—吸附剂随温度而变化的系数。

上式被称为 Dubinin-Radushkevich 方程，简称为 D-R 方程。据此式，以 $\lg V_a$ 对 $[\lg(p_0/p)]^2$ 作图应该是一条直线。截距等于 $\lg V_0$，由此即可计算微孔体积。

② 正壬烷吸附法

该方法的原理是设法使微孔充填吸附质而介孔、大孔和外表面都不吸附。S. J. Gregg 等研究了正构烷烃在磷钼酸铵（一种微孔固体）上的吸附。在此工作的基础上，提出了用正壬烷作为吸附质的吸附法。研究表明，链较长的烷烃在室温下用抽真空的方法从微孔固体除去是很慢的，在 127 ℃要将正壬烷完全除去也需抽真空 10 h 以上。据此，在室温下抽真空可以将正壬烷从多孔固体的外表面和介孔中完全除去（25 ℃正壬烷的 $p_0=6.266\times10^2$ Pa），而在微孔中的则不受影响。

他们选择了有球形粒子组成的炭黑作为吸附剂，在 493 ℃下有控制地进行氧化制成微孔固体炭黑。因为固体粒子尺寸相当均一，可以用电子显微镜测定其外表面。将脱气后的微孔固体暴露于正壬烷蒸气中，然后在室温下抽真空除去外表面的吸附质。再测它的氮吸附等温线，得到图 7-15 的曲线 A。然后在不同的温度下抽真空以不同程度地除去微孔中的正壬烷，并测它们的氮吸附等温线，所得结果于图 7-15 和表 7-4 中。

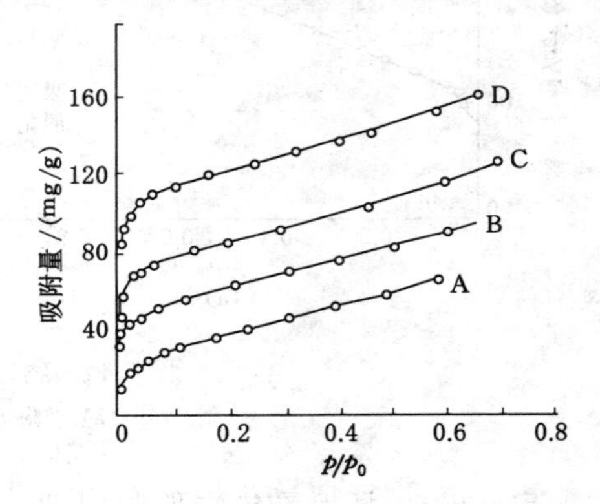


图 7-15 预吸附不同量正壬烷的炭黑的氮吸附等温线

A、B、C、D 预吸附正壬烷（mg/g）分别为：63；29；16；0

表 7-4 预吸附正壬烷的微孔炭黑上的氮的吸附

| 项　目 | A | B | C | D |
|---|---|---|---|---|
| 抽真空温度/℃ | 20 | 180 | 224 | 450 |
| 氮吸附量（拐点）/(mmol/g) | 1.16 | 1.74 | 2.48 | 3.67 |
| 比表面积/($m^2$/g) | 114 | 170 | 243 | 360 |
| C 值(BET 方程) | 59 | 410 | 1200 | 1940 |

等温线 A 有一清晰的拐点，由此计算的比表面积为 114 $cm^2/g$，与电子显微镜照片测定的几何面积 110 $cm^2/g$ 非常相符。由等温线 B、C、D 计算所得的比表面积高出 114 $cm^2/g$ 的差值显然是微孔充填所致，抽真空温度越高，微孔的正壬烷脱除得越彻底，这个差值也就越大。另外，从等温线 A 到 D，等温线在低相对压力的那一段时间越来越陡，越靠近纵轴。

由上述可见，从等温线 A 的拐点的 $N_2$ 吸附量可求得除微孔内表面以外的表面积；而从等温线 A 拐点的 $N_2$ 吸附量与等温线 B、C、D 拐点的 $N_2$ 吸附量的差值即可分别计算出与不同孔径范围对应的微孔体积。

## 7.3　颗粒性质的测定

### 7.3.1　颗粒大小及其分布的测定

颗粒大小的分布（亦称粒度分布）是指颗粒的质量随其尺寸的分布。

催化剂的粒度与其单位质量的外表面积直接相关，粒径越小，外表面积越大。当催化剂以粉末状使用时，例如在流化床反应器中，外扩散对总的反应速率有显著影响，故其粒径分布在动力学上是很重要的。

在流化床反应器中，颗粒的平均粒径分布能显著地影响其流化特性；在浆态床反应器中，它会影响催化剂颗粒沉降性。因而进行精确的粒度分布测定是必要的，且有现实意义。

粒径大小不同的颗粒须用不同的方法测定其粒度。肉眼可辨的片、条、球形颗粒可以直接测量它的尺寸。对形状不规则的颗粒用筛分的方法，但一般限于直径大于 50 μm 的颗粒（英国标准筛的 300 目和美国国家标准局筛的 270 目孔都是 53 μm）。直径在 10～50 μm 的颗粒用重力沉降或淘析法最适合。而直径在 0.1～10 μm，则用电子显微镜更准确些。

（1）筛分法

一套筛子（配有顶盖或底部容器）从上到下按孔径递减的顺序叠放，将一定量要筛分的颗粒放在最上一格筛子，振动这套筛子一定时间后，称量留在每格筛子上的颗粒的质量。这样就得到颗粒性质按筛子孔径的分布。

通常使用的筛子直径在 75～300 mm 范围内。用 200 mm 直径的筛子，使用样品数量为 25～100 g；使用 75 mm 直径的筛子，样品数量为 5～20 g。

筛分操作可以按干法和湿法（即在水下或在缓和的水流中）进行。用机器或手振动，筛分操作的终点以 2 min 通过某给定筛子的颗粒质量不超过总质量的 0.2%（质量分数）为度。

筛分法可能会遇到某些困难，例如：

① 筛孔堵塞。在筛分不规则形状的颗粒时，常发生这种情况，须及时处理。

② 静电效应。该效应由振动时摩擦所致，尤其当催化剂湿度很小时。此外，筛孔不会永远是均匀的，使用时间越久，这种情况越甚。

金属筛网是由细丝按照一定的规格织成的，但不同的国家规格不尽相同。国际标准化组织曾试图使其标准化。此外操作方法的标准化也很重要。

（2）淘析法

淘析是用一定线速度的流体使颗粒按尺寸分级的过程，流体通常是水或空气。原则上，在水或空气的淘析中，其核心装置是一根（或一组）一定粗细的直管，流体以可改变的流速从下往上流动，将管中的一部分颗粒带出管外。这些颗粒的尺寸取决于流体的线速度和被分离颗粒的相对密度。图 7-16 所示为淘析管的结构。用空气流可以使样品分成粒度不同的部分，管子直径越大，粒度越小。空气流应预先润湿，以免静电效应造成颗粒聚结，分离管用机械或磁力振动器维持在颤动状态。

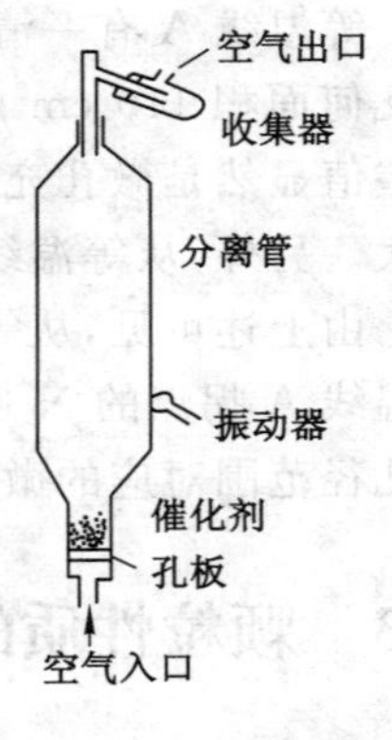

图 7-16　淘析管

(3) 沉降法

颗粒在作用力场的作用下通过其周围的液体介质而沉降，借测沉降速度来测定粒径。

重力沉降球形颗粒在均匀的流体中缓慢运动（$Re$ 小于 0.2），根据 Stokes 定律，其沉降速度为：

$$v = \frac{d^2 g(\rho_S - \rho_f)}{18\eta} \tag{7-19}$$

式中　$v$——沉降速度，由下降高度 $h$ 与下降时间 $t$ 之比确定，cm/s；

$d$——颗粒直径，cm；

$g$——重力加速度，$cm/s^2$；

$\rho_S$——颗粒的孔被液体介质充满时颗粒的密度；

$\rho_f$——液体的密度；

$\eta$——液体的黏度。

已知液体的密度、黏度以及颗粒孔被液体充满时颗粒的密度，测定其沉降速度，从而求得颗粒直径。

用沉降法测定粒度时必须使固体颗粒均匀地分散于液体介质中，避免颗粒聚结。对于不易润湿的颗粒须在液体介质中加入表面活性剂使固体和液体之间的亲和力增大，固体-空气的界面被固体-液体的界面所替代。有时还需通过搅拌或使用超声波使固体分散均匀。

除了正确选择分散介质外，还必须调节介质的密度和黏度使其与固体颗粒的密度和尺寸相配以满足测定的要求。

离心沉降在离心力场中，球形颗粒在流体中的沉降速度为：

$$v = \frac{d^2(\rho_S - \rho_f)\omega^2 x}{18\eta} \tag{7-20}$$

式中　$\omega$——角速度；

$x$——颗粒与离心旋转轴的距离。

### 7.3.2　颗粒的密度

催化剂密度的大小反映出催化剂的孔结构与化学组成、晶相组成之间的关系。一般来说，催化剂的孔体积越大，其密度越小；催化剂组分中重金属含量越高，则密度越大；载体的晶相组成不同，密度也不同，如 $\gamma$-$Al_2O_3$、$\alpha$-$Al_2O_3$ 的密度各不相同。

由于体积 $V$ 的定义不同，所以催化剂的密度也有不同的表示方法，通常可分为堆密度、颗粒密度和真密度。

(1) 堆密度

当用量筒测量催化剂的体积时，所得到的密度称为堆积密度或堆密度，这时测量的体积 $V$ 包括三个部分：颗粒与颗粒之间的空隙 $V_{隙}$、颗粒内部孔占的空间 $V_{孔}$ 和催化剂骨架所占的体积$V_{真}$，即：

$$V_{堆} = V_{隙} + V_{孔} + V_{真} \tag{7-21}$$

由此得到催化剂的堆密度为：

$$\rho_{堆} = \frac{m}{V_{堆}} = \frac{m}{V_{隙} + V_{孔} + V_{真}} \tag{7-22}$$

通常是将一定质量 $W$ 的催化剂放在量筒中，使量筒振动至体积不变后，测出体积，然后算得$\rho_{堆}$。当催化剂的颗粒较大时，量筒的直径不能过小，以免被测体积受到影响。

(2) 颗粒密度

颗粒密度是单粒催化剂的质量与其几何体积之比。实际上很难做到准确测量单粒催化剂的几何体积，而是取一定体积的催化剂($V_{堆}$)精确测量颗粒间的空隙$V_{隙}$后换算求得，并按下式计算：

$$\rho_{堆} = \frac{m}{V_{堆} - V_{隙}} = \frac{m}{V_{孔} + V_{真}} \tag{7-23}$$

测定堆积密度之间的空隙体积常采用汞置换法，该法是利用汞在常压下只能进入孔半径大于 5 000 nm 孔的原理来测量$V_{隙}$。测量时先将催化剂放入特制的已知容积的瓶中，加入汞，保持恒温，然后倒出汞，称其质量(换算成 $V_{Hg}=V_{隙}$)，即可算出 $V_{孔}+V_{真}$ 的体积。采用这种方法得到的密度，也称作汞置换密度。

(3) 真密度

当测量的体积仅仅是催化剂颗粒之间的空隙体积时，测得的密度称为真密度，又称为骨架密度。按下式计算：

$$\rho_{真} = \frac{m}{V_{真}}$$

测定$V_{真}$的方法和用汞称量颗粒之间的空隙$V_{隙}$的方法相似，只是使用氦而不使用汞。因为氦分子小，可以认为能进入颗粒内的所有细孔。由引入的氦气量，根据气体定律和实验时的温度、压力可算得氦气占据的体积$V_{He}$，它是催化剂颗粒之间的空隙体积$V_{隙}$和催化剂孔体积 $V_{孔}$ 之和，即 $V_{He}=V_{隙}+V_{孔}$，由此可求得$V_{真}$。

## 7.4　机械强度的测定

一种成功的催化剂，除具有足够的活性、选择性和耐热性以外，还必须具备足够的与寿命有密切关系的机械强度。这是因为催化剂在工程使用中都会经受不同程度的几种应力：① 运输过程中的磨损，催化剂颗粒与容器壁接触摩擦所致；② 反应器装卸料时引起的碰撞；③ 在还原或开始投入运转时由于相变所引起的应力；④ 因压力降、热循环以及催化剂本身重量所产生的外应力。

基于这些因数，成品催化剂往往需要进行机械强度测定。通常测定机械强度的方法是根据使用条件而定，一般情况下对于固定床用催化剂常用抗压强度来衡量，对于流化床用催化剂常用磨损强度来衡量。

### 7.4.1　抗压碎强度

对被测催化剂均匀施加压力直至颗粒粒片被压碎为止前所能承受的最大压力或负荷，

称为抗压强度或压碎强度。

一般多采用单颗粒压碎试验法，有时也使用堆积压碎法。适合的测定对象主要是条状、锭片、球形等成型催化剂颗粒。

(1) 单颗粒压碎强度

本方法要求测试大小均匀、足够数量的颗粒，以它们的平均值作为测定结果。常用的测试方法有正、侧压试验法和刀刃试验法两种，前者较为常用。

① 正、侧压压碎强度试验

将具有代表性的单颗粒催化剂以正向(轴向)、侧向(径向)或任意方向(球形颗粒)放置在两平直表面间使其经受压缩负荷，测量粒片被压碎时所施加的外力。球形颗粒以N/粒表示；柱状或锭片正向(轴向)以 $N/cm^2$ 表示，侧向(径向)以 $N/cm^2$ 表示。

抗压碎强度可按下述关系式计算：

单颗粒轴向(正向)抗压碎强度

$$\sigma_{轴}=\frac{F}{\pi\left(\frac{d}{2}\right)^2}=\frac{F}{0.785\,d^2} \tag{7-24}$$

单颗粒径向(侧向)抗压碎强度

$$\sigma_{径}=\frac{F}{L} \tag{7-25}$$

球形催化剂点压压碎强度

$$\sigma_{点}=F \tag{7-26}$$

式中，$F$ 为单颗粒催化剂破碎时的牛顿值，N；$L$ 为单颗粒催化剂的长度(样品承受负荷长度)，cm；$d$ 为单颗粒催化剂的直径，cm。

测试时应注意以下几点：

a. 取样必须在形状和粒度两方面具有大样的代表性。

b. 样品需在400 ℃预处理3 h以上。对于分子筛和氧化铝等样品，应经450～500 ℃处理。样品处理后在干燥器中冷却，然后立即测定，并且控制各次平行试验尽量一致；否则，在外界空气中暴露时间过长，会因吸湿造成结果出现较大的波动。

c. 要求加压速率恒定，并且大小适宜。

② 刀刃压碎强度试验

本试验方法又称为刀口硬度法，用一个0.3 cm的刀刃取代正、侧压压碎强度仪的垂直移动平面顶板，测试强度时，将25粒待测的锭片状或圆柱形催化剂分别放在刀刃下施加压力，先施加10 N的力，观察催化剂断裂的粒数，将其乘以4得到10 N压力下实有断裂数的百分率(25×4＝100)，再按10 N的增重量逐渐加压，直到全部25粒催化剂断裂为止，记下每一加重压力下断裂粒数乘4的值，即可得到最低刀刃压碎强度与最高刀刃压碎强度之间的压力范围平均值。圆柱状催化剂的刀刃压碎强度的单位为 $N/cm^2$。

(2) 堆积压碎强度

催化剂在使用过程中，有时破损百分之几就可能造成床层压降猛增而被迫停车。对此，单颗粒催化剂压碎强度试验不能反映催化剂的破碎情况，需要以某压力下一定量催化剂的破碎率表示，这就是堆积压碎强度。对于不规则形状催化剂也只能用这种方法测定其压碎强度。实现上述测定的方法很多，下面介绍一种实用的方法：

图7-17所示为测定堆积压碎强度的基本设备。样品池安装在有指针的天平盘上，由螺纹杆传动的驱动柱塞向试样施加负荷。样品池为圆筒形的金属杯，其横截面积为600 $mm^2$（其内径为27.6 mm），高度为50 mm。天平的量程为100 kg，精密度为0.1 kg。驱动柱塞的直径为27.0 mm。

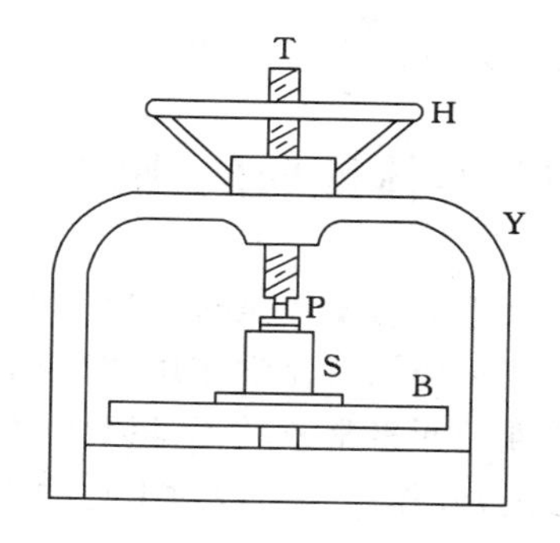

图7-17 测定堆积压碎强度的仪器

样品池S安装在天平盘B上，由手枪H和螺纹杆T、驱动柱塞P向试样施加负荷，由支架对天平底座产生反应力。为防止施加负荷时P转动，T应有销槽。

将堆积体积为20 $cm^3$且已知质量的催化剂样品装入池中。振动20 s(3 kHz)或拍打约10次使池中样品填装密实。然后用约5 $cm^3$、3～6 mm直径的小钢球覆盖在样品上面。将样品池放在天平上，推进驱动柱塞施加负荷，3 min内使负荷增加到10 kg。然后去掉负荷，将样品池内的物料移入425 μm筛网，并称重筛下细粉。除去细粉的样品再放入样品池，分别在20 kg、40 kg、60 kg、80 kg、95 kg负荷下重复前面的操作，再次操作时均测量细粉的累积重量。产生0.5%（质量分数）细粉所需施加的压力(MPa)就定义为堆积压碎强度。

应仔细准备供实验用的催化剂样品。催化剂颗粒大小不应小于3～6 mm。如果原来比较大，则需将其破碎并过筛，去3～6 mm的颗粒。试样事先应以425 μm筛孔进行过筛，使其开始不含能通过425 μm筛孔的细粉。堆积压碎强度对于催化剂中吸附的杂质很敏感。其中水蒸气的影响最大，有机物的影响稍小一点。为除去水分，应先将催化剂在573 K下干燥1 h。如果干燥后的样品暴露在空气中，则应在30 min内进行实验。实验室的相对湿度最好低于50%，并且应记录实验时的实际湿度。

### 7.4.2 磨损强度

当固体之间相互摩擦、撞击时，相互接触的表面在一定强度上发生剥蚀。对于催化剂而言，人们感兴趣的是固定床填装或卸出时催化剂颗粒的抗磨性能，以及在流化床中催化剂颗粒的抗磨性能。

催化剂磨损强度的测试通常依据熟知的破碎-研磨方法。因此，实验室的实验装置是基于工业用的球磨机、振动磨、喷射磨、离心磨的而设计建立的。需要指出的是，无论哪一类方法，都必须保证催化剂的颗粒破损主要是由磨损造成的，而不是起因于破碎；前者形成细球型粒子，后者则形成不规则的颗粒。

磨损强度为一定时间内磨损前后样品质量的比值。

$$\text{磨损强度} = \frac{W_t}{W_0} \times 100\% \tag{7-27}$$

式中，$W_t$为时间$t$内未磨损脱落的试样质量；$W_0$为原始试样质量。

显然，磨损强度越大，催化剂的抗摩擦能力也就越大。

同理，可将磨损率定义为一定时间内被磨损掉的样品质量与原始样品质量的比值。

$$\text{磨损率} = \frac{W_0 - W_t}{W_0} \times 100\% \tag{7-28}$$

催化剂的机械强度除采用上述试验方法测定外，还有一些研究者根据催化剂的结构性质提出计算经验式，这里不做讨论。

## 7.5　本体性质的测定

无论对粉末或是对颗粒来说，最重要的本体性质是组成和相结构。

催化作用是化学作用，它与催化剂的化学组成的依从性是不言而喻的。对某一反应具有活性的元素常常并不是以任何形式都能起作用，而是通过一定的化合物形式（结晶的或无定形的）起作用。所以对上述两方面进行测定和鉴别是非常重要的。

### 7.5.1　组成的测定

对催化剂的元素进行定性和定量的鉴定是一种基本的需要。不但在制备或生产中要测定其主要组分和杂质组分，而且在催化剂使用过程中要测定沉积在它上面的玷污物。这时沉积物包括以下 4 方面：① 灰和其他碎屑；② 从反应物物料中来的毒物，例如 S、As、Pb 和 Cl；③ 从反应物料来的金属污染，例如：Ni、Fe、V、Ca、Mg 等；④ 结焦。

对催化剂颗粒来说，在对催化剂进行诊断时，测定它的组成断面是有用的。

分析化学已经开发了许多种方法，有物理的和化学的，破坏性的和非破坏性的，“湿法”和仪器分析方法，都可应用于催化。而最受关注的是以下方法。

(1) 溶液方法

每一种元素对某些类型的“湿法”是灵敏的，这是大家熟悉的定量分析的方法，通常将所关注的元素以某种方式溶解，产生一种特有的颜色，用光吸收法使之量化。

例如，加氢脱硫催化剂中的钴可按下述标准方法测定。

用硫酸加热分解样品，稀释，选 16～30 mg 的等分试样几份。将每一份试样加到已知量的过量的铁氰化钾、柠檬酸铵、氨和醚中。在钴与铁氰化物结合以后，用标准的钴溶液回滴（用电位滴定的方法），从初始浓度计算样品的钴浓度。其他组分没有干扰。也可以用光吸收法测定钴络合物浓度。

(2) 光谱法

从原子发射算起，有一系列的光谱方法。用途最多且经常用的方法是 X 射线荧光，样品用 X 射线光子轰击，放射出的次级 X 射线（荧光 X 射线），其能量（波长）等于原子内壳层电子能级差，即原子特有的电子层间跃迁能量。应用荧光 X 射线分析元素的种类和含量的方法称为荧光 X 射线分析法（XRF）。

这个方法需要的样品量少（微量取样法可少至 1 mg），也可检出和测定含量很低的元素，特别在分析稀土元素等用其他方法较难判断的元素时很有效。方法本身是非破坏性的，而且分析速度快，可以做大部分元素的全分析。

与荧光 X 射线分析相近的方法是电子探针分析。高能的电子束聚焦到样品表面，原子的内壳层（K、L、M）电离产生代表元素性质的特征 X 射线。X 射线的强度正比于元素的浓度，从所得 X 射线照片可知特定元素的本质和分布，具有很高的分辨率。

大部分元素（除了周期表最前面几个元素以外）都可用这个方法。该法对于这个催化剂颗粒中重金属的断面分布的分析特别有用。磨碎的样品可小至 1 $\mu m^3$，分辨率可小至几十纳米。

发射光谱法是比较普及的，其原理是用适当的方法（电弧或者火花等）提供能量，使样品蒸发、汽化并激发发光，所发的光经棱镜或衍射光栅构成的分光器分光，得到按波长顺序排列的原子光谱，测定原子光谱线的波长及强度就可确定元素的种类及其浓度。光谱线波长只与元素的种类有关，与其存在状态无关。将待测元素光谱线的强度与已知浓度的标准试样的光谱线进行比较，可测知待测元素的浓度。

此法能用微量试样同时进行数十种元素的定量分析。直接分析固体试样时，不少元素的灵敏度接近 1 μg/g。对液体试样能检出浓度为 1 ng/mL 的待测元素，所以此法对微量成分的分析很有用。灵敏度和定量范围随不同元素而异，变化幅度较宽，一般情况下，试样量在 50 mg 以下或更少。

应根据待测元素的种类、定量范围、分析的要求和实际条件选择适宜的方法。

### 7.5.2 相结构的测定

相结构的鉴定是比较困难的。催化剂含有许多组分，每一种组分可能以几种不同的结构存在。催化剂组成的变化使得干扰因素和灵敏度因素复杂化。尽管如此，在实践中还是获得了详尽的关于结构的认识。最成功的方法是用衍射或用程序升温获得图谱，与纯化合物的“指纹图”进行对照来做出鉴定。

(1) X 射线衍射方法

X 射线衍射(XRD)是很成熟的方法，通常能得到满意的成果。单色 X 射线照射晶体中的原子，发生衍射，由于原子的周期性排列，弹性散射波向相互干涉，产生衍射现象。可以把 X 射线被这些原子在某一方向的弹性散射，形象地表示为一套晶面的反射。一束平行的波长为 $\lambda$ 的单色 X 射线，照射到两个间距为 $d$ 的相邻晶面上，发生反射，入射角和反射角为 $\theta$，两个晶面反射射线的干涉加强时二者的光程差等于波长的整数倍。

$$2d\sin\theta = n\lambda \tag{7-29}$$

式中，$n$ 为整数，这就是著名的 Bragg 方程。当入射 X 射线与晶体的几何关系满足 Bragg 方程时，产生衍射线。每一种晶体有它特有的衍射图谱，从衍射线的位置就可得知待定化合物的存在。目前，最常用的多晶衍射数据库是由国际衍射中心编辑的《粉末衍射卡片集》。截至 2010 年，该中心提供的 PDF-2 2009 版本含有 218 610 个条目，其中包括 189 528 个无机物和 33 270 个有机物。通过与相关标准 PDF 卡片对照，可以对实测多晶衍射图谱进行物相鉴定。

X 射线衍射法不但可以鉴定已知结构的化合物，而且可以揭示催化剂在使用过程中相结构的变化。例如，某种用于汽车尾气净化的催化剂，其起始组分为氧化镍与一个或几个过渡金属氧化物结合形成的具有尖晶石结构的混合氧化物，即 $Ni(A_2\text{-}xBx)O_4$，它若载于低比表面积的 $\alpha\text{-}Al_2O_3$，则活性稳定。但若载体中除了 $\alpha\text{-}Al_2O_3$ 外，还有一定比例的 $\theta\text{-}Al_2O_3$，则发现在高温过程中催化剂活性突然下降。经 X 射线衍射分析，表明此时 $\theta\text{-}Al_2O_3$ 相消失，而出现了硫酸镍相，它是由 $\theta\text{-}Al_2O_3$ 与氧化镍反应产生的，没有催化活性。

用 X 射线衍射法，对化合物最小检出限度为 5%(质量分数)，对元素是 1%(质量分数)。

当微晶尺寸减小时，衍射峰变宽，这时直径小于 5 nm 的微晶难以鉴别。

另一方面，衍射峰宽度反比于微晶的尺寸，如下式所示：

$$d = \frac{k\lambda}{b\cos\theta} \tag{7-30}$$

式中　$d$——晶粒尺寸，nm；

$k$——晶粒形状因子，亦称 Scherrer 常数，一般为 0.89；

$\lambda$——X 射线波长，nm；

$\theta$——衍射角，Bragg 角；

$b$——衍射峰半高宽度。

这就是著名的席乐方程。可以利用这个方程测量粒径在 5～50 nm 之间的晶粒的直径。

不同组分的衍射峰常常在相似的位置互相叠加，这种相互干扰使得精确的测定变得有问题。但是，现代的计数电子仪器和计算机整理分析数据提高了精密度，能克服许多这样的缺点。

电子显微镜的电子衍射也可用于鉴别晶形，分辨率高，可以表征个别的微晶。例如，$\gamma$-$Al_2O_3$ 和 $\eta$-$Al_2O_3$，尽管它们起源于不同晶形的水合 $Al_2O_3$，但是靠一根或几根衍射线形状上的差别，或靠比较特定衍射线峰高的比值来鉴别，比较难。可是这两种晶体的电子显微照片的差别却很显著，容易识别。

(2) 程序升温方法

对无定型的或结晶度差的化合物，用 X 射线衍射法确定结构是困难的，这对需要将若干通用的或专一的方法结合起来。

在通用方法中，最常用的是在程序升温的过程中测定试样的性质随温度的变化，从这种变化中获取有价值的信息。

① 差热分析和差示扫描量热法

差热分析(DTA)是在按一定速率加热和冷却的过程中，测量试样和参比物之间的温度差。任何伴有放热或吸热的转变或化学反应都可导致上述的温差，借此获知有关晶相转变、固相反应、分解、氧化或还原等方面的信息。差示扫描量热法(DSC)和 DTA 的原理基本相同，都是比较待测物和参比物随温度变化而导致的热性能的差别。不同的是，在 DSC 实验中参比物和待测物以相同的速率进行加热和冷却(即二者始终保持相同的温度，相互之间没有热量传递)，记录的信息是参比物和待测物之间保持相同温度所需的热量差。因此得到的曲线是温度(时间)为横坐标，热量差为纵坐标的曲线。而 DTA 只有在使用合适的参比物的情况下，峰面积才可以转换成热量。图 7-18 是 $Ni(OH)_2$ 分解的差热示意图。

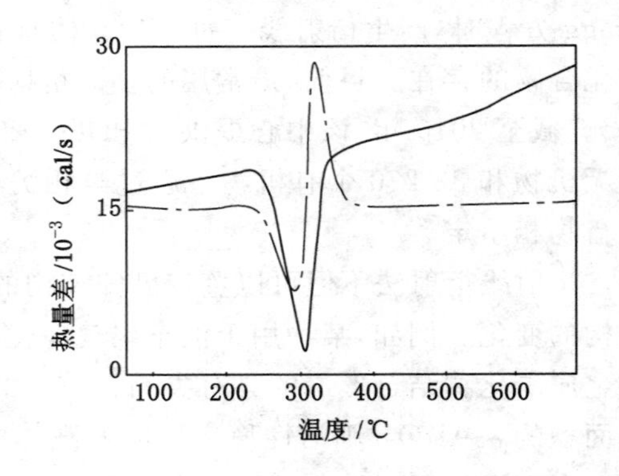


图 7-18　$Ni(OH)_2$ 分解的差热分析图
—差热分析；—·—微商差热分析

② 热重分析

热重分析(TGA)则是测量试样在程序升温过程中的质量变化。用热天平在升温过程中连续称重，由它可获知关于结晶水或含水量、热分解反应、固相反应、固-气反应等方面的信息。图 7-19 时 $Ni(OH)_2$ 分解的热重分析图。

综合图 7-18 和图 7-19 就可知道 $Ni(OH)_2$ 的热分解温度、失水量、失水时的反应热、失水后分子的化学式等。将试样的图谱与 $Ni(OH)_2$ 标准物的热分析图谱对照还可对试样的纯度、是否有杂质等做出推测。

此外，在采用软、硬模板辅助制备一些新型纳米体相或多孔催化材料时，需要借助 TGA/DSC 曲线来分析模板剂的除尽问题，并确定催化剂的最佳焙烧温度。例如，以规整排列的聚甲基丙烯酸甲酯（PMMA）微球作为硬模板，以三嵌段共聚物 $EO_{106}PO_{70}EO_{106}$（聚氧乙烯-聚氧丙烯-聚氧乙烯两嵌段共聚物，商品名为 F127）作为模板剂，以硝酸铈和硝酸氧锆为金属源，制得三维有序大孔 $Ce_{0.6}Zr_{0.4}O_2$ 固溶体的前驱体。

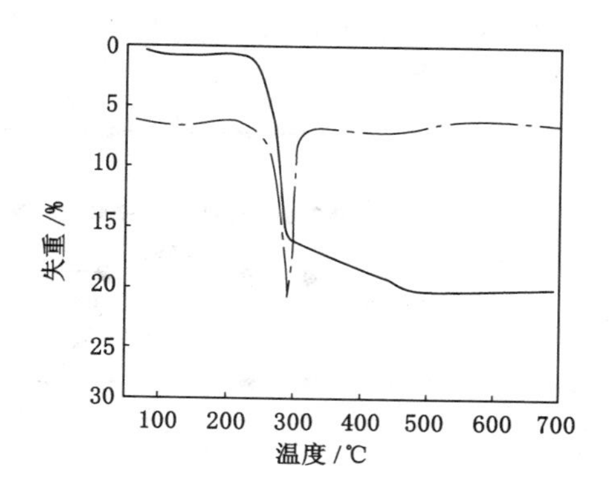


图 7-19 $Ni(OH)_2$ 分解的热重分析图

—差热分析；—·—微商差热分析

如果将氧化物试样置于氢气氛中进行程序升温的分析，则称程序升温还原，由此可获知关于氧化物还原性的信息，若易还原，则在较低的温度出现还原峰。当然也可以用其他的气氛（例如氧、硫化氢等）以获取感兴趣的信息。

所谓的专一的方法是指应用于存在某些元素的固体催化剂。例如磁性测量方法用于研究某些磁性组分的结构和价态，鉴别其含量和分布，测定超顺磁性颗粒的大小分布；电子顺磁共振技术（EPR）用于研究顺磁性物质的活性和结构等。

## 7.6 表面性质的测量方法

多相催化反应是在固体催化剂表面进行的，它与催化剂表面的化学组成、物理化学状态有着更直接的关系。

从催化剂研究的初期开始，科学家就从事催化反应中表面现象的研究。表面化学家借用了胶体化学的方法，通过各种吸收光谱表征，用分子来探查表面，电子显微镜技术的发展使得对表面形态的了解有了突破。而在过去的40年，表面技术发生了革命，表面物理学家已经逐步发展了新一代的高技术方法用于研究表面的组成结构以及表面上的相互作用，这使得在催化研究中人们有机会来观察表面现象。

这些高技术方法常常涉及光子和电子的轰击和发射，可能伴随着许多过程的发生。由它们所获得的信息直接反映了样品表面原子或分子的电子层结构，因而据此能识别表面的元素组成及其状态变化。

下面就对测量表面的组成、形态和结构，活性组分的分散度，以及催化剂表面的不均匀性等方法作一介绍，它们都可应用于粉末催化剂。

### 7.6.1 组成的测量方法

（1）电子能谱方法

电子能谱方法通过待测原子结构的某些部分来鉴定固体表面所含的原子。应用最广泛的是 Auger 电子能谱（AES）和 X 射线光电子能谱（XPS），后者也称为化学分析电子能谱法（ESCA），此外拉曼光谱（Raman Spectroscopy）应用也较广泛。

产生 Auger 电子和 X 射线光电子的基本过程如图 7-20 所示。

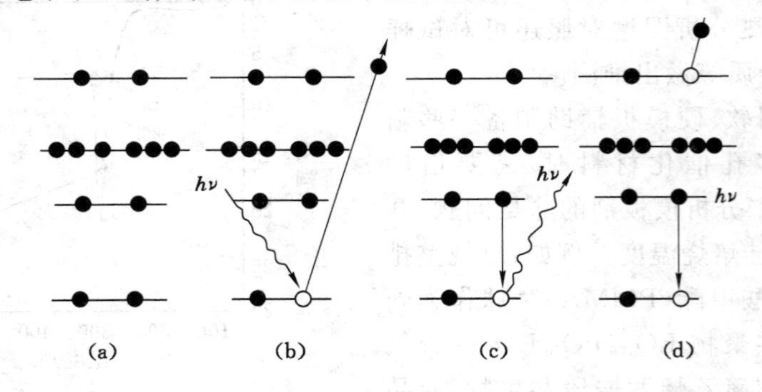


图 7-20 X 射线光电子和 Auger 电子产生过程

激发 Auger 电子的方法有 X 射线、电子束、质子束。最常用的是 Auger 电子能谱。

Auger 电子的能量主要取决于被激发原子的元素种类，也依赖于该原子所处的环境，这就使 Auger 谱线可作为元素鉴定的根据；又由于 Auger 电子在固体中运行要经历频繁的非弹性散射，能逸出固体表面的仅仅是表面几层原子所产生的 Auger 电子，因而 Auger 谱线成为固体表面成分分析的一种灵敏方法。图 7-21 是一些元素的 Auger 电子能谱。

Auger 电子能谱分析与用 $Ar^+$ 溅蚀固体表面相结合，可分析固体表面的纵断面。

由于激发电子束能聚集细束，故 Auger 分析的空间分辨率相当好，达到 5 μm，若应用特殊电子光学元件还可以达到 50 nm。

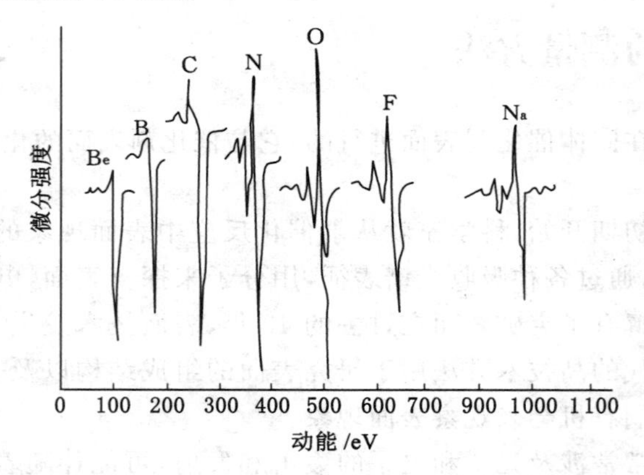


图 7-21 一些元素的 Auger 电子能谱

(2) XPS

如图 7-22(b)所示的过程，射入的 X 射线光子能量一部分用于打出的电子克服原子核和其他电子的作用，达到样品的 Fermi 能级，这部分能量称为该电子的结合能。处于 Fermi 能级的电子要逸出固体表面，还必须克服整个样品晶格对它的引力做功，这部分能量称为样品的脱出功(或功函)；因而射出的电子的动能($E_k$)与射入的 X 射线光子能量($h\nu$)及结合能($E_b$)和功函($W$)之间的关系如下：

$$E_k = h\nu - E_b - W \tag{7-31}$$

由式(7-31)可以看出，$E_k$ 与 $E_b$ 有着对应的关系，而结合能是随不同元素的原子而异的。不同元素的同一内壳层电子(如1$s$电子)的结合能各有不同的值,因而据此可以鉴定样品中的化学元素。图7-22是第二周期元素的1$s$电子结合能。

原子中内壳电子受原子核引力和外层电子的斥力影响,通过斥力,外层电子对内壳层电子起着一种屏蔽作用。当原子的化学环境发生改变,引起外层价电子密度发生改变,若价电子密度趋向减少时,上述屏蔽作用将减小,内层电子的结合能将增大。反之,结合能减小。由这种化学因素引起的“能量位移”称为“化学位移”。通过对化学位移的研究反过来能判断原子的状态、它们所处的化学环境以及分子结构。

(3) XPS应用实例

图7-23是Cu/沸石催化剂还原过程中,XPS中Cu $2p_{3/2}$谱线的位移情况。Cu $2p_{3/2}$表示主量子数$n$为2、角量子数$l$为1($p$电子)、总角动量$j$为3/2的电子。

图7-23中a是用$CuSO_4$与沸石交换,于177 ℃干燥可得,显然表征与$Cu^{2+}$的顺磁性有关。图7-23中b是上述a的催化剂于247~447 ℃用一氧化碳还原所得的结果,位移到了932 eV。结合能减小,表征Cu的氧化态由+2变为+1,图7-23中d是上述a的催化剂于347 ℃用氢还原所得的结果,主峰位置与b相似。图7-23中c是1 nm的Cu簇用氢或一氧化碳还原所得的结果,与大晶粒的b或d比较,主峰位置向结合能大的方向偏移约2 eV。

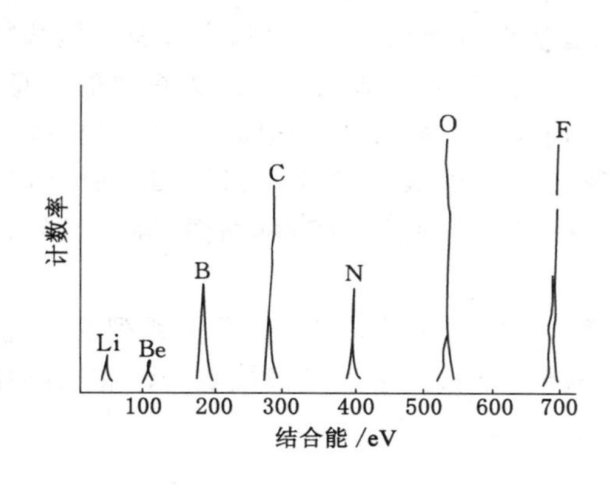


图7-22 第二周期元素的1$s$电子结合能

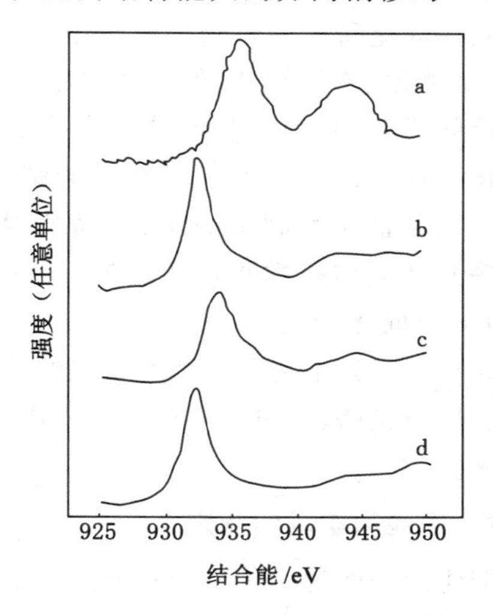


图7-23 Cu/沸石催化剂还原过程中Cu $2p_{3/2}$谱线的位移

根据元素的XPS特征峰的相对灵敏度因子,从特征峰的高度或峰面积可以求得样品中各种元素的相对浓度。计算公式为:

$$\frac{n_1}{n_2}=\frac{I_{t1}/S_{a1}}{I_{t2}/S_{a2}} \tag{7-32}$$

式中 $n$——样品单位体积中所含被测元素的原子数;

$I_t$——光电子流强度(常用峰面积表示);

$S_a$——原子灵敏度因子。

XPS可探测表面1~20层组成,由于催化反应是在催化剂表面上进行的,因此利用XPS来研究同一系列催化剂中某些人所关注的元素的表面浓度变化是很有价值的。

(2) 拉曼光谱

当单色光通过气体、液体或透明固体时，大部分按原来的方向进行，少部分沿不同的角度散射。散射光有两种情况，大部分散射光的频率等于入射光的频率，称为瑞利散射；少部分散射光较弱，它的频率大于或小于入射光的频率，1928 年印度科学家 C. V. Raman 首次在液体中观察到此散射现象因而被命名为 Raman(拉曼)散射。

拉曼散射的频率与入射光频率之差称为拉曼位移，一般为 100～3 000 $cm^{-1}$，分别相当于远红外和中红外光谱的频率。实际上，拉曼效应中由散射而引起的能量变化分别对应于分子中转动能级或振动能级的能量变化。借助于观察被测样品的拉曼散射的频率、强度、偏振等性质可以研究分子的结构和性质。虽然拉曼光谱和红外光谱都能得到分子振动和转动光谱，但只有当分子的极化率发生变化时才能产生拉曼活性。而当分子的偶极矩发生变化时才会具有红外活性。因此，红外光谱和拉曼光谱有一定程度的互补性，不可相互替代。

1977 年，F. R. Brown、L. E. Makovsky 和 K. H. Rhee 课题组首次将拉曼光谱应用于 $MoO_3/\gamma\text{-}Al_2O_3$ 和 $CoO\text{-}MoO_3/\gamma\text{-}Al_2O_3$ 催化剂的研究。至今，拉曼光谱已广泛应用于体相或负载型金属氧化物、负载型金属硫化物、分子筛、表面吸附和原位反应等。拉曼光谱之所以能在催化研究中得到广泛应用，是因为以下几点：① 拉曼光谱可以得到低波数(＜200 $cm^{-1}$)的光谱；常用载体(如 $\gamma\text{-}Al_2O_3$ 和 $SiO_2$)的拉曼散射截面很小，因此载体对表面担载物种的拉曼光谱的干扰很少；这使得拉曼光谱能够提供催化剂和催化反应最为重要的信息，即催化剂体相以及表面上的物种的结构信息；② 由于水的拉曼散射很弱，这使得拉曼光谱可以用于催化剂制备的研究，特别是对催化剂制备过程从水相到固相的实时研究，这是许多其他光谱技术难以实行的；③ 拉曼光谱比较容易实现原位条件(高温、高压或复杂体系)下的催化研究。

为克服荧光干扰和灵敏度较差的缺陷，人们通常对常规拉曼光谱进行了一系列的改进，如共振拉曼光谱、傅里叶变换拉曼光谱、表面增强拉曼光谱、共焦显微镜拉曼光谱和紫外拉曼光谱。

### 7.6.2 形貌和组成的测定

催化剂表面的形貌是指它的几何形态(例如微晶的形状和粒度分布)，也包括它的地貌(例如孔的形状、分布及其大小)。研究它的强有力工具是电子显微镜(简称电镜)，电镜还能提供样品结构的信息。

电子显微镜是一种直接观察物体细微结构的有力工具。E. Abbe 在 120 年前论证了显微镜的分辨率(分辨率就是能清楚地辨认物体细节的本领，它用所能区分的两点间的最小距离来衡量)约为可见光的半波长。若波长为 500 nm，则分辨极限约为 250 nm。为了得到分辨率更高的显微镜，必须采用波长更短的波。

加速的电子具有波动性，若有足够的加速电压，就可获得波长很短的电子射线，表 7-5 列出了可见光和电子射线的波长，电子射线波长极短，所以应用电子射线显微镜的分辨率就很高。1932 年德国制造的第一台真正的电子显微镜的分辨率是 50 nm，目前一台高性能的显微镜的晶格分辨率是 0.14 nm，点分辨率是 0.3 nm，最高放大倍数是 $5\times10^5$～$10^6$。

表 7-5　　可见光和电子射线的波长

| 可见光 | | 390～760 nm |
|---|---|---|
| 电子射线 | 加速电压/kV | 波长/nm |
| | 20 | $8.6\times10^{-3}$ |
| | 50 | $5.4\times10^{-3}$ |
| | 100 | $3.7\times10^{-3}$ |
| | 200 | $2.5\times10^{-3}$ |
| | 500 | $1.4\times10^{-3}$ |
| | 1 000 | $0.9\times10^{-3}$ |

一定能量的电子束作用于样品，除 99%以上的入射电子能量转变为样品内能，其余的将产生多种物理效应。其中的弹性散射电子(电子只改变方向，无能量变化)形成的衍射图像经投射电子显微镜(TEM)中的电子光学系统放大，就可以从中得知样品结构和形貌信息。若由电子枪发射出的电子束由电磁聚光镜聚集到样品上，同时沿着整个样品扫描(SEM)，从表面反射回来的二次电子(从距样品表面 10 nm 左右的深度范围内射出来的低能电子)经过视频放大和信号处理，就可形成一幅与表面扫描区对应的“扫描图像”，它可反映表面形貌和晶面定向。入射电子束与试样作用所发生的各种过程如图 7-24 所示。

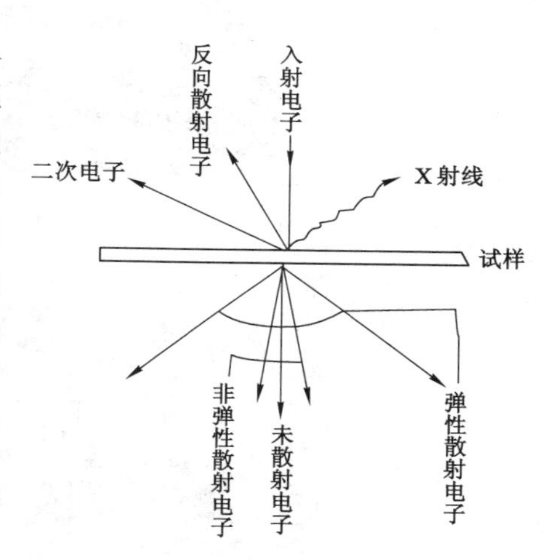


图 7-24　试样受电子束照射发生的各种过程

透射电镜(TEM)是利用透过的电子成像，所以必须把样品制成很薄的片，使入射电子束的适当部分能够透过。

图 7-25 是李亚栋的研究小组制得的贵金属、氧化物、硫化物、氟化物和双金属纳米粒子

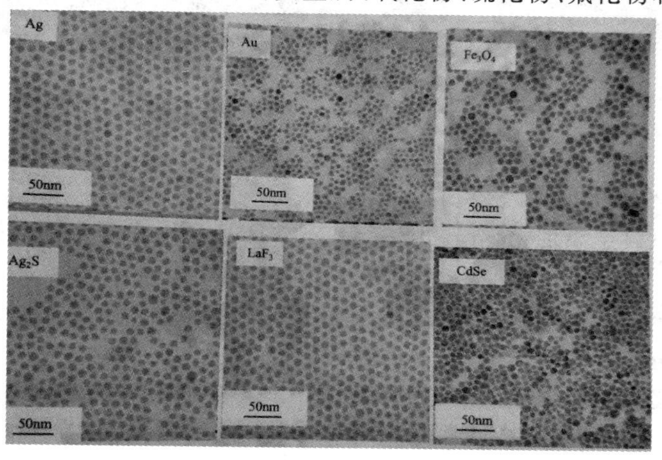


图 7-25　不同纳米晶的 TEM 照片

的 TEM。可以看出，所得粒子的尺寸分布较为均一，形貌基本上为类球体或多面体状。

扫描电镜(SEM)是利用从表面反射回来的二次电子，反向散射电子成像，故对样品厚度没有限制。常用的仪器分辨率极限大约为 15 nm，高分辨率扫描电子显微镜(HRSEM)的分辨率大约是 5 nm，如图 7-26 所示。图 7-27 所示为在 200 ℃水热处理下分别于 2 h、8 h、12 h、48 h 后得到的 $Fe_2O_3$ 样品的 TEM 图。

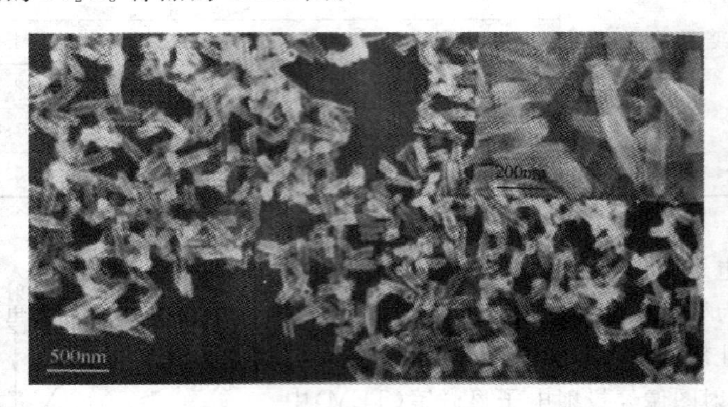


图 7-26　在 220 ℃水热处理 48 h 后所制得的 $Fe_2O_3$ 的 SEM 照片

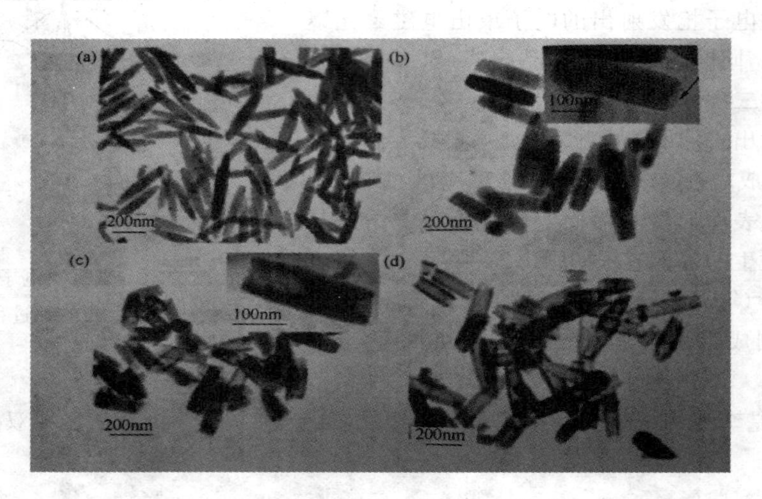


图 7-27　在 220 ℃水热处理所制得的 $Fe_2O_3$ 样品的 TEM 照片

(a) 2 h 后；(b) 8 h 后；(c) 12 h 后；(d) 48 h 后

### 7.6.3　分散度(dispersion)的测定

通常使用的过渡金属催化剂是以直径为 1～10 nm 的小颗粒形式分散在高比表面积的载体上。

对于负载型金属催化剂来说，它的催化活性与其总比表面积没有直接的联系，而是与负载的金属活性组分直接相关，不仅与其负载量相关，而且与活性组分的分散度相关。

分散度也称暴露百分，它显然和微晶的大小直接相关，以规则的正八面体形的铂晶体为例，其暴露百分与正八面体的关系如下：

边长＝1.4 nm，暴露百分＝78％；

边长＝2.8 nm，暴露百分＝49%；

边长＝5.0 nm，暴露百分＝30%。

立方晶体的暴露百分与晶粒大小的关系如图7-28所示。

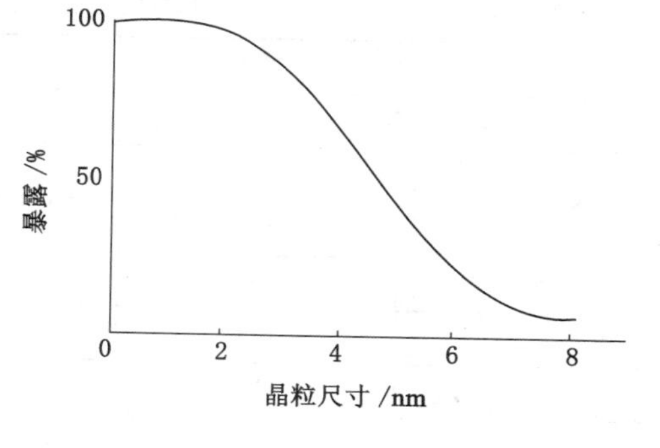


图7-28　立方晶系的晶粒尺寸与暴露百分

用选择性的分子通过定量探测最容易进行表面浓度的测定。一般有三种方法：化学吸附等温线法；反应滴定；毒物滴定。

① 化学吸附等温线法

化学吸附由于其专一性和单层覆盖的特点，可以测定载体上金属活性组分的比表面积。

选用的吸附物必须只在某金属活性组分上化学吸附而不在其他组分或载体上化学吸附。当进行吸附测量时应满足上述条件。

首先，必须很快形成单层覆盖，还原性能良好的 $Pt/Al_2O_3$ 催化剂满足这个要求，如图7-29所示。这时容易测定单层吸附量。但单层吸附的特点不像图7-29所示的那样明显。例如氢在 $Ni/SiO_2$ 上的吸附没有出现如图7-29所示的与横坐标平行的饱和情况，而是如图7-30所示。可以设想在表面深部的部位或在Ni与载体的界面很快发生了可逆吸附单层覆盖，由第一次吸附等温线的拐点处外延到相对压力为零处，其在纵坐标上的截距相应于单层化学吸附的量。

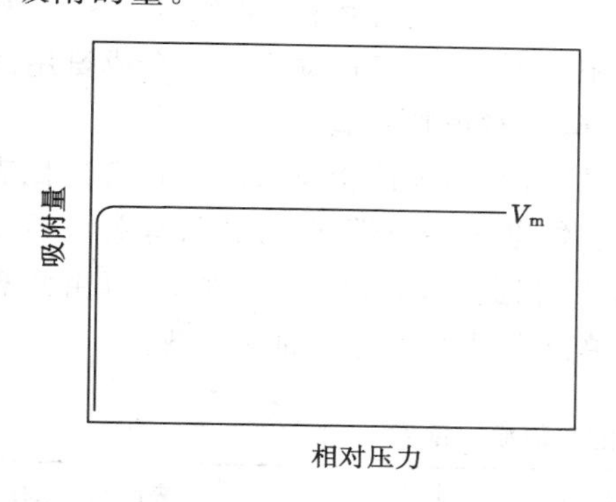


图7-29　$H_2$ 在 $Pt/Al_2O_3$ 上的化学吸附

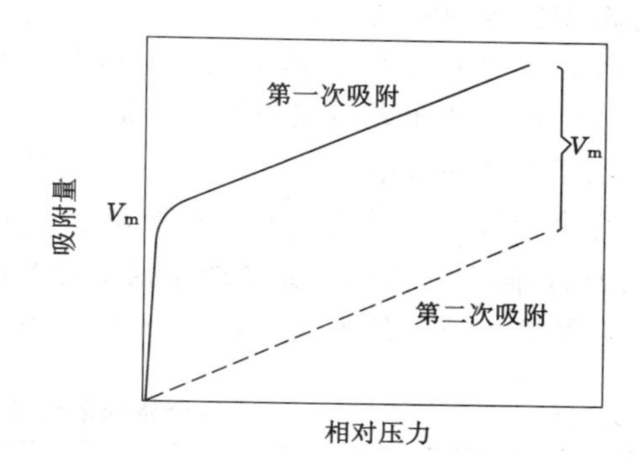


图7-30　$H_2$ 在 $Ni/Al_2O_3$ 上的化学吸附

其次，为了计算金属活性组分的表面浓度必须知道吸附的化学计量关系。化学计量关系是按吸附质分子定义的，例如 $H_2$ 的化学计量数为2。困难在于在不同的化学吸附体系中，吸附质可能有不同的吸附态，从而难以确定吸附时的化学计量数。表7-6和表7-7分别是某些金属比表面积测量时选用的吸附物和一些吸附体系的化学计量数。

表7-6　金属表面积测量选用的吸附质

| 金属 | Fe | Ni,Co | Rh,Ru,Ir,Pt | Ru | Pd | Cu | Ag,Au |
|---|---|---|---|---|---|---|---|
| 吸附质 | CO | $H_2$,CO | H2,CO | $O_2$ | CO | CO | $O_2$ |

表 7-7　　不同化学吸附体系中的化学计量数 $n$

| 金属 | 气体 | 温度/℃ | 压力/kPa | $n$ |
|---|---|---|---|---|
| Cu | CO | 20 | 1.33 | 1～2 |
| Ag | $O_2$ | 200 | 1.33 | 2 |
| Co | $H_2$ | 20 | 1.33 | 2 |
| Ni | $C_2H_4$ | 0 | 13.3 | 2 |
| Rh | CO | 20 | 1.33 | 2 |
| Pd | CO | 20 | 1.33 | 1～2 |
| Pt | $H_2$ | 20 | 1.33 | >2 |
| Pt | $H_2$ | 250 | 13.3 | 2 |
| Pt | $O_2$ | 25 | 13.3 | 2 |

当金属微晶非常小时，由于微晶上低配位数部位的增多，氢的 $n$ 值还可能小于 1。对一氧化碳来说，除了线型的一位吸附和桥接的二位吸附外，还可能存在亚羰基镍的吸附态 $Ni(CO)_2$，所以 $n$ 值除了 1 和 2 以外，还可能为 1/2。

从表 7-7 中可以看到，$n$ 值既和吸附体系有关，也和吸附试验条件有关。化学吸附的适宜温度压力随体系而异，必须用载体进行空白实验，看它在实验条件下的吸附情况。例如，对分散的铂吸附氢的最好条件是 0～27 ℃和 10～300 MPa，对分散的镍，则为 0～27 ℃和 20 kPa。对钯不能用氢，因为氢能够吸收到钯的体相中去，用一氧化碳更好。合成氨用的铁催化剂中的铁的比表面积的测量也是一直用一氧化碳。对银则用氧。

除了上述两标准外，还需要知道每个原子所占的表面积，才能根据吸附量计算出比表面积。每个金属原子所占的表面积既和金属的密度有关，也和原子所在的晶面有关。通常对多晶表面，假定它由相等分数的主要低指数晶面构成，据此计算表面原子数 $n_s$，再由此算出每个金属原子所占的表面积，表 7-8 是一些金属的单位多晶表面的表面原子数。

表 7-8　　一些金属的单位多晶表面的表面原子浓度

| 金属 | 表面原子浓度 /$10^{19}$ $m^{-2}$ | 金属 | 表面原子浓度 /$10^{19}$ $m^{-2}$ | 金属 | 表面原子浓度 /$10^{19}$ $m^{-2}$ |
|---|---|---|---|---|---|
| Cr | 1.63 | Mo | 1.37 | Ru | 1.63 |
| Co | 1.51 | Ni | 1.54 | Ag | 1.15 |
| Cu | 1.47 | Nb | 1.24 | Ta | 1.25 |
| Au | 1.15 | Os | 1.59 | Th | 0.74 |
| Hf | 1.16 | Pd | 1.27 | Ti | 1.35 |
| Ir | 1.30 | Pt | 1.25 | W | 1.35 |
| Fe | 1.63 | Re | 1.54 | V | 1.47 |
| Mn | 1.40 | Rh | 1.33 | Zr | 1.14 |

而非金属的化学吸附表征不如金属研究的充分，但是也有一些实例，如表 7-9 所示。

表 7-9　非金属化学吸附的吸附质

| 催化剂 | 吸附质 | 催化剂 | 吸附质 |
|---|---|---|---|
| $MoO_3/SiO_2$ | $O_2$ | $Fe_2O_3/Al_2O_3$ | NO |
| $Cr_2O_3/Al_2O_3$ | NO | $MnO/Al_2O_3$ | $O_2$ |
| $NiO/Al_2O_3$ | NO | | |

只要符合前述的专一性、单层覆盖、已知化学计量数等条件，化学吸附等温线法同样可以用于硫化物和氧化物。

② 反应滴定

当用直接化学吸附的方法不很适宜时，可以用探针反应滴定的部位。这个反应必须是气体和表面部位之间的不可逆的相互作用。每个部位只发生一种过程。这种方法的第一个例子是 Pt—O 部位的滴定。负载的 Pt 的表面先氧化，氧在表面不超过单层，然后与氢反应：

$$\text{Pt—O}+\frac{3}{2}H_2 \longrightarrow \text{Pt—H}+H_2O$$

这样的方法与氢的直接化学吸附比较：

$$\text{Pt}+\frac{1}{2}H_2 \longrightarrow \text{Pt—H}$$

前者每个 Pt 原子所消耗的氢量是后者的 3 倍，从而使精密度提高 3 倍，这对负载量低的金属催化剂特别有意义，称“氢氧滴定”。

另一个例子是 Raney 和 Ni-Cu 合金中 Cu 比表面积的测定。当 Cu 与 $N_2O$ 反应时，发生下述过程：

$$N_2O(\text{气})+2\,\text{Cu}(\text{固}) \longrightarrow N_2(\text{气})+\text{Cu—O—Cu}$$

测量释出的氮气可以直接得知表面铜的浓度。同样的方法也曾用于负载的银催化剂。最方便的是用脉冲仪器，通过脉冲量来确定气体体积。

③ 毒物滴定

毒物滴定是测定活性浓度的方便方法。最好用图 7-31 所示的简单的脉冲反应器。

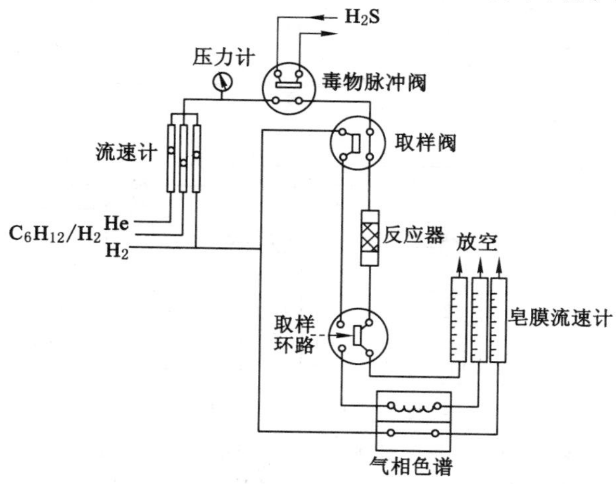


图 7-31　用 $H_2S$ 进行毒物滴定测量的脉冲反应器

在反应脉冲之间注入毒物的脉冲，如果所有的毒物不可逆吸附，则催化剂的活性随毒性脉冲的次数而递减。图 7-32 是 $H_2S$ 使金属部位中毒的典型结果。

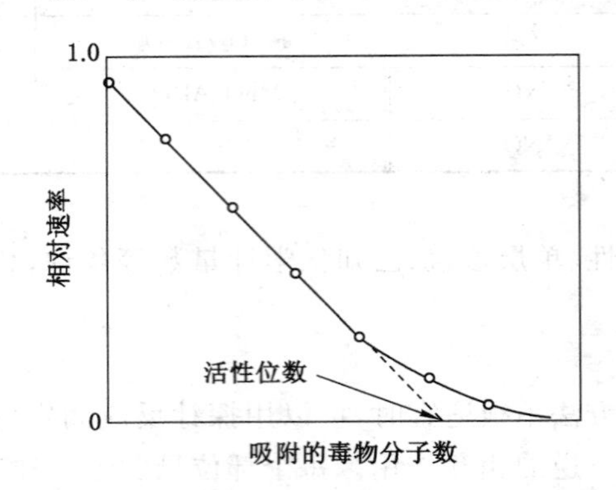


图 7-32　毒物滴定金属部位的典型结果反应器装置

从图 7-32 可见，催化剂活性随毒物注入量的递增而线性下降，将活性曲线外推到活性为零处，即得催化剂失效所需的毒物量。如已知表面中毒的化学计量数(例如，每个 S 原子使两个 Ni 原子中毒)，则由毒物量可算出表面的活性位数。

### 7.6.4　不均匀性的测定

催化剂表面具有不均匀性(heterogeneity)，只有表面的某些活性部位具有催化活性，即使是活性位，由于它的几何和能量的差异，即它的配位数、涉及的键、极化程度等方面的差异，往往表现出不同的活性和选择性。测定方法一般有程序升温脱附法(TPD)、程序升温还原法(TPR)和程序升温氧化(TPO)法等。

① 程序升温脱附法(TPD)

装置流程如图 7-33 所示，先使吸附管中的催化剂饱和吸附质，然后程序升温，吸附质在稳定载气流条件下脱附出来，经色谱柱后被记录并计算吸附质脱附速率随温度变化的关系，即得到 TPD 曲线(脱附谱图)。如以反应物质取代吸附质，可得到反应产物与脱附温度的关系曲线。

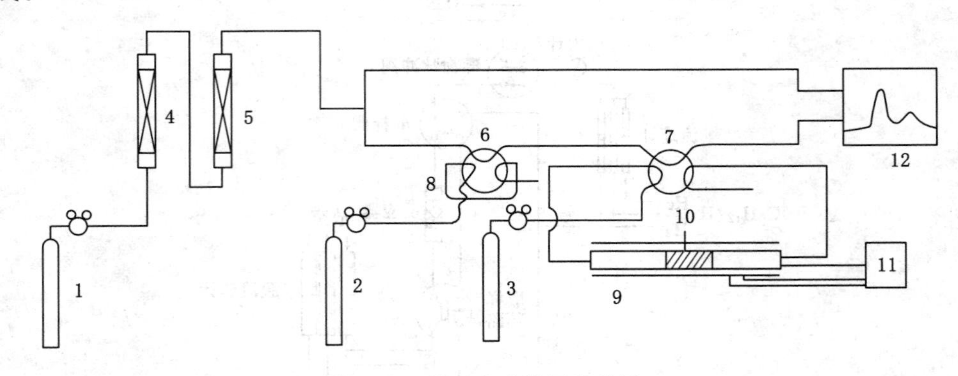


图 7-33　TPD 实验装置流程图

1——He；2——吸附气体；3——预处理气体；4——脱氧剂；5——脱水剂(5A 分子筛)；6,7——六通阀；8——定量管；9——加热炉；10——固体物质；11——程序升温控制系统；12——热导池

程序升温脱附过程中，脱附速率受时间和温度两个因数制约，线性升温公式表示如下：

$$T = T + \beta t \tag{7-33}$$

式(7-33)中，$\beta$ 为升温速率(K/min)，即 $dT/dt$。当 $t=0$ 时，温度 $T_0$ 开始程序升温，随温度升高吸附质开始脱附并出现一脱附速率最大值，即得到相应的程序升温脱附峰，如以脱附量对温度绘制 TPD 曲线，得到一最大峰温 $T_m$(图 7-34)。

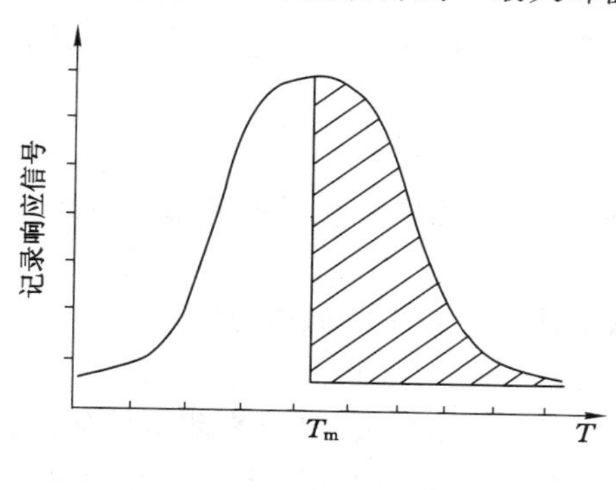


图 7-34　程序升温脱附峰

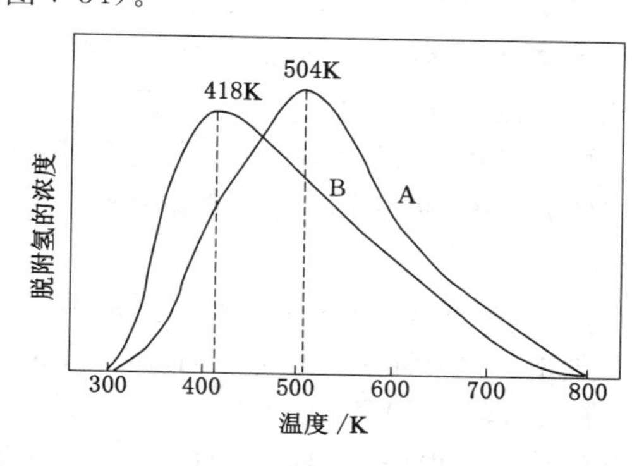


图 7-35　铱/硅胶催化剂上 $H_2$ 的 TPD 曲线

K. Foger 等研究氢在 Ir/硅胶上的 TPD，得到图 7-35 所示的结果。

图中 A 为 1.5%(质量分数)Ir/硅胶，Ir 的粒径为 1.5 mm，B 为烧结的 0.98%(质量分数)Ir/硅胶，Ir 粒径为 7.0 mm，结果表明，Ir 的分散度不同，$H_2$ 的吸附键能也不同，分散度高的，与 H 键合能量大。

M. Iwamoto 等人利用 TPD 法研究 $O_2$ 在各种氧化物上的吸附与脱附，得到了很有意义的结果，尽管 $O_2$ 的吸附现象在不同的金属氧化物上差别很大，但根据它们的 TPD 情况，可分为三类，如表 7-10 所示。

**表 7-10　　各种金属催化剂上氧的脱附**

| 类 | 氧化物 | TPD 峰温/ ℃ | 脱附量/($cm^3/m^2$) |
|---|---|---|---|
| A | $V_2O_5$ | | O |
| | $MoO_3$ | | O |
| | $Bi_2O_3$ | | O |
| | $WO_3$ | | O |
| | $Bi_2O_3 \cdot 2\ MoO_3$ | | O |
| B | $Cr_2O_3$ | 450 | $2.13\times10^{-2}$ |
| | $MnO_3$ | 50,270,360,540 | $6.54\times10^{-2}$ |
| | $Fe_2O_3$ | 55,350,486 | $4.05\times10^{-3}$ |
| | $Co_3O_4$ | 30,165,380 | $3.30\times10^{-2}$ |
| | NiO | 35,335,425,550 | $1.12\times10^{-2}$ |
| | CuO | 125,390 | $1.42\times10^{-1}$ |
| C | $Al_2O_3$ | 65 | $2.05\times10^{-4}$ |
| | $SiO_2$ | 100 | $2.99\times10^{-6}$ |
| | $TiO_2$ | 125,190,250 | $5.52\times10^{-5}$ |
| | ZnO | 190,320 | $2.45\times10^{-4}$ |
| | $SnO_2$ | 80,150 | $2.11\times10^{-3}$ |

表 7-10 中的 A 类在 10～560 ℃的范围内没有氧的脱附；B 类中氧脱附量较大（但也只占表面单层吸附量的百分之几）；C 类是在高温下先抽真空，随后在较低温度下进行氧的呼吸，则在 10～400 ℃下，有氧的脱附，脱附量较小。

联系到氧化物中金属离子的电子结构，A 类的外层电子皆为 $d^0$ 或 $d^{10}$（例如 $Bi^{3+}$ 为 $5d^{10}6s^2$）；B 类的则为 $d^1 \sim d^9$；C 类也是 $d^0$ 或 $d^{10}$。

A 类是选择氧化反应的催化剂，它的表面缺乏吸附的氧，这正好防止在表面上进行完全氧化反应，而晶格氧是反应中所用氧的主要来源。

B 类有显著的氧吸附，催化剂属完全氧化反应。

C 类居中，在一定条件下吸附适量的氧，以大致相同的程度催化选择氧化和完全氧化反应。

这样，根据 TPD，可区分氧吸附的不同情况，从上述的比较中可做这样的假定：

吸附的氧与完全反应有关，而晶格氧对选择氧化更重要。

除了 $H_2$-TPD 和 $O_2$-TPD 外，人们还常用到 $NH_3$-TPD 和 $CO_2$-TPD 来测定催化剂表面的酸碱性。就程序升温技术而言，用得较多的还有程序升温还原（TPR）、程序升温氧化（TPO）、程序升温表面反应（TPSR）等。

② 程序升温还原法（TPR）

程序升温还原（TPR）是指在匀速升温过程中的还原过程，通常用于催化剂的还原性能。还原性气体由 $H_2$ 和惰性气体组成，通常为低含量（5%～10%体积分数）$H_2$ 的 $H_2/Ar$ 或 $H_2/He$ 混合气。因为 $N_2$ 和 $H_2$ 在所研究的催化剂上可能生成 $NH_3$，因此使用 $N_2$ 和 $H_2$ 混合气并不合适。在升温过程中，当一定流速的还原气流通过催化剂时，催化剂将被还原。由于还原性气流的流速不变，因此通过催化剂床层后 $H_2$ 浓度的变化与催化剂的还原速率成正比。用气相色谱热导检测器（TCD）连续检测经过反应器后的 $H_2$ 浓度随温度的变化，即得到催化剂的 TPR 曲线。

TPR 图中的初始还原峰最大值所对应的温度的高低在一定程度上反映了催化剂还原的难易程度，峰形曲线下包含的面积大小正比于能被还原的物种量的多少。通常用 CuO（纯度 99.995%）标样的还原峰面积对应的 $H_2$ 消耗量来标定催化剂的耗氢量。计算公式如下：

$$耗氢量=\frac{S_{cat}}{C_{CuO}}\times n_{CuO}\div m_{cat} \tag{7-34}$$

式(7-34)中，$S_{cat}$ 和 $C_{CuO}$ 分别为催化剂和 CuO 被还原时所消耗氢气的峰面积；$n_{CuO}$ 为 CuO 的物质的量，mol；$m_{cat}$ 为催化剂的质量，g。

③ 程序升温氧化法（TPO）

程序升温氧化是指在匀速升温过程中的氧化过程，用于研究金属催化剂的氧化性能、催化剂表面积炭及催化剂表面吸附有机物的氧化性能。不同形态的炭有不同氧化温度的特性。采用程序升温氧化的方法，用一定流速的氧气（通常为 5%体积分数 $O_2/He$ 或 5%体积分数 $O_2/Ar$ 的混合气）通过样品，采用 TCD 检测不同炭物种氧化后生成的 $CO_2$ 气体浓度和 $O_2$ 浓度（有时候还会检测 $H_2O$）随温度变化的曲线，可以对表面积炭进行定性和定量分析。

# 第8章

# 现代煤化工催化剂

现代煤化工是指以煤为原料通过技术和加工手段生产替代石化产品和清洁燃料的产业，产品主要包括煤(甲醇)制烯烃、煤制乙二醇、煤(甲醇)制芳烃、煤制油、煤制天然气等。

我国现代煤化工产业经过30多年的技术积累，无论是在关键技术攻关、重大装备自主化研制，还是在产品品种开发和生产规模扩大等方面，都取得了突破性进展，成为“十二五”期间石油和化工行业发展最快的新兴产业之一。此期间，在石油需求快速攀升和国家油价高涨的背景下，我国以石油替代产品为主要方向的现代煤化工，随着一批示范工程的投产，快速步入产业化轨道，产业规模快速增长；技术创新取得重大突破，以煤制油、煤制烯烃、煤制乙二醇、煤制气为主的现代煤化工项目均打通了工艺流程，产业规模快速增长。2015年，我国煤制油产能达到278万t，产量132万t；煤(甲醇)制烯烃产能达到792万t，产量648万t；煤制乙二醇产能达到212万t，产量102万t；煤制天然气产能达到31亿$m^3$，产量16亿$m^3$。截至“十二五”末，我国已建成20套煤(甲醇)制烯烃、4套煤制油、3套煤制天然气和12套煤制乙二醇示范及产业化推广项目。我国已经掌握了具有自主知识产权的煤直接液化、煤间接液化、甲醇制烯烃、煤制乙二醇、甲醇制芳烃、煤油共炼技术，其中，煤直接液化、煤间接液化、甲醇制烯烃、煤制乙二醇技术均完成了工程示范，甲醇制烯烃、煤制乙二醇技术在工程示范取得成功的基础上还实现了较大规模的推广；甲醇制芳烃、煤油共炼技术已完成工业性试验。我国现代煤化工技术整体处于世界领先水平。煤化工技术创新水平的不断提高为实现石化原料多元化提供了重要的技术支撑。

现代煤化工技术对于我国煤炭资源的优化利用和能源产品结构调整有着重大社会经济效益。作为核心技术的催化剂在选择性调控目标产物方面起了关键性作用。相比传统煤化工，现代煤化工的特点是以合成气或甲醇为原料制备高附加值化学品及清洁燃料的过程，这些过程涉及有机或无机的反应较多，如何减少副反应而高选择性获得目标产物，催化剂的作用不容忽视。

催化技术在煤化工中取得了长足发展，在一定程度上改变其工业现状。例如在费托合成中，催化剂可以明显提高合成油的收率。我国煤间接液化中纳米铁基催化剂，已在16万t/年煤制油工业装置上见效，取得每吨催化剂生产1 000 t油品的业绩，超过世界最好的水平，年产3 000 t油品的新一代催化剂正在研制。另外，美国Siluria公司采用了美国麻省理工学院的纳米催化剂材料，成功开发出新的甲烷氧化偶联工艺，这将使大量的传统乙烯生产装置进行更新，世界乙烯工业将会发生翻天覆地的变化。在煤制天然气领域，国产甲烷化工艺的优化及工业化，国产催化剂的工业化应用，展现了高寿命、耐高温特性。甲醇制烯烃领域，具有择形效应的分子筛催化剂的应用，使得甲醇可以高选择性地转化为低碳烯烃，配套固定床、流化床以及多层湍动流化床反应再生工艺的开发，可以在不同程度上解决反应的强放热、催化剂再生和抑制二次反应等问题，使得 MTO 和 MTP 技术的工程放大问题得到解决。甲醇制芳烃领域，具有优异性能的 ZSM-5 分子筛催化剂的开发，使得有着特殊的经济价值的 BTX 收率、芳烃选择性已基本符合生产要求。

目前煤化工中所采用的催化剂存在的问题是，催化剂的性能稳定控制技术尚未掌握，粉末极易被氧化、吸湿和团聚，性能不稳定，给催化剂的工业应用带来了障碍，并且降低了其使用性能。此外，能够工业化生产纳米催化剂的合成工艺有待进一步研究和改进，要注重新型催化剂技术开发，以提高产量并降低制备成本。催化转化合成的产品要向特种油品、高附加值精细化学品方向发展，工艺向系统优化集成方向发展，关键技术向大型化、低能耗方向发展。

## 8.1 煤直接液化催化剂

煤直接液化是高温、高压下，借助于催化剂和供氢溶剂，使氢元素进入煤及其衍生物的分子结构，从而将煤转化为液体燃料或化工原料的洁净煤技术。通过煤直接液化，不仅可以生产汽油、柴油、液化石油气和喷气燃料油，还可以提取 BTX(苯、甲苯、二甲苯)及生产乙烯、丙烯等重要烯烃的原料。

煤直接液化的基本原理是在反应温度下，煤分子中的一些键能较小的化学键发生断裂，转变成小分子自由基。在加氢反应中采用具有供氢能力的循环溶剂，再加上加压时相当量的气相氢溶于循环溶剂，使两者提供自由基稳定的氢源。由于 C—H 键比 H—H 键活泼而易于断裂，因此，循环溶剂为主要的供氢体，催化剂的功能是促进溶于液相中的氢与脱氢循环溶剂间的反应，使脱氢循环油加氢并再生。在直接液化过程中，煤的大分子结构首先受热分解成以结构单元缩合芳烃为单个分子的自由基碎片。在高压氢气和催化剂存在下，这些自由基碎片又被加氢，形成稳定的低分子物。自由基碎片加氢稳定后的液态物质可分成油类、沥青烯和前沥青烯等三种不同成分，对其继续加氢，前沥青烯即转化成沥青烯，沥青烯又转化为油类物质。油类物质再加氢精制，脱除其中的氧、氮和硫等杂原子，即转化为成品油。成品油经蒸馏，按沸点范围不同可分为汽油、航空煤油和柴油等。由此可见，煤直接液化催化剂在反应过程中具有重要作用，提高煤直接液化催化剂的性能有助于提高转化率，减少液化油中的沥青烯含量，进而减少液化残渣带出的液化油量，有利于液化粗油的后续加工。

煤直接液化催化剂的应用与研究主要集中于三种类型。第一类是含铁的矿物、废弃物、合成物质为代表的廉价可弃性铁基催化剂；第二类是加氢活性高的 Ni、Mo、Co、W 等有色金属催化剂；第三类是以 $SnCl_2$、$ZnCl_2$ 为代表的强酸性催化剂。铁基催化剂通常分为两类：一类是天然矿物或矿渣催化剂；另一类是超细微粒的铁基催化剂。铁基催化剂的活性较低，一般和 S 一起使用，可以产生较好的液化效果，这是因为产生液化活性的物质为 $Fe_{1-x}S$。虽然铁催化剂在加氢裂解活性上不如 Co 和 Mo 等催化剂，但由于经济和环保上的优势，并且煤灰分中也含有铁元素，因此，铁催化剂为煤直接液化的主要催化剂。铁系可弃性催化剂一般比表面积较小，需要将它们破碎到一定的粒度后使其比表面积增大才具有较好的催化效果，比如分别用两种不同粒度的海南铁矿石和硫铁矿为催化剂进行州北宿煤的液化试验，需要将这两种催化剂破碎到小于0.737 mm才有明显的催化效果。在实际应用这类矿物质催化剂时通常要破碎到1 μm左右，而且天然催化剂活性较低，所以反应中添加量相对较大通常为干燥无灰基煤的3%左右。较大的添加量不仅意味着降低煤液化反应装置实际处理煤的能力、增加了设备的磨损，还意味着增加煤液化残渣量和带出油量。煤炭科学研究总院在最近几年里开发出具有自主知识产权的高活性纳米级铁系催化剂，在几乎相同成本和催化效果的情况下，采用高活性纳米级铁系催化剂只是普通铁系催化剂量的1/6～1/10。利用化学方法以油酸钠和$FeCl_3$为反应物在甲苯和乙醇体系中合成出纳米氧化铁，后经高温晶化得到氧化铁纳米晶，颗粒粒径为15 nm左右，将其作为煤直接液化催化剂表现出很好的催化效果，煤的转化率和油收率分别达到97.2% 和86.5%。在上述方法基础之上，将油酸钠更换为油酸和NaOH，取消后续的高温晶化步骤，利用一锅法一次性合成出875 g纳米氧化铁，平均粒径为5 nm，将其应用于煤液化中转化率为89.6%，油收率为65.1%。

关于其他类型催化剂的研究文献也有所报道。金属钼及其钼酸盐不但催化活性优于铁基催化剂，而且对煤大分子结构中的C—C、C—O间的化学键断裂具有一定的选择性，所以也备受关注。过渡金属催化剂效果明显好于铁基催化剂，但是从本质上来说，各种催化剂对煤液化总转化率的影响较小，但是对提高油产率和降低气体产率有明显效果，并且镍基催化剂中P和S的加入对提高油产率也有一定的积极作用，其中以P的作用尤为明显，所有这些都决定了该类催化剂价格相对较高。为了降低成本，探索各种过渡金属催化剂的复合以及采用新型方法如原位担载、反相胶束、火焰裂解等方法来制备纳米级催化剂，这不仅可以降低催化剂的添加量，还可以增加催化剂和煤粒表面的接触程度，从而使得催化剂的效果得到明显增强。将NiMo双金属前驱体负载至粒径30 nm、表面积1 270 $m^2/g$的纳米碳载体KB之上，制备出NiMo/KB催化剂，将该催化剂用于煤直接液化反应，发现油收率达到74.4%。当采用1%的Sn作为催化剂时，在规定的试验条件下只有44%的转化率，而加入很少量的$NH_4Cl$(0.05%)时，在同样的试验条件下转化率提高至88.6%，认为$NH_4Cl$是Sn催化剂的促进剂，使催化剂的活性大大提升。如果将Zn和Sn复合并且加入少量的$NH_4Cl$形成Sn-Zn-$NH_4Cl$催化剂，在煤液化反应中相比二者单一的催化剂，其活性高出很多。第三类金属卤化物催化剂为酸性催化剂，裂解能力强，但对煤液化装置的设备有较强的腐蚀作用，而且催化剂用量非常大，这些均限制了其大规模工业化应用。

对于煤直接液化反应而言，理想的催化剂除具有高活性和良好的键裂解选择性外，还要有高表面积以促进催化剂与煤的相互接触，增大二者之间相互作用。因此，开发高性能催化剂手段之一为合成超细分散型催化剂最为理想。以铁基催化剂为例，方法主要有以下几种：① 物理混合法。煤粉直接与洗过后干燥的$Fe_2S_3$机械混合。② 浸渍法。煤粉加入含有已生成$Fe_2S_3$颗粒的溶液后进行洗涤、过滤和干燥，或煤粉先与$Na_2S$溶液混合，再加入$FeCl_3$溶液，然后洗涤、过滤和干燥。③ 流动氢解法。将含铁的水溶液在短时间内暴露于高温和高压，引发氧化物或氢氧化物迅速成核。④ 改性逆向胶束法。含铁固体颗粒从铁盐水溶液中沉淀出来，聚集在油包水型微乳液和纳米级水核中。⑤ 氢氧燃烧法。在氢氧焰中将挥发性铁盐溶液气相氢解，生成纳米级的球状颗粒。⑥ 油溶法。选用可溶于油的铁盐(如羰基铁等)预先溶于液化溶剂，将溶剂与煤粉充分混合。另外复合型的多功能催化剂也是新型煤直接液化催化剂的发展方向。目前文献可查的复合催化剂的制备主要是：使用钼或者镍的水溶性或者油溶性的盐，与铁基催化剂共同担载在煤及其他多孔材料上，或在线生成某种催化剂前躯体，而有些制备方法过于复杂。煤直接液化示范装置则使用的是在线生产的纳米级铁系催化剂，因其工艺简单、活性较高而被采用。因此，复合金属催化剂的研究也应该向简单化的方向发展，才具备工业化应用的价值。

## 8.2 合成气转化制备液体燃料及化学品催化剂

随着经济的发展，我国基础化学品工业面临着石油资源短缺、环保法规日益严格的两大难题，因此发展煤制合成气生产洁净燃料及基础化学品，逐步替代石油资源意义重大。以费托合成(FT)为核心技术的合成液体燃料生产工艺，以合成气直接制乙二醇、合成气直接合成甲酸甲酯、合成气一步法制二甲醚、甲醇与CO羰基合成乙醇、合成气直接制取低碳烯烃等制备化学品的工艺都是当前研究和开发的热点。这些工艺具有相同的特点即均为催化转化过程，催化技术的开发是其产业化的核心。本节将选取几种典型的合成气转化技术如FT合成、合成气制甲醇、合成气制乙二醇作为实例讲述催化剂在过程中的作用原理以及催化剂合成技术的发展动态。

### 8.2.1 费托合成催化剂

费托合成(Fischer-Tropsch synthesis，简称FT)是指一氧化碳加氢生成烃类和含氧化合物的过程，是1925年由德国科学家FranzFischer和HansTropsch发明，主要应用于生产汽油、柴油、蜡、液化石油气等化工产品。在煤和天然气资源洁净高效利用和环境保护备受关注的大背景下，费托合成技术的产业化对于我国煤炭资源的优化利用和能源产品结构的调整均有着重大社会经济效益。

费托合成反应包括一系列平行反应和竞争反应，主反应包括烷烃、烯径和部分醇类的生成，副反应主要有水煤气变换(WGS)反应等。

烷烃生成主反应

$$(2n+1)H_2+nCO \longrightarrow C_nH_{2n+2}+nH_2O$$
$$(n+1)H_2+2nCO \longrightarrow C_nH_{2n+2}+nCO_2$$

烯烃生成主反应

$$2nH_2+nCO \longrightarrow C_nH_{2n}+nH_2O$$
$$nH_2+2nCO \longrightarrow C_nH_{2n}+nCO_2$$

甲烷化反应

$$CO+3H_2 \longrightarrow CH_4+H_2O$$
$$2CO+2H_2 \longrightarrow CH_4+CO_2$$

生成醇、醛等含氧化合物的副反应

$$2nH_2+nCO \longrightarrow C_nH_{2n+1}OH+(n-1)H_2O$$
$$(n+1)CO+(2n+1)H_2 \longrightarrow C_nH_{2n+1}CHO+nH_2O$$

水煤气变换反应

$$CO+H_2O \longrightarrow CO_2+H_2$$

上述反应虽然都有可能发生，但其发生的概率随催化剂和操作条件的不同而变化，其产物遵从典型的ASF(Anderson-Schulz-Flory)分布，产物分布宽只有甲烷和高分子蜡有较高的选择性，其余馏分都有选择性极限，如汽油48%，柴油25%左右，因此FT合成只能得到混合烃产物，选择性差是该反应的一个显著特征。因此，抑制甲烷等副产物生成，尽可能地将产物集中于某一馏分油是合成油工艺开发的关键。现有的合成油工艺路线一般是先合成重质烃，然后再加氢精制获得馏分油，工艺冗长且能耗偏高。如何高选择性地获得馏分油产品是改进费托合成技术的重要方向之一。而这一技术的突破依赖于催化剂的设计。

由于其反应的复杂性，至今为止，关于费托合成的反应机理理论很多，经典的反应机理主要包括：碳化物机理、含氧中间体缩聚机理、CO 插入机理等。经典反应机理在解释产物分布偏离 ASF 分布现象时不够理想。近年来，研究者提出 $C_2$ 活性物种理论、烯烃再吸附的碳化物理论网络反应机理等。尤其是对于费托合成反应中基于碳化物机理上的烯烃再吸附理论，得到了大量实验证实。目前国内外学者在这方面结论一致：即烯烃的再吸附部分在催化剂表面上参与链引发和链增长，而一部分将和吸附的 CO 和 $H_2$ 反应，形成碳数更高的烯烃物质。这些机理的日益完善，将有助于指导研究者开发新的催化剂和工艺，从而提高产物的选择性，得到尽可能多的目标产物。

FT 合成的催化剂主要集中于过渡金属，但只有铁、钴、镍和钌对合成油有实际意义。钌是最佳的 FT 合成催化剂，但价格昂贵，主要用作 FT 合成的助催化剂和基础研究。镍系催化剂在高温高压条件下易生成羰基镍和甲烷，只有在适当的助催化剂的存在下才有一定的链增长几率。相比而言，能实现工业应用的费托合成催化剂为 Fe 基催化剂和 Co 基催化剂。Fe 价格低廉，储量广泛，Fe 基催化剂具有较高的活性和较高的烯烃选择性，经适当修饰可以高选择性地获得较高辛烷值的汽油、柴油、煤油等液体燃料或低碳烯烃等大宗化工原料。同时，铁基催化剂的水汽变换性能优异，能够调节 $H_2/CO$ 比，相比于 Co 基催化剂更适用于以生物质或煤为原料所得的低 $H_2/CO$ 比的费托合成反应。金属钴由于具有高的 CO 加氢活性和高的 FT 链增长能力，反应过程中稳定且不易积炭和中毒等优点而成为 FT 合成中最具竞争力的催化剂。

各国研究者对 Fe 基催化剂开展了广泛而深入的研究。由于铁基催化剂在还原和费托反应过程中物相变化十分复杂，使得铁物相和费托反应活性间的关联尤为困难。随着对铁基费托合成催化剂的研究日益深入，以及通过运用先进的表征仪器，越来越多的研究者认为 $Fe_3O_4$ 是水汽变换（WGS）的活性中心，而碳化铁才是费托合成反应的活性相。在铁基费托合成反应过程中，存在着多种形式的碳化铁。尽管目前公认具有 $x$-$Fe_5C_2$ 结构的碳化铁为铁基费托合成反应催化剂的活性组分，但由于碳化铁对空气以及温度极其敏感，使得对碳化铁组分和结构的表征难以实现。碳化铁在反应条件下也可相互转变，从而影响催化剂的费托反应性能。如何定向合成具有特定结构碳化铁且活性比表面积较大的催化剂，提高反应活性和目标产物选择性仍是研究的难点，这方面的研究一旦有所突破，可为催化剂的理性设计提供依据。用于费托合成的 Fe 基催化剂可通过沉淀、浸渍、烧结或熔融氧化物等方法制备。目前研究较多的主要是熔铁型和沉淀型 Fe 催化剂。熔铁型催化剂比表面积小，催化活性低，一般用于高温费托合成，产物多以低碳烃为主。沉淀型催化剂比表面积大，催化活性高，适用于低温费托合成，产物分布广 $C_5^+$ 烃类选择性高，用途更为广泛。铁基催化剂的助剂效应非常显著，添加助剂对调节铁基催化剂的费托活性和选择性有着至关重要的作用。助催化剂对铁基费托合成催化剂的作用主要包括：① 从结构上修饰金属表面；② 与 Fe 相互作用覆盖或者阻塞催化剂的活性中心；③ 改变催化剂中 Fe 的分散度和还原度；④ 助催化剂和活性金属间发生电荷转移；⑤ 改变催化剂对 CO 和 $H_2$ 的吸附和解离性质；⑥ 改善催化剂的稳定性。常用的铁基费托合成反应助催化剂包括电子型助催化剂和结构型助催化剂两类。其中电子型助催化剂主要包括贵金属、碱金属氧化物、碱土金属氧化物、稀土金属氧化物等,结构型助催化剂(如 $SiO_2$、$Al_2O_3$、分子筛等)可以分散活性组分,提高分散度,改善催化活性;提供孔道结构,提高催化剂机械强度,提高反应产物选择性;阻止活性组分烧结失活,提高催化剂稳定性。碱金属助催化剂作为铁基费托催化剂的一种重要的电子助催化剂而受到广泛关注。RIBEIRO 等用 X 光吸收光谱仪(XAS)考察了碱金属助催化剂(Li、Na、K、Rb、Cs)对铁基催化剂碳化速率的影响。添加碱金属助催化剂后,CO 的解吸速率增加,解离的 CO 在催化剂表面的覆盖度增加,抑制了烯烃的再吸附速率,使得产物中烯烃的选择性增加。同时,铁基催化剂的碳化速率随助催化剂的变化顺序为:未加入助催化剂$<$Li$<$Na$<$K$=$Rb$=$Cs。在碱金属助催化剂中,K 廉价易得,同时在铁基费托合成催化剂中能够提高 Fe 表面的电子密度,促进 CO 的解离吸附,削弱 $H_2$的吸附,抑制了副产物 $CH_4$的生成并有利于碳链的增长。侯文娟等考察了 K 的加入顺序对 Fe/Cu/K/$SiO_2$催化剂性能的影响,发现先加 Si 后加 K 的催化剂具有较强的表面碱性,催化剂的还原以及碳化能力增加,费托活性提高,抑制了 $CH_4$的生成,提高了重质烃和烯烃的选择性。与碱金属相比,碱土金属具有更高的熔点且不易在催化剂表面迁移等优点,而常被用作催化剂的助催化剂组分。添加碱土金属助催化剂(Mg、Ca、Sr、Ba),可改进铁基费托催化剂物化性质以及催化性能。碱土金属助催化剂添加使得催化剂前体 $\alpha$-$Fe_2O_3$中 Fe—O 键键能增加,抑制了其在 $H_2$气氛下的还原。与添加助剂 Mg 和 Ca 的催化剂相比,添加助剂 Sr 和 Ba 后催化剂的碳化能力增加。在费托合成反应中,碱土金属助剂的添加对 CO 的转化率影响不大,但抑制了副产物 $CH_4$的生成,烯烃和重烃产物的选择性增加,其中助催化剂 Sr 对低链烃类的选择性抑制作用最显著。

与 Fe 基催化剂相比,Co 基催化剂的活性相是金属相,由金属钴原子组成的活性位决定了催化剂的活性和选择性。一般情况下,Co 基催化剂受助剂的影响不大,载体效应非常明显。载体的比表面积、孔结构、表面酸碱性、载体与金属活性组分的相互作用力都能影响到费托合成的反应活性和产物的选择性。FT 合成中常用的载体有 $SiO_2$、$Al_2O_3$、$TiO_2$、MgO、分子筛、硅藻土和活性炭等。载体的孔道对 FT 合成反应性能的影响较大。由于常规载体具有不规则孔道结构和较宽的孔分布,所以很难得到 FT 合成发生的确切孔道范围,而且反应产物蜡和催化剂的积炭也会堵塞一部分孔道。对孔道因素通常考虑的方面有:在催化剂孔道中 CO 和 $H_2$的传质影响孔的填充以及重质烃在孔内的聚集,在不同孔尺寸下金属 M(Fe、Co、Ni)等颗粒不同的吸附性质以及孔道对催化剂 M 颗粒的分散度和还原度的影响。研究者认为孔道对 FT 合成的影响是通过烃在孔道内的凝聚和填充导致在孔内的停留时间增加的结果。孔径大小显著影响金属晶粒尺寸,小孔径通常得到较小的金属颗粒。载体表面酸性也是影响 FT 合成产物分布的另一个因素。表面酸性会影响 M 与载体的相互作用,形成硅酸盐或铝酸盐等难以还原的物种。硅藻土、$SiO_2$、$Al_2O_3$、沸石和膨润土等的低酸性的载体产物主要为直链烃,而具有强酸性的载体如 ZSM-5 分子筛负载的催化剂则得到支链烃产物。

总之,催化剂的选择性是影响费托合成油技术效率的敏感变量。研发出高选择性和稳定性的催化剂对费托合成技术的发展具有重要意义。目前的工业过程多是合成气制得蜡状高碳烃,而后经由催化裂解制得液体燃料。如果能将合成气高选择性地直接转化为汽油柴油等高品位液体燃料，将使费托合成技术迎来新的突破。因此，未来的研究趋势将向催化剂的复合化、多功能化发展，如核壳结构催化剂等，可以以一种催化剂解决多个问题。同时，各种新材料新技术的出现也将为催化剂的研究提供更多的选择空间。

### 8.2.2 合成气制甲醇催化剂

甲醇是除合成氨之外，唯一可由煤经气化而大规模合成的重要化工原料。甲醇可广泛用于医药、农药、染料、合成纤维、合成树脂和合成塑料等工业，并且还是很有发展前景的液体燃料。当今，石油资源短缺，国内对外石油依存度高，因此，充分利用我国丰富的煤炭资源发展合成甲醇具有十分重要的意义。

甲醇合成是在高温高压、催化剂作用下，CO 首先生成 $HCOO^*$，然后还原生成 $CHO^*$，$CHO^*$ 继续加氢生成甲醇，同时也生成烃类、酮类、醚类、其他低碳醇类等副产物的过程。这是一个典型的催化反应，没有催化剂反应几乎不能进行。甲醇工业的发展，很大程度上取决于催化剂的开发设计及其性能改进，很多工业指标和操作条件都是由催化剂的性质决定的。

甲醇合成催化剂分为两大类，一类是 Zn-Cr 催化剂，由于 Zn-Cr 催化剂的耐热性、抗毒性以及机械性能都较令人满意，且使用寿命长、使用范围宽、操作控制容易，目前国内外仍有一部分工厂采用 Zn-Cr 催化剂生产甲醇。1966 年以前世界上几乎所有的甲醇合成厂家都是用该类催化剂，目前逐渐被淘汰。另一类是铜基催化剂，是合成气制甲醇主要的催化剂。最早的甲醇合成是以 Cu-Cr 为催化剂，在高温高压条件下进行，因对反应设备的要求较高，增加了反应成本。为解决这一问题，20 世纪 60～70 年代，低压合成甲醇工艺成了甲醇生产技术的重大突破。在此基础上，我国自主研发了合成甲醇催化剂 Cu-Zn-Al，取得了较好的经济效益。尽管自铜基催化剂工业化以来，对其研究已取得了重大进步，但是人们对合成气制甲醇的反应机理和催化剂活性中心至今没有达成统一看法。总结关于合成甲醇的铜基催化剂的活性中心主要有 3 种观点：① $Cu^0$ 是唯一活性位；② 活性中心是 $Cu^+$；③ 起催化活性作用的是 Cu 和助剂间的协同作用。一种观点认为 $Cu^0$ 是甲醇合成反应唯一活性位，催化剂活性与 $Cu^0$ 表面积成正比。然而有学者发现合成气中 $CO_2$ 的存在使 $Cu^0$ 表面被含氧物种覆盖，甲醇合成活性与 $Cu^0$ 表面积并不相关，实际上起催化作用的是 $Cu^+$。在 Cu 基催化剂中加入 K 或 CS 进行修饰，发现与未修饰的催化剂相比活性得到提高。他们认为这是因为两种催化剂中 $Cu^+$ 物种浓度的差异，加入碱金属修饰后的催化剂中 $Cu^+$ 物种浓度更高，因此认为 $Cu^+$ 是活性位。还有另一种观点认为起催化作用的是 Cu 与助剂的协同作用。$CuO/SiO_2$ 和 $ZnO/SiO_2$ 机械混合，发现甲醇合成活性远大于二者单独的活性，说明铜锌之间有强的协同作用。这种协同作用表现为 Cu 吸附并活化的 $H^+$ 溢流到 ZnO 表面用于甲酸物种加氢生成甲醇。

尽管合成气制甲醇中关于铜基催化剂活性位的不同观点仍存在较大争议，越来越多的学者倾向于 Cu 与其他组分间的协同作用。除了锌之外，还有很多元素可作为铜基催化剂的助剂，用来改善催化剂结构和提高活性。目前研究较多的为加入稀土金属元素和碱土金属元素作为助剂，它们能改变载体表面的酸碱度，与铜的相互作用能改变分散性，以及改变催化剂微结构，从而改善催化剂的耐烧结能力、活性和稳定性等。在催化剂中加入 Mn 元素，证明 $MnO_2$ 的添加有利于改善催化剂的抗热性能。Mn 能调节 $Cu^+/Cu^0$ 的比例，增加活性中心，从而提高 $CuO/ZnO/Al_2O_3$ 的活性。采用共沉淀法制备的 Ni-Cu/ZnO 催化剂，发现

NiO与CuO间具有协同作用，削弱了铜锌间的相互作用，还原过程中会形成Ni-Cu合金，Cu的电子向Ni偏移而Cu在催化剂表面富集，对提高活性有利。在铜基催化剂中添加Pd，不仅能提高Cu的还原性能，其本身优异的解离、溢流氢的能力也有助于提高合成甲醇的活性。将碳纳米管(CNTs)作为$Cu/ZnO/Al_2O_3$的助剂，因其多孔、比表面积大等特性能起到很好的分散作用，并且CNTs本身具有储备、活化和溢流氢的能力，有助于提高催化剂活性。

今后甲醇合成催化剂仍将是向低温节能、高活性、高热稳定性、高机械强度、低副反应物和环境友好的方向发展。由于液相合成所具有的优势和广泛的应用前景，其应用开发也应引起足够的重视。另外，积极开展利用$CO_2$合成甲醇，开发适于$CO_2$加氢的催化剂体系，对降低温室效应，促进$CO_2$资源化具有重要意义。

### 8.2.3 合成气制乙二醇催化剂

乙二醇是一种重要的大宗基础有机化工原料，可用于生产多种化工产品，如聚酯纤维、防冻剂、不饱和聚酯树脂、润滑剂、增塑剂非离子表面活性剂、炸药、涂料和油墨等，应用领域非常广泛。在中国，乙二醇主要作为聚酯及防冻液的原料，其中聚酯消费占90%以上。乙二醇的生产工艺路线按原料不同可分为石油路线和非石油路线。现阶段，全球主要的大型乙二醇生产装置均采用石油路线，也称乙烯路线，即在银催化剂甲烷或$H_2$致稳剂、氯化物抑制剂存在下，乙烯直接被$O_2$氧化生成环氧乙烷，再与水直接或催化条件下反应生成乙二醇。石油路线经过多年的发展，工艺已趋于成熟，但耗水量大，生产过程副产物多且生产原料受石油价格波动影响较大，无法摆脱对石油资源的依赖。因此，结合中国贫油少气和相对富煤的能源结构特点，开发一条以煤为原料经济合理的乙二醇合成工艺路线，符合中国的可持续发展战略。目前，国内掀起了开发煤基乙二醇的热潮，煤制乙二醇技术已经成为煤化工行业关注的焦点。

煤制乙二醇技术即以煤为原料经过一系列反应得到乙二醇的过程。根据中间反应过程的不同，该技术可分为直接法和间接法。直接法合成乙二醇首先通过煤气化技术制取合成气($CO+H_2$)，再由合成气一步反应直接制得乙二醇。从原子经济性角度考虑，直接法合成乙二醇原子利用率最高，但直接法原料转化率低，反应条件苛刻，催化剂成本高，距离工业化应用仍有一定距离。间接法就目前情况来看，国内煤制乙二醇路线主要有两种：一种是以成都有机化学研究所为代表的甲醛与甲酸甲酯偶联法，另一种是以中科院福建物质结构研究所为代表的草酸酯合成法，两种方法各有特点，甲醛与甲酸甲酯偶联法不使用贵金属催化剂，成本较低，但酸催化剂的腐蚀性大，而草酸酯合成法适用性广泛，目前已经建成万吨级工业化示范装置。该过程是将煤气化变换净化分离提纯后分别得到CO和$H_2$，CO经过催化偶联得到草酸酯，经高纯$H_2$加氢后精制，最终获得聚酯级乙二醇。该方法工艺流程短，成本低，在煤化工领域引起了持续而广泛的关注。

草酸酯法是当今原料路线最科学、资源利用最合理、明显优于石油路线的合成乙二醇技术，也明显优于$C_1$化学中的合成油和合成烯烃技术(无论是合成油还是合成烯烃，都要把CO中的氧除去，而合成草酸酯、草酸和乙二醇，不但CO原料的氧原子不必去除，反应中还需要加入空气中的氧)，是当代世界$C_1$化工重要发展方向。其主要原料为NO、CO、$H_2$、$O_2$和醇类等。反应原理是NO与$O_2$、低脂肪醇反应生成亚硝酸酯(再生)，在金属Pd催化剂作用下CO与亚硝酸氧化偶联得到草酸二酯，草酸二酯再在铜催化剂存在下加氢制取乙二醇。

反应方程式为：

$$2NO+2CH_3OH+1/2O_2 = 2CH_3ONO+H_2O$$

$$2CO+2CH_3ONO = (COOCH_3)_2+2NO$$

$$2CO+1/2O_2+2CH_3OH = (COOCH_3)_2+H_2O$$

$$(COOCH_3)_2+4H_2 = (CH_2OH)_2+2CH_3OH$$

总反应：

$$2CO+1/2O_2+4H_2 = (CH_2OH)_2+H_2O$$

在该工艺开发过程中技术关键为三种核心催化剂，即 CO 脱氢催化剂、CO 羰基合成催化剂、草酸酯加氢催化剂。长期以来，国内外研究单位都以纯 CO 为原料进行实验，而工业上由合成气变压吸附制得的 CO 原料气体都含有少量 $H_2$，成为 CO 偶联合成草酸酯技术工业化的最大障碍之一。CO 深度脱氢净化技术成为煤制乙二醇技术成功工业化的突破口。煤制乙二醇成套技术中氧化脱氢催化剂能把含 $H_2$ 的 CO 原料气体中的 $H_2$ 脱除至 100 ppm 以下，最大程度消除了对羰基合成反应的影响。优化改进脱氢催化剂的制备条件后，催化性能得到显著提高。在万吨级中试实验中，空速为4 000 $h^{-1}$，CO 原料气体中的 $H_2$ 脱除甚至达到了 24 ppm。2004 年后煤制乙二醇技术新攻关组对合成催化剂进行了进一步研究改进，研发了高效的 CO 合成草酸二甲酯催化剂技术。CO 催化氧化偶联反应是煤制乙二醇技术路线中实现 C 原子转化的核心步骤，其反应物之一亚硝酸甲酯可由产物中的 NO 经氧化酯化循环使用。草酸酯的合成通常采用 Pd 催化剂，反应产物除草酸二甲酯外，副产物有碳酸、二甲酯和甲酸酯等。20 世纪 80 年代初期，国内开始了 CO 催化合成草酸酯的研究。采用浸渍法制备的 $Pd/\alpha\text{-}Al_2O_3$ 催化剂，并将其用于草酸二甲酯（DMO）的合成反应，在温度 160 ℃、原料气 $n(CH_3ONO):n(CO):n(N_2)=1:1.33:4$ 和气体总空速 2 288 $h^{-1}$ 条件下，连续反应 1 004 h，平均时空产率 611.5 g/(L・h)。添加钛、钒助剂可以提高钯的分散度。选用锆做助剂，用浸渍法制备了 $Pd\text{-}Zr/Al_2O_3$ 催化剂，将其用于草酸二酯的合成反应研究发现，与单组分 $Pd/Al_2O_3$ 催化剂相比，添加锆后催化剂反应活性明显提高，试验中还发现，氯离子对草酸酯合成反应有干扰作用，经过除氯处理，催化剂反应活性增加。以 $Pd\text{-}Fe/Al_2O_3$ 双金属负载型催化剂，催化偶联生成草酸二乙酯（DEO），反应温度100～120 ℃，压力 0.1 MPa，反应时间 1～3 s，草酸二乙酯时空收率 700 g/(L・h)。氧的存在可以提高 CO 的转化率和草酸二乙酯的时空收率，但草酸二乙酯的选择性下降，且有副产物乙酸乙酯生成，氧引起的钯系催化剂活性的改变具有可逆性。氨中毒是由于吸附在 $Pd^{2+}$ 表面的氨使 CO 的插入和偶联反应被削弱，同时阻碍了活性组分钯的氧化还原循环，最终导致催化剂失活。以一氧化碳、亚硝酸酯气相反应一步制成草酸二甲酯，以 Pd、Ce 为活性组分，$\alpha\text{-}Al_2O_3$ 为载体，在常压、反应温度 140 ℃的条件下，CO 单程转化率为 78%，产物中草酸二甲酯时空收率 821 g/(L・h)。以 Pd、Fe、La 为活性组分，$\delta\text{-}Al_2O_3$ 为载体，采用固定床装置，接触反应时间 0.5～3 s，反应温度 100～130 ℃，平均收率 3.29 g/( g・h )。

草酸酯加氢催化剂可分为以 Ru 等贵金属催化剂为主的液相均相加氢和以铜基催化剂为主的非均相气相或液相加氢。Ru 催化剂表现出了优越的转化率与选择性，但作为有机金属化合物，存在价格高、制备难、寿命短，催化剂与反应产物混合在一起不易分离回收等问题，均相液相加氢需在高压下进行。针对均相加氢各种弊端，非均相加氢具有独特的优势。因其工艺具有设备投资小、易于连续操作等优点，更有利于大量推广。目前国内外有多个研究机构正在从事此类反应与催化剂的研究。前期，草酸酯非均相加氢所采用的催化剂主要为 Cu-Cr 催化剂和 $Cu/SiO_2$ 负载型催化剂，并且在催化反应中表现出了良好的催化性能。早在 20 世纪 80 年代，就开始进行研究并开发出了早期的铜铬催化剂，该催化剂在反应温度 208～230 ℃、反应压力 2.5～3.0 MPa、氢酯比 40～60 条件下，草酸二甲酯的转化率 99.8%，乙二醇的选择性 95.3%，催化剂使用寿命 1 134 h。

采用沉淀沉积法和不同加料顺序制备了一系列草酸二乙酯气相加氢制乙二醇的 $Cu/SiO_2$ 催化剂，通过 TPR、XRD、BET、HRTEM 和 SEM 对催化剂进行表征及催化性能评价。并加法（硅溶胶及铜氨溶液同时滴加）是最佳的滴加方法，可得到较均匀的活性位分布。350 ℃还原前驱体可获得最佳的 $Cu^+/Cu^0$，铜的最佳负载量为 25%，在温度 240 ℃、压力 1 MPa、氢酯比 200 的反应条件下，草酸二乙酯的转化率和乙二醇的收率分别达到94.8%和 76%。铜基催化剂对草酸二乙酯加氢反应的作用表明随着负载在 $SiO_2$ 上的铜含量的增加，草酸二乙酯的转化率有所增加，而乙二醇选择性在达到一峰值后有所降低，铜含量的最佳值为 $Cu/SiO_2=0.67$。通过 XRD 和 XPS 等手段对该催化剂还原后铜的含量及价态进行考察后发现，用凝胶法制备的铜基催化剂，还原后存在着 $Cu^+$、$Cu^0$ 两种价态，也验证了 $Cu^{2+}$ 没有完全还原为 $Cu^0$。结合活性评价结果证明，$Cu^+$ 决定着草酸二甲酯的转化率，而 $Cu^0$ 决定着乙二醇的选择性。铜基催化剂载体、催化剂前体及铜基催化剂的加氢活性，以硅溶胶为载体的催化剂活性组分具有良好的分散度，表现出较高的加氢活性。以氨水为沉淀剂、硅溶胶为载体，采用沉淀法制备的 $Cu/SiO_2$ 催化剂前驱体是一种具有矿物硅孔雀石结构的物质，具有较高的热稳定性和低温催化活性，450 ℃焙烧后进行还原，具有较高的活性组分分散度。催化剂表面有 $Cu_2O$ 和 CuO 存在，且 $Cu_2O/CuO$ 直接影响催化剂活性，经对草酸二甲酯气相催化加氢反应体系进行热力学分析和实验研究，催化剂的适宜还原温度为 250～350 ℃，氢酯比和反应压力对催化剂的最佳活性和乙二醇选择性有相互影响，两者的适宜组合均能得到较好的草酸二甲酯转化率和乙二醇选择性。当以乙二醇作为主产物时，适宜的条件为：反应温度 205 ℃，氢酯比 80，反应压力3 MPa，草酸二甲酯的最佳液时空速为 1.0 $h^{-1}$。前驱体制备过程及条件对催化剂结构和活性也有较大影响。低 $Cu^{2+}$ 浓度、醇洗干燥均有利于形成大孔径高活性的催化剂。铜与硅物质的量比对反应活性的影响较大，存在一个最佳值，负载铜的质量分数为 25%～30%时活性最高。优选条件下制得的催化剂具有较高活性。在反应温度 205 ℃、压力 2MPa、$n(H_2):n(DMO)=80$ 和空速 1.0 $h^{-1}$ 条件下，草酸二甲酯转化率为 100%，乙醇酸甲酯和乙二醇的选择性分别为 0.9%和 99.1%，无其他副产物生成。由于铜的加氢活性较低，需要提高负载量来提高催化剂活性，高比表面积的介孔分子筛 SBA-15、MCM-41 与 HMS 等为载体负载高负载量的铜，在制备方法与催化剂改性方面做了大量研究，其采用 B 改性的 Cu/HMS 催化剂，在 200 ℃，3 MPa，氢醋摩尔比为 120 和 LHSV 为 2.5 $h^{-1}$ 条件下，草酸二甲酯的转化率达到了 100%，乙二醇的选择性为 98%。采用 Ag 为活性组分，负载在 $SiO_2$ 上，最佳反应条件下，乙醇酸甲酯与乙二醇的选择性分别可达 95%与 99%。近年来，对酯类非均相加氢反应进行了相当多的研究，草酸酯气相加氢反应的铜基催化剂反应条件温和，草酸酯的转化率与乙二醇的选择性得到了明显的提高。但由于铜基催化剂的抗烧结能力差、机械强度不高，同时催化剂表面易形成草酸铜和聚酯，这些都使得催化剂的稳定性下降与寿命缩短。因此，铜基催化剂的制备方法还有待进一步改进或研究。

我国煤炭资源丰富，煤路线合成乙二醇具有明显的原料优势。如能根据我国现实条件开发出高效的催化剂，并改进和优化工艺参数，提高收率，煤制合成气合成乙二醇在我国将有广阔的前景。

## 8.3　甲醇转化制备化学品催化剂

甲醇是重要的化学工业基础原料和清洁能源，用途十分广泛，尤其是近几年，甲醇燃料、甲醇制烯烃、甲醇制芳烃、甲醇制汽油、甲醇制聚甲氧基二甲醚等技术蓬勃兴起，完善了甲醇下游产业链。我国煤炭资源丰富，发展甲醇产业不仅可解决能源高效、清洁、低碳利用问题，而且开辟了一条不依靠原油发展的能源化工新路线，实现了无氧燃料向有氧燃料的转变。甲醇作为联系煤化工、天然气化工和石油化工的桥梁和纽带，对于优化和调整我国石油化工产业结构，缓解能源供需矛盾，确保能源安全，促进化工产品生产原料多元化和优质化，提高国际市场竞争力，具有十分重要的意义。甲醇消费方式的变革正成为绿色清洁能源化工现代化建设的重要引领。

### 8.3.1　甲醇制烯烃催化剂

乙烯和丙烯是现代化学工业重要的基础原料。传统的乙烯、丙烯制备方法是石脑油裂解工艺。随着石油资源的日益短缺，各国科学家正积极开展探索石油替代资源的工作。我国富煤、缺油、少气的能源现状，决定了以“煤”代“油”生产低碳烯烃，实施“煤代油”能源战略，是保证国家能源安全的重要途径之一。煤制烯烃技术包括煤气化、合成气净化、甲醇合成及 MTO 四项核心技术。其中煤气化、合成气净化和甲醇合成技术十分成熟，并已实现商业化。MTO 技术则经过长期的研究开发，也已实现工业示范装置的运行。

甲醇制烯烃(MTO)反应大致可以分为以下三个过程：① 二甲醚(DME)的生成，进而与甲醇在催化剂酸性位上生成甲氧基；② 第一个 C—C 键的生成；③ 一次反应的产物向更高的烯烃上的转化。第一步二甲醚的生成就是两个甲醇分子之间的脱水从而形成二甲醚。第三步可以用经典正碳离子的理论解释，而第二步即第一个 C—C 键的形成是 MTO 反应的核心步骤，也是人们对其机理研究最为广泛的一个步骤，但是关于其具体的形成机理仍众说纷纭。不过可以大致归纳为以下几类：氧鎓离子(Oxoniulnylide)机理、卡宾(Carbene)机理、碳阳离子(Carbocationic)机理、自由基机理和碳池(Hydrocarbonpool)机理等，其中氧鎓离子机理和碳池机理得到了较为广泛的认同。氧鎓离子机理具体步骤为：首先二甲醚和催化剂上的 B 酸中心相互作用生成二甲基氧鎓离子，然后和另外一个二甲醚进一步反应生成三甲基氧鎓离子，然后三甲基氧鎓离子在 B 酸中心上去质子化生成和表面相关的二甲基氧鎓甲基内鎓离子；接下来反应可分为两部分，一部分为经过分子内的 stevens 重整生成甲乙醚，再生成乙烯，另一部分为经过分子间的甲基化生成乙烷基氧鎓离子，再进一步生成乙烯，这两部分乙烯的生成都是经过 β 消去得到的。Dahl 和 Kolboe 提出了碳池(Hydrocarbon-pool)机理，得到了人们广泛认可，碳池[$=(CH_2)_n$]代表一种分子筛上的被吸附物，该种物种与普通积炭有很多相似之处，有可能碳池所含的 H 比$(CH_2)_n$ 要少，因而用$(CH_x)_n$，$0<x<2$ 表示更为恰当。该种机理表达了一种平行反应的思想，从第一个 C—C 键到 $C_3$、$C_4$甚至积炭都来源于一种被称为碳池的中间产物。

作为 MTO 反应的核心技术，催化剂的设计一直是研究的重点。早在 1977 年，改性的 Y 沸石应用于 MTO 反应中，在 250 ℃得到的主产物是丙烯，并且证实 H-Y 沸石比 Na-Y 沸石有着较高的活性。随着对MTO催化剂的持续研究，逐渐发展出ZSM-5和SAPO两大系列催化剂。ZSM-5分子筛的结构是MFI型，孔径0.54～0.56 nm，因其独特的二维直孔道结构，使得催化剂不易积炭，具有较好的稳定性。将ZSM-5分子筛应用于甲醇制低碳烯烃反应时，其独特的孔道结构以及较强的表面酸性，导致目标产物乙烯和丙烯的选择性降低，并生成大量的副产物，如芳烃及石蜡等。目前，为了提高ZSM-5分子筛在甲醇制低碳烯烃过程中的催化性能，研究主要集中在小晶粒ZSM-5分子筛的制备及催化剂的改性。由于小晶粒ZSM-5分子筛在反应中表现出了良好的低碳烯烃选择性。晶粒尺寸0.25～0.35 μm的ZSM-5分子筛催化剂的丙烯选择性(36.1%)要明显大于晶粒尺寸为3～4 μm的ZSM-5分子筛催化剂的丙烯选择性(21.5%)。随着分子筛晶粒尺寸的减小，丙烯的收率逐渐增加。催化剂改性主要是对小晶粒ZSM-5分子筛进行水热处理、酸碱处理，以及采用金属或非金属氧化物改性小晶粒ZSM-5分子筛等。采用适度的水热处理使纳米HZSM-5分子筛骨架脱铝并经柠檬酸洗涤而除去后，分子筛酸量减少，酸强度降低，孔容和孔径增大，从而使丙烯的选择性和维持甲醇完全转化的反应时间(即催化剂寿命)提高和延长。通过对HZSM-5沸石分子筛进行磷/铈/钾的改性，发现钾离子改性能部分减少ZSM-5沸石分子筛的强酸中心，而对弱酸中心则无明显的影响，从而大大提高了催化剂对甲醇制丙烯的催化性能。

将Si元素引入到AlPO分子筛骨架上，得到了具有更小孔径的SAPO-*n*系列催化剂。其中，SAPO-34分子筛催化剂在用于MTO反应时表现出优异的催化性能。SAPO-34分子筛的晶体结构类似菱沸石(CHA)，孔道是三维结构，孔径为0.43～0.50 nm。与ZSM-5相比，SAPO-34具有更小的孔径，择形效果更佳，适合生成小分子的乙烯、丙烯和正构烷烃，而异构烃以及大分子的芳烃将会受到严重限制。SAPO-34分子筛的酸强度介于$AlPO_4$和ZSM-5之间，具有适宜的质子酸性和孔道结构、较大的比表面积、较好的热稳定性以及水热稳定性。SAPO-34对甲醇制烯烃反应呈现出较好的催化活性和选择性，对低碳烯烃的选择性达到90%以上，目前可以说是促进这一反应过程的最优催化剂。然而SAPO-34分子筛催化剂在使用过程中仍存在一些问题，如：SAPO-34因孔道小(八元环，0.43 nm)，容易积炭而快速失活，反应中会生成一定量的小分子烷烃，降低了反应的双烯选择性等。因此，SAPO-34催化剂催化性能的改性研究主要集中在三方面：提高低碳烯烃选择性、降低副产物(特别是甲烷和丙烷)、延长催化剂寿命。通过一系列的实验发现，模板剂的种类对SAPO-34的晶粒大小和酸性质有显著影响，从而提高催化剂的催化性能和抗积炭能力。以三乙胺和四乙基氢氧化铵的混合物为模板剂合成硅磷酸铝分子筛SAPO-34，能够通过调节强、弱酸中心的比例，提高甲醇转化产物中低碳烯烃的选择性。采用水热晶化法制备SAPO-34分子筛，以TEAOH为模板剂，可制得比表面积大于400 $m^2/g$，呈立方晶形，颗粒尺寸较小且分布均匀，具有比例适宜的强、弱酸中心的分子筛。调整模板剂的用量及升温方式，可得到更高结晶度的SAPO-34晶体，使得SAPO-34分子筛在MTO反应中显示了最优的催化性能，甲醇转化率100%，对低碳烯烃的选择性为83.40%，活性时间为220 min。

水热处理可有效地减少酸中心，提高目标产物选择性，延长催化剂寿命。金属和非金属改性也是SAPO-34分子筛改性常用的手段，它能有效提高目标产物收率并降低副产物。用K、Cs、Pt、Ag、Ce等金属对SAPO-34分子筛催化剂进行改性后，在反应温度较高时可有效降低副产物甲烷的产率。用金属Ni改性SAPO-34催化剂，大大提高乙烯选择性，并且延长催化剂寿命，但甲烷量增大。而用Co改性过的SAPO-34催化剂不仅可以延长催化剂的寿命，而且可有效降低副产物（甲烷）的选择性。用 CaO 对 SAPO-34 分子筛进行固态离子交换后，分子筛结晶度降低，酸中心数量减少，同时酸强度降低，在一定程度上抑制了甲烷的生成。

甲醇制低碳烯烃催化剂的研究主要集中在催化剂的改性方面，如：小粒径 ZSM-5 分子筛的制备以及催化性能的优化，控制小孔径催化剂的积炭，提高目的产物的选择性等。

### 8.3.2　甲醇制芳烃催化剂

芳烃（苯、甲苯、二甲苯）是重要的有机化工原料，其产量和规模仅次于乙烯和丙烯。以三苯为原料可以合成塑料、纤维、橡胶、医药、农药、染料、橡塑助剂等一系列重要化工产品。三苯尤其是苯的产量和生产技术水平也是衡量一个国家石油化工发展水平的重要标志。目前我国芳烃的主要来源是通过现代化的芳烃联合装置来实现的，典型的芳烃联合装置包括石脑油加氢、重整芳烃生产装置，以及芳烃转化和芳烃分离装置。芳烃转化和芳烃分离装置有芳烃抽提、甲苯歧化和烷基转移、二甲苯异构化、二甲苯吸附分离等装置。这几种方式往往伴随着大量的能源浪费、环境污染等问题。

甲醇是一种重要的化工有机原料，并且来源丰富，随着煤化工的发展，煤基合成甲醇技术的成熟，甲醇的产量远远大于其利用量。因此由甲醇制芳烃技术（methanol to aromatic，MTA）近年来得到了广泛的关注。甲醇制芳烃指以甲醇为原料直接制备以苯、甲苯和二甲苯为主的芳烃，是甲醇制烃（Methanol to hydrocarbons，MTH）中的一部分。

MTA 反应包括以下三个主要步骤：① 甲醇在催化剂的作用下脱水生成二甲醚，形成二甲醚、甲醇、水的混合物体系；② 二甲醚、甲醇、水等混合物在催化剂作用下转化为低碳烯烃；③ 低碳烯烃经过氢转移、烷基化、聚合、环化等反应生成芳烃等物质。其生成机理可以从 MTH/MTO 机理中引出，有关 MTH/MTO 的反应机理已有很多综述，主要是 C—C 键的形成机理。各种机理可以简单地分为直接机理和间接机理两类。前一类是通过甲醇/二甲醚与高能中间体的直接偶联反应生成产物的机理，后一类就是碳池机理。碳池机理认为，在催化剂上生成的一些较大相对分子质量的芳烃类物质吸附在催化剂的孔道内作为活性中心与甲醇反应，在引入甲基基团的同时进行脱烷基化反应，生成乙烯和丙烯等低碳烃物种。在“直接”机理中，芳烃主要是由低碳烯烃通过活性中间体进行碳键的增长和环化而成。甲基碳正离子与烯烃反应生成更高阶碳正离子，$C_6^+$ 脱氢环化反应生成芳烃；同样地，通过甲基碳正离子与苯的反应生成甲苯和二甲苯。通过“直接”机理形成 C—C 键比较困难，密度泛函理论计算所得反应能垒也否定了直接 C—C 键生成机理。碳池机理中 $(CH_2)_n$ 被认为是苯环形式的反应活性中心，在诱导期它由微量的不纯物，如甲醛、酮或高级醇反应而来；反应稳定后，活性中心可能由于乙烯、丙烯等发生低聚、缩合反应形成苯环，在此期间的活性中心数量比较多，芳烃的生成也由活性中心物质转化而来。分子筛的 B 酸与 L 酸中心均可催化甲醇转化为二甲醚、低碳烯烃的生成以及低碳烯烃聚合成高碳烯烃的过程。B 酸还可催化高碳烯烃环化、环烷烃氢转移芳构化过程。MTA 催化剂所负载的一些氧化物组分则可形成具有脱氢功能的 L 酸中心，催化 MTA 过程中的环烷烃脱氢芳构化步骤。

从反应机理我们可以看出甲醇制芳烃技术的核心是分子筛催化剂的开发，催化剂是掌握和开发甲醇制芳烃成套技术的关键。ZSM-5 具有尺寸均匀的孔道，没有小尺寸窗口的超笼结构、十元氧环形成的几何结构，难以形成大的稠环芳烃而导致快速失活。因而 ZSM-5 分子筛为最佳的 MTA 催化剂。其中等强度的酸性、适宜的孔道结构有利于甲醇向芳烃转化，其孔道结构、表面酸性、晶粒尺寸和晶体化学组成等物化性质对催化剂的活性、选择性、寿命、水热稳定性及热稳定性均有影响。决定 ZSM-5 分子筛酸性大小的关键为硅铝比。随着分子筛硅铝比减小，分子筛的酸性增加，酸强度增大。低硅铝比、强酸性的分子筛有利于提高芳烃收率。通过改变 ZSM-5 分子筛硅铝比，添加金属、金属碳化物、氧化物或非金属可调变其酸性及孔道结构等物理化学性质，改变反应方向，实现芳烃选择性的调节。引入金属组分不仅可以调变分子筛的酸性，还可以改变分子筛的比表面积、孔径和孔体积，进而影响催化反应性能。常见的改性方法包括通过浸渍、离子交换、化学气相沉积和骨架元素原位同晶取代，把金属组分引入分子筛孔道中作为平衡骨架电荷的阳离子或在骨架中引入金属氧化物，获得不同金属改性的分子筛。利用离子交换法将 Zn 和 Ag 引入 ZSM-5 分子筛中，考察其对甲醇制芳烃反应的催化性能。将 Zn 引入 ZSM-5 分子筛孔道中，产物中芳烃含量有所提高，能达到 67.4%左右，将 Ag 引入后芳烃收率可达 80%左右。对比 Ga、Zn、Sn、Ni、Mn、Mg、Cr、Cu 等改性 ZSM-5 分子筛催化性能，发现 Ga 改性、低硅铝比（Si/Al 为 25）的 ZSM-5 具有较好的芳构化活性，其芳烃收率可达 63.8%，ZnZSM-5 的芳烃收率为 46.7%，SnZSM-5 的芳烃收率为 42.3%，NiZSM-5、MgZSM-5、CrZSM-5、HZSM-5 的芳烃收率为 33.9%～36.7%，MnZSM-5 的芳烃收率为 25.4%，CuZSM-5 的芳烃收率为 11.7%。以 Zn 和 Ga 改性 HZSM-5 沸石的活性中心性质，Zn 和 Ga-ZSM-5 有两种芳构化活性中心，即 B 酸和 Zn、Ga 活性物种。B 酸中心催化氢转移芳构化反应，芳烃和烷烃同时生成。Zn、Ga 活性物种对应于脱氢芳构化活性中心，高温对脱氢反应有利。与金属改性 ZSM-5 分子筛催化剂相比，非金属改性 ZSM-5 分子筛的芳烃选择性较低。P 改性 ZSM-5 分子筛催化剂用于甲醇转化制芳烃，含磷质量分数 2.7%的 ZSM-5 分子筛催化剂在高级烃（$C_5$～$C_9$）的选择性、芳烃的选择性等多个指标都优于未经改性的 ZSM-5，但其主要产物仍为 $C_1$～$C_4$ 的低碳烃类，总芳烃含量不高。

催化剂上积炭、脱氢组分的颗粒聚集长大、还原以及分子筛骨架脱 Al（或 Ga）是造成 MTA 催化剂失活的重要因素。在 MTA 催化剂失活类型中，积炭失活为可逆失活，其余的失活过程均为不可再生的永久性失活。而积炭是 MTA 催化剂失活的主要原因。积炭从 ZSM-5 内表面开始，当积炭质量分数达到一定程度时外表面开始积炭，而此时内部积炭已经停止，所以外表面的积炭是催化剂失活的真正原因。内表面对失活也起非常重要的作用，均一中孔分子筛积炭速率较常规分子筛减缓，产物在此分子筛孔道内更易扩散，不易形成稠环芳烃。低温时催化剂主要在通道的交叉口的酸位上发生内部积炭，高温时，积炭主要发生在外表面。催化剂外表面的积炭主要是甲醇热分解反应的结果。多级孔道沸石是一种介孔在沸石内部的材料，与纳米沸石一样具有较低的扩散阻力，却具有比纳米沸石更高的水热稳定性。采用酸处理的高岭土为原料制备了由定向纳米针组成的多级孔道 ZSM-5 沸石，在负载金属 Zn 之后，催化剂寿命相比微米级普通 ZSM-5 催化剂有了明显提高。尽管 Zn 的加入略微降低了多级孔道 ZSM-5 的介孔量及酸量，但得到的催化剂由于分子扩散性能增加，因此稳定性增加，而且 BTX 选择性也增加。

由煤气化制合成气、合成气转变甲醇后，再将甲醇芳构化得到轻质芳烃的路线是极具潜力的煤化工路线。该路线既能够解决国内二甲苯供应短缺的问题，也能为过剩的甲醇产能寻求新出路。

### 8.3.3　甲醇羰基合成制乙醇催化剂

乙醇不仅是重要的溶剂和化工原料，还是理想的高辛烷值无污染的车用燃料及其添加剂。研究表明：使用 E10 乙醇汽油，可使汽车尾气中的一氧化碳排放量减少 30%、烃类排放量减少 40%，同时显著减少二氧化碳和氮氧化物的排放。

目前我国生产乙醇还主要是依靠传统的生产方法：粮食发酵法与乙烯水合法。随着我国陈化粮的耗尽与目前石油对外依存度提升，生产的乙醇已经不能满足市场对于燃料乙醇的需求。而在我国的能源结构中煤炭资源占整个化石能源的 68%，这就为煤制乙醇提供了非常有利的条件。煤制乙醇是新型煤化工发展的一个新方向，可以在一定程度上减少对我国粮食消耗和缓解我国石油资源短缺带来的矛盾，并且也为乙醇汽油带来了一定的升值空间。

目前以煤炭为原料生产乙醇的主要技术路线有：① 合成气经 $C_2^+$ 含氧化合物再加氢制乙醇；② 醋酸或醋酸酯加氢制乙醇；③ 以甲醇/合成气为原料经羰基化（尤其是多相羰基化）及其加氢生产乙醇。

由合成气直接制乙醇工艺路线长，而且缺少廉价、高效的催化剂。反应后的产物为多种物质的混合物，需要更进一步的提纯，这就在一定程度上增加了生产成本，不适宜大规模的工业化生产。因此在现阶段我们必须发展一种由合成气间接制乙醇的方法。其中，以甲醇/合成气为原料经羰基化（尤其是多相羰基化）及其加氢生产乙醇，是近年来刚刚兴起的技术路线之一，目前，乙酸甲酯加氢生产乙醇技术已经完成工业化，甲醇经多相羰基化制乙酸甲酯亦已取得新的突破。

甲醇/合成气羰基化又名甲醇同系化，是甲醇与合成气在一定条件下反应，生成乙醇、正丙醇、正丁醇等一系列正醇的过程。其关键活化步骤是甲醇中 C—O 键断裂。传统的方法是利用 $I^-$ 作为亲核试剂进攻甲醇中的甲基，促使甲醇中 C—O 键断裂。但该反应体系中碘化物造成产物后续分离困难。断裂 C—O 键也有其他途径，过渡金属可以断裂甲醇中的 C—O 键。形成的 $CH_3^+$ 再与 CO 反应生成乙醛，乙醛再加氢合成乙醇。

目前，甲醇/合成气羰基化主要采用含钌、铑、锰、铁、钴等金属均相催化剂。主催化剂一般为可溶性金属配合物，助催化剂为碘化物，有时也直接采用金属碘化物作为催化剂。加入反应体系的一般认为是催化剂前体，在一定条件下才会形成具有催化活性的催化剂。铑由于其出色的羰基化性能而被广泛应用于甲醇羰基化催化剂中。但铑作为催化剂时，要使用氢含量高的合成气作为原料，乙醇选择性才得以提高。采用 $RhCl_3 \cdot 3H_2O$ 作为均相催化剂，并采用 $Rh_4(CO)_{12}$ 热解负载在 $ZrO_2$ 上制备了非均相催化剂，以 HI 作为助催化剂用于甲醇/合成气羰基化制乙醇，产物中乙醇和乙醛的含量以及乙酸与乙酸酯的含量，都与初始原料中 CO 与 $H_2$ 的比例有关。在碱金属甲酸-乙醇溶液中，羰基锰催化甲醇同系化，采用甲酸作为溶剂的目的是与甲醇先反应生成甲酸甲酯，甲酸甲酯中的甲基更容易游离出来，从而转移到 $Mn(CO)_5^-$ 上，形成 $CH_3Mn(CO)_5$ 反应中间体。催化体系中加入叔胺（三甲基胺）的作用是稳定羰基金属离子和催化甲酸甲酯的生成，也可以作为甲酸甲酯和羰基金属之间的甲基转移催化剂。提高一氧化碳的分压可降低 $CH_4$ 的生成率，反应中羰基锰浓度减小是因为生成了碳酸锰沉淀，在没有甲酸钾加入时，只有 30% 的十羰基二锰转化为 $Mn(CO)_5^-$，证明了甲酸钾可以作为助催化剂，且提高 pH 值对增强催化活性影响很明显。还采用 $Co_2(CO)_8$

作为催化剂，NaI 和 $Na_2(CO)_3$ 作为助剂，催化甲醇水溶液和 CO 反应，在 18 MPa 的初始压力下，260 ℃反应 4 h，甲醇的转化率达到 42%，乙醇的选择性为 29%。反应体系中如果不加入 NaI 和 $Na_2(CO)_3$，则产物主要为乙酸甲酯和乙酸。加入硼酸盐和含苯锗化合物可提高产物中乙醇的选择性。铁系催化剂与以上金属催化剂相比价格低廉，制备也比较简单，在甲醇/合成气羰基化催化剂中使用较多。与单金属相比采用两种金属化合物配合使用，以期利用双金属催化剂间的协同作用，达到增加甲醇转化率或提高对乙醇选择性的目的。甲醇同系化反应中钌-铑催化剂的协同作用，当 $n(Ru):n(Rh)=6:1$ 时，产物中乙醇的量最多，碘化物对甲醇同系化反应是必需的，$[(Ph_3P)_2N][RuRh_5(CO)_{16}]$ 作为催化剂前体时，合成气在初始压力为 4 MPa 下就可以制备乙醇，反应温度过高会生成醚、$CO_2$ 和 $CH_4$ 等副产物。在初始压力 16 MPa，$V(CO):V(H_2)=1:2$，反应温度为 200 ℃，原料组成为甲醇 180 mmol，$CH_3I$ 1.8 mmol，甲苯 5.3 mmol，$RhCl_3 \cdot 3H_2O$ 0.084 mmol，$RuCl_3 \cdot 3H_2O$ 0.252 mmol 时，甲醇的转化率为 47%，乙醇的选择性为 4.5%。$RuO_2$ 和 $CoI_2$ 作为催化剂用于甲醇同系化反应，如果催化剂系统中不含 $CoI_2$，甲醇转化为乙醇的转化率非常低；如果催化剂中只有碘化钴和季膦盐，产物中没有乙醇生成。在原料组成为：$RuO_2$ 3 mmol，$CoI_2$ 6 mmol，四丁基溴化磷 30 mmol，甲醇 30 mL，二烷 70 mL，$V(CO):V(H_2)=1:2$，初始压力为 6.9 MPa，200 ℃下反应 10 h，甲醇的转化率达 80%，乙醇的选择性为 74%。

采用均相催化剂催化甲醇/合成气羰基化，甲醇的转化率和乙醇的选择性都比较高，但均相催化剂一般操作压力高、价格昂贵且催化剂的分离和回收处理过程非常繁琐，难以实现工业化。非均相催化剂可采用固定床操作，容易实现连续化，催化剂与产物的分离和回收过程也较为简单，催化剂的回收利用率高。将钌和铑负载在不同的活性炭上，制备了固载化催化剂，对催化剂载体在甲醇同系化反应中的作用进行了研究，并对比了钌和铑固载催化剂催化甲醇液相同系化反应中的不同反应性能。实验发现，催化剂的稳定性和活性与负载金属本身性质和负载金属分散度以及载体含氧量有关：固载化钌催化剂活性明显比固载化铑催化剂活性低，载体含氧量越高，金属分散度越大，催化剂的稳定性越低，催化剂载体含氧量对其稳定性的负面影响远大于载体的其他物理性质。负载型催化剂的活性与金属负载浓度呈线性相关，并且与溶解在溶液中的金属量有关，可能是固载在载体上的催化剂部分溶解在溶液中，起到了一定的均相催化作用。

甲醇/合成气羰基化制备乙醇的研究始于 20 世纪 50 年代，并在七八十年代达到高峰。在催化剂固定化、非卤素助剂等方面，在可接受的催化剂浓度以及反应条件下，采用甲醇/合成气羰基化制备乙醇产率还有待提高。近年来，用于催化剂载体的高分子材料不断面世，为非均相甲醇同系化催化剂的制备提供了更多可能，离子液体研究的发展也给均相甲醇同系化催化剂打下了基础，原位方法的广泛应用为甲醇同系化反应机理的研究提供了更多手段。随着材料科学及合成技术的发展，甲醇同系化催化剂将沿着无卤素添加、具有低压稳定性、固载化复合型金属催化剂的方向不断发展。

# 参考文献

[1] 陈庚申,严慧敏.一氧化碳和亚硝酸酯合成草酸酯和草酸[J].天然气化工(C1 化学与化工),1995(4):5-10.

[2] 陈建刚,相宏伟,李永旺,等.费托法合成液体燃料关键技术研究进展[J].化工学报,2003,54(4):516-523.

[3] 储伟.催化剂工程[M].成都:四川大学出版社,2006.

[4] 高正虹,吴芹,何菲,等.钯系催化剂的氨中毒研究[J].催化学报,2002, 23(1):95-98.

[5] 高正中,戴红星.实用催化[M].北京:化学工业出版社,2012.

[6] 郭宪吉,张利秋,鲍改玲,等.含锰铜基甲醇催化剂的性能及其结构研究[J].工业催化,1999(06):22-26.

[7] 何长青,刘中民,杨立新,等.模板剂对 SAPO-34 分子筛晶粒尺寸和性能的影响[J].催化学报,1995,16(1):33-37.

[8] 何杰,薛茹君.工业催化[M].徐州:中国矿业大学出版社,2014.

[9] 侯文娟,吴宝山,安霞,等.浆态床 F-T 合成 $Fe/Cu/K/SiO_2$ 催化剂中 K 助剂作用的研究[J].燃料化学学报,2008,36(2):186-191.

[10] 黄仲涛.工业催化[M].北京:化学工业出版社,2014.

[11] 蒋月秀.改性 ZSM-5 对甲醇芳构化催化活性的研究[J].广西化工,1994,23(3):40-42.

[12] 李北芦,梁娟,孙金凤,等.在改性 ZSM-5 沸石上从甲醇合成低碳烯烃[J].催化学报,1983,4(3):248-252.

[13] 李承烈.催化剂失活[M].北京:化学工业出版社,1989.

[14] 李玉敏.工业催化原理[M].天津:天津大学出版社,2000.

[15] 李振花,许根慧,王海京,等.铜基催化剂的制备方法对草酸二乙酯加氢反应的影响[J].催化学报,1995,V16(1):9-14.

[16] 李竹霞,钱志刚,赵秀阁,等.草酸二甲酯加氢 $Cu/SiO_2$ 催化剂前体的研究[J].华东理工大学学报(自然科学版),2004,30(6):613-617.

[17] 李竹霞,钱志刚,赵秀阁,等.$Cu/SiO_2$ 催化剂上草酸二甲酯加氢反应的研究[J].化学反应工程与工艺,2004,20(2):121-128.

[18] 李竹霞,钱志刚,赵秀阁,等.载体对草酸二甲酯加氢铜基催化剂的影响[J].华东理工大学学报自然科学版,2005,31(1):27-30.

[19] 任润厚.煤炭液化技术及其发展现状[J].煤炭科学技术,2005,33(12):67-69.

[20] 孙锦宜.工业催化剂的失活与再生[M].北京:化学工业出版社,2006.

[21] 唐新硕. 催化剂设计[M]. 杭州：浙江大学出版社，2010.

[22] 王保伟，张旭，许茜，等. Cu/$SiO_2$ 催化剂的制备、表征及其对草酸二乙酯加氢制乙二醇的催化性能[J]. 催化学报，2008，29(3)：275-280.

[23] 王桂茹. 工业催化[M]. 大连：大连理工大学出版社，2004.

[24] 王锦业，王定珠，卢学栋. 阳离子改性 HZSM-5 沸石上低碳醇反应历程的 TPSR-MS 研究[J]. 催化学报，1993，14(5)：392-397.

[25] 王尚弟，孙俊全. 催化剂工程导论[M]. 北京：化学工业出版社，2007.

[26] 王幸宜. 催化剂表征[M]. 上海：华东理工大学出版社，2008.

[27] 王亚权. CO 加氢 Ni-Cu/ZnO 双金属催化剂的研究[J]. 天然气化工，1998，(06)：19-23.

[28] 温鹏宇，梅长松，刘红星，等. ZSM-5 硅铝比对甲醇制丙烯反应产物的影响[J]. 化学反应工程与工艺，2007，23(5)：385-390.

[29] 吴芹，高正虹，何琲，等. CO 偶联反应中氧对 Pd-Fe/$\alpha$-$Al_2O_3$ 催化剂活性的影响[J]. 催化学报，2003，24(4)：289-293.

[30] 徐光宪，王祥云. 物质结构[M]. 北京：高等教育出版社，1987.

[31] 许根慧，马新宾，李振花，等. 气相法 CO 偶联再生催化循环制草酸二乙酯：CN1149047[P]. 1997-05-07.

[32] 许越. 催化剂设计与制备工艺[M]. 北京：化学工业出版社，2003.

[33] 叶丽萍，胡浩，曹发海，等. SAPO-34 分子筛的合成及其对甲醇制低碳烯烃反应的催化性能[J]. 华东理工大学学报，2010，36(1)：6-13.

[34] 张炳楷，郭廷煌，黄存平，等. 草酸酯合成催化剂：CN 1066070 C[P]. 2001.

[35] 张鸿斌，董鑫，林国栋，等. 碳纳米管促进铜基甲醇合成催化剂及其制备方法：CN1364655[P]. 2002-08-21.

[36] 张继光. 催化剂制备过程技术[M]. 北京：中国石化出版社，2004.

[37] 张建军. 煤直接液化催化剂研究与发展[J]. 山西煤炭，2010，30(11)：63-65.

[38] 赵红钢，肖文德，朱毓群，等. 气相合成草酸酯的催化剂及其制备方法：CN1381310[P]. 2002.

[39] 赵骧. 催化剂[M]. 北京：中国物资出版社，2001.

[40] 朱洪法，刘丽芝. 炼油及石油化工“三剂”手册[M]. 北京：中国石化出版社，2015.

[41] ITADANI A. Calorimetric study of $N_2$ adsorption on copper-ion-exchanged ZSM-5 zeolite[J]. Thermochimica Acta，2004，416(1)：99-104.

[42] BIAN G，OONUKI A，KOIZUMI N，et al. Studies with a precipitated iron Fischer-Tropsch catalyst reduced by $H_2$ or CO[J]. Journal of Molecular Catalysis A Chemical，2002，186(s1-2)：203-213.

[43] CHEN H Y，LIN J，TAN K L，et al. Comparative studies of manganese-doped copper-based catalysts：the promoter effect of Mn on methanol synthesis[J]. Applied Surface Science，1998，126(3)：323-331.

[44] CHEN M J，RATHKE J W. Homologation of methanol catalyzed by manganese carbonyl in alkali metal formate-methanol solutions[J]. Organometallics，1987，6(9)：

1833-1838.

[45] CHU CHIN-CHIUN, NORTH BRUNSWICK N J. Aromatization reactions with zeolites containing phosphorus oxide. US, 4590321[P]:. 1986-05-20.

[46] DAHL I M, KOLBOE S. On the reaction mechanism for hydrocarbon formation from methanol over SAPO-34, l: isotopic labelling studies of the co-reaction of ethene and methanol[J]. J. Catal., 1994, 149: 458-464.

[47] DAHL I M, KOLBOE S. On the reaction mechanism for propene formation in the MTO reaction over SAPO-34[J]. Catal. Letter., 1993, 20: 3299-3336.

[48] DESSAU R M, LAPIERRE R B. ChemInform Abstract: on the mechanism of methanol conversion to hydrocarbons over hzsm-5[J]. Journal of Catalysis, 1982, 78(1): 136-141.

[49] DUMAS H, LEVISALLES J, RUDLER H. Chimie organometallique XIV, Homologation du methanol par des catalyseurs homogenes derives de cobalt[J]. Journal of Organometallic Chemistry, 1980, 187: 405-412.

[50] FEDER H M, CHEN M J. Method and system for ethanol production: US, 4301312 [P]. 1981-11-17.

[51] GUO X, YIN A, DAI W L, et al. One pot synthesis of ultra-high copper contented Cu/SBA-15 material as excellent catalyst in the hydrogenation of dimethyl oxalate to ethylene glycol[J]. Catalysis Letters, 2009, 132(1): 22-27.

[52] HALTTUNEN M E, NIEMELÄ M K, KRAUSE AOI, et al. Liquid phase methanol hydrocarbonylation with homogeneous and heterogeneous Rh and Ru catalysts[J]. Journal of Molecular Catalysis A: Chemical, 1996, 109(3): 209-217.

[53] KANG M. Methanol conversion on metal-incorporated SAPO-34s [J]. Journal of Molecular Catalysis A Chemical, 2000, 160(2): 437-444.

[54] SHEN K, QIAN W, WANG N, et al. Direct synthesis of c-axis oriented ZSM-5 nanoneedles from acid-treated kaolin clay[J]. Journal of Materials Chemistry A, 2013, 1 (10): 3272-3275.

[55] LI J, ZHANG C, CHENG X, et al. Effects of alkaline-earth metals on the structure, adsorption and catalytic behavior of iron-based Fischer-Tropsch synthesis catalysts [J]. Applied Catalysis A General, 2013, 464-465(16): 10-19.

[56] LIN J J, KNIFTON J F. Ethanol synthesis by homologation of methanol: US, 4371724 [P]. 1983-02-01.

[57] LIN J J, KNIFTON J F. Production of ethanol from methanol and synthesis gas: US, 4409405[P]. 1983-10-11.

[58] LI Y, MA F, SU X, et al. Synthesis and catalysis of oleic acid-coated $Fe_3O_4$ nanocrystals for direct coal liquefaction[J]. Catalysis Communications, 2012, 26(35): 231-234.

[59] LI Y, MA F, SU X, et al. Ultra-large-scale synthesis of $Fe_3O_4$ nanoparticles and their application for direct coal liquefaction[J]. Industrial & Engineering Chemistry Research, 2014, 53(16): 6718-6722.

[60] LOK B M, MESSINA C A. Silicoaluminophosphate molecular sieves: another new class of microporous crystalline inorganic solids[J]. J Am Chem Soc, 1984, 106: 6092-6093.

[61] MCCANDLESS F P, WATERMAN J J, SIRE D L. Coal hydrogenation and hydrocracking using a metal chloride-gaseous hydrochloric acid catalyst system[J]. Industrial & Engineering Chemistry Process Design and Development, 1981, 20(1): 91-94.

[62] MELIAN-CABRERA I, GRANADOS M L, FIERRO J L G. Reverse topotactic transformation of a Cu-Zn-Al catalyst during wet Pd impregnation: relevance for the performance in methanol synthesis from $CO_2/H_2$ Mixtures[J]. Journal of Catalysis, 2002, 210(2): 273-284.

[63] NOVOTNY M, ANDERSON L R. Homologation of methanol with a carbon monoxide-water mixture: US, 4126752[P]. 1978-11-21.

[64] OBRZUT D L, ADEKKANATTU P M, THUNDIMADATHIL J, et al. Reducing methane formation in methanol to olefins reaction on metal impregnated SAPO-34 molecular sieve[J]. Reaction Kinetics, Mechanisms and Catalysis, 2003, 80(1): 113-121.

[65] ONO Y, ADACHI H, SENODA Y. ChemInform abstract: selective conversion of methanol into aromatic hydrocarbons over zinc-exchanged ZSM-5 zeolites[J]. Journal of the Chemical Society Faraday Transactions, 1988, 84(4): 1091-1099.

[66] PIT L, MARILYNE B, CLAIRE B. Impact of external surface passivation of nano-ZSM-5 zeolites in the methanol-to-olefins reaction[J]. Applied Catalysis A: General, 2016(509): 30-37.

[67] PURSIAINEN J, KARJALAINEN K, PAKKANEN T A. Synergistic effect of homogeneous ruthenium-rhodium catalysts for methanol homologation[J]. Journal of Organometallic Chemistry, 1986, 314(1): 227-230.

[68] RIBEIRO M C, JACOBS G, DAVIS B H, et al. Fischer-tropsch synthesis: an in-situ TPR-EXAFS/XANES investigation of the influence of group I alkali promoters on the local atomic and electronic structure of carburized iron/silica catalysts[J]. Journal of Physical Chemistry C, 2010, 114(17): 7895-7903.

[69] SAKANISHI K, HASUO H, MOCHIDA I, et al. Preparation of highly dispersed Ni-Mo catalysts supported on hollow spherical carbon black particles[J]. Energy & Fuels, 1995, 9(6): 995-998.

[70] TEMPESTI E, GUIFFRÈ L, ZANDERIGHI L. Ethanol from hydrogen and carbon monoxide via methanol homologation[J]. InternationalJournal of Hydrogen Energy, 1987, 12(5): 355-356.

[71] GARCIA-CUELLO V S, GIRALDO L, MORENO-PIRAJáN J C. Oxidation of carbon monoxide over SBA-15-confined copper, palladium and iridium nanocatalysts[J]. Catalysis Letters, 2011, 141(11): 1659-1669.

[72] WELLER S, PELIPETZ M G, FRIEDMAN S, et al. Coal hydrogenation catalysts

batch autoclave tests[J]. Industrial & Engineering Chemistry,2002,42(2):330-334.

[73] YIN A,GUO X,DAI W,et al. High activity and selectivity of Ag/$SiO_2$ catalyst for hydrogenation of dimethyl oxalate[J]. Chemical Communications,2010,46(24):4348-50.

[74] YIN A,QU J,GUO X,et al. The influence of B-doping on the catalytic performance of Cu/HMS catalyst for the hydrogenation of dimethyloxalate[J]. Applied Catalysis A General,2011,400(1-2):39-47.